쉬운 설명, 다양한 예제

실 함 수 론

이병무 지음

教友社

머리말

실함수론은 함수해석학, 함수방정식, 푸리에 해석 등 광범위한 현대해석학의 기초를 이루는 분야로 측도론과 적분론, 그리고 그것의 응용을 주요 내용으로 한다. 실함수론은 확률론과 통계학, 물리학을 비롯한 자연과학과 공학에도 널리 응용되고 있다.

본 교재는 모든 측도가능한 집합, 측도가능한 함수, 또한 그 함수들의 적분가능성에 관한 가장 기본적이고 본질적인 내용을 다루는 것을 목적으로 하고 있다. 다만 학생들이 개념과 기술을 폭넓게 익히도록 하되, 내용이 어렵지 않고 이론 전개가 다소 수월한 입문서로써 이 책이 집필되었다.

이 책은 학부생과 대학원 1학년 과정의 학생에게 강의하기에 적합한 교재로 엮은 것이다. 해석학을 공부한 학생이면 누구나 쉽게 읽을 수 있도록 실함수론에서 다루어야 할 기본개념을 설명하고 다양한 예제를 수록하였다. 특히 학생들로 하여금 문제해결에 대한 적응력을 향상시키도록 하는데 주안점을 두었다.

본 교재는 오랜 강의 경험을 바탕으로, 실함수론에서 반드시 이수해야 할 부분을 체계적으로 담아내는데 초점을 두었다. 제1장에서는 집합과 함수의 기본개념과 실수계의 기본구조에 대하여 서술하고, 간단한 위상구조를 도입한다. 제2장에서는 바나흐 공간에 대하여, 제3장에서는 σ - 집합대수와 측도에 대하여 각각 설명한다. 제4장에서는 르베그 적분을 도입하고, 외측도와 측도에 관한 내용은 제5장에서 설명한다. 끝으로 제6장에서는 바나흐 공간의 성질에 대하여 서술하였다.

실함수론을 한 학기 강의로 끝내야 할 경우에는 측도론과 적분론에 역점을 두어 지도하고, 두 학기를 강의해야 될 경우 이 책의 내용을 전부 지도할 것을 권장한다.

이 책에서는 기본개념과 정리에 대한 이해를 돕고 실함수론을 광범위한 영역에 걸쳐 활용하기 위하여 반드시 갖추어야 할 기본기능을 익히도록 하였다. 많은 예제를 이용하여 혼자서도 쉽게 새로운 개념과 정리를 이해하고 활용할 수 있도록 서술하였으며, 증명의 일부분은 독자에게 맡겨 스스로 해결점을 찾도록 하였다. 다만 간단한 보기를 '예'로, 증명이나 풀이가 뒤따르는 것은 '예제'로 구분하였다. 또한 각 절마다 연습문제를 제시하고 해답을 제공함으로써 스스로 효과적으로 활용할 수 있도록 하였다.

이 책이 출간되어 실함수론을 배우고 응용하고자 하는 여러분에게 다소나마 도움이 되기를 기원하며, 내용상 미비한 부분이나 시정을 요하는 점은 보완하여 앞으로 완전한 교재로 발전시킬 것을 다짐한다.

끝으로 출판을 위해 많은 격려와 협력을 아끼지 않은 김엘라 여사와 교우사의 모든 분들께 진심으로 감사를 드리며, 행운이 깃들기를 기원한다.

2012년 9월

저자

차례

제4장 적분 / 161

제5장 외측도와 측도 / 251

제6장 바나흐 공간의 성질 / 269

제 1 장

집합과 실수계

1.1 집합과 함수
1.2 실수계
1.3 실직선의 위상
1.4 수열과 급수
1.5 함수의 극한과 연속
1.6 도함수
1.7 리만 적분과 리만-스틸체스 적분
1.8 함수열과 함수항급수

실함수론

1장 집합과 실수계

1.1 집합과 함수

'집합'을 엄밀하게 정의하려면 공리론적 방법을 사용해야 하지만, 집합의 간단한 활용이 목적이므로 직관적인 방법으로 집합을 도입하기로 하고, 칸토어가 1895년 그의 저서에서 기술한 정의로써 만족하기로 한다.

1. 집합의 개념

원소(element)는 집합을 구성하는 대상이고, x가 집합 X의 원소일 때 $x \in X$로 나타낸다. x가 X의 원소가 아닐 때는 $x \not\in X$로 표기한다.

집합의 표시법에는 **원소나열법**(tabular form)과 **조건제시법**(set - builder form)이 있다.

두 집합 A, B에 대하여 "$x \in A$일 때, $x \in B$"이면 A를 B의 부분집합(subset)이라 하고, $A \subset B$로 나타낸다. 이때 기호 '$\subset$'를 **포함관계**라 한다.

두 집합 A, B에 대하여 $A \subset B$이고 $B \subset A$일 때, A와 B는 서로 **같다(상등**, equal)고 하고 $A = B$로 나타낸다. 또한 $A \subset B$이고 $A \neq B$일 때, A는 B의 **진부분집합**(proper subset)이라 하고, $A \subsetneq B$로 표기한다.

어떠한 원소도 갖지 않는 집합을 **공집합**(empty set)이라 하고, $\varnothing$ 또는 $\{\,\}$로 표시한다. 또한 단 하나의 원소만으로 이루어진 집합을 **단집합**(singleton set) 또는 **단원집합**이라 한다.

집합 X의 부분집합 전체를 원소로 하는 집합을 X의 **멱집합**(power set)이라 하고, $\wp(X)$ 또는 2^X, 즉

$$\wp(X) = 2^X = \{A \mid A \subset X\}$$

로 표현한다. 이와 같이 집합을 원소로 하는 집합을 **집합족**(family of sets)이라 한다.

이 책을 기술함에 있어 다음 기호를 미리 정의해 둔다.

$R = \{x \mid x$는 실수 $\}$, $Q = \{x \mid x$는 유리수$\}$, $N = \{n \mid n$은 자연수$\}$

2. 집합의 연산

정의 1 집합

X의 부분집합 A, B에 대하여

(1) **합집합**(union) : $A \cup B = \{x \mid x \in A$ 또는 $x \in B\}$

(2) **교집합**(intersection) : $A \cap B = \{x \mid x \in A$이고 $x \in B$

(3) **차집합**(difference) : $A - B = \{x \mid x \in A$이고 $x \notin B\}$

특히 $A \cap B = \varnothing$ 일 때, 집합 A와 B는 **서로소**(pairwise disjoint)라고 한다. 또한 X가 전체집합이고 $A \subset X$일 때, $X - A$를 A의 **여집합**(complement)이라 하고 A^c으로 나타낸다. 한편 두 집합 A와 B의 **대칭차**(symmetric difference)를

$$A \triangle B = (A \cap B^c) \cup (A^c \cap B)$$

로 정의한다.

집합연산은 임의의 집합족에 대해서도 확장하여 정의할 수 있다.

정의 2

X의 부분집합으로 주어진 집합족 $\mathcal{F}$ 에 대하여

(1) 합집합 : $\bigcup_{A \in \mathcal{F}} A = \{x \mid \exists A \in \mathcal{F},\ x \in A\}$

(2) 교집합 : $\bigcap_{A \in \mathcal{F}} A = \{x \mid \forall A \in \mathcal{F},\ x \in A\}$

특히 집합족 $\{A_\alpha\}_{\alpha \in I}$에 대하여, 합집합과 교집합을 각각

$$\bigcup_{\alpha \in I} A_\alpha = \{x \mid \exists \alpha \in I,\ x \in A_\alpha\}$$

$$\bigcap_{\alpha \in I} A_\alpha = \{x \mid \forall \alpha \in I,\ x \in A_\alpha\}$$

로 정의한다. 이때 $\mathscr{F}=\{A_n \mid n \in N\}$이면 $\bigcup_{A \in \mathscr{F}} A$를 $\bigcup_{n=1}^{\infty} A_n$으로, $\bigcap_{A \in \mathscr{F}} A$를 $\bigcap_{n=1}^{\infty} A_n$으로 각각 나타낸다.

3. 함수

(1) 관계와 함수

두 집합 A, B에 대하여, A와 B의 **카테시안곱**(Cartesian product) 또는 **데카르트곱** $A \times B$를

$$A \times B=\{(a, b) \mid a \in A, b \in B\}$$

로 정의한다. 특히 집합 X가 주어졌을 때, 카테시안곱 $X^2=X \times X$의 부분집합 $\Re$을 X에서의 **관계**(relation)라고 한다. 이때 $(x, y) \in \Re$이면 $a \Re b$로 표기한다.

정의 3 함수

두 집합 X, Y에 대하여, 다음 두 조건을 만족하는 $f \subset X \times Y$를 X에서 Y로의 **함수**(function)라 하고, $f: X \rightarrow Y$로 나타낸다.

(1) $x \in X$이면, 어떤 $y \in Y$에 대하여 $(x, y) \in f$

(2) $(x, y) \in f$이고 $(x, z) \in f$이면, $y=z$

함수 $f: X \rightarrow Y$에서 정의역과 공역을 명시하지 않아도 혼동을 일으킬 우려가 없을 때는 $f: X \rightarrow Y$를 $y=f(x)$ 또는 함수 f라고 하기도 한다.

참고

임의의 $x \in X$에 대하여 $f(x)=g(x)$일 때, 그리고 그때에만 두 함수 $f: X \rightarrow Y$, $g: X \rightarrow Y$는 같다고 한다.

함수 $f: X \rightarrow Y$와 $A \subset X$에 대하여 A를 정의역으로 하는 함수, 즉

$$f \mid_A : A \rightarrow Y$$

를 f의 A로의 **축소함수**(restriction)라 한다. 역으로 $f \mid_A$에 대하여, f를 X로의 **확대함수**(extension)라 한다.

(2) 단사, 전사, 전단사

함수 $f: X \to Y$에서 $f(x_1) = f(x_2)$인 모든 $x_1, x_2 \in X$에 대하여 $x_1 = x_2$를 만족할 때, f를 **일대일**(one - to - one) 또는 **단사**(injective)라고 한다.

함수 $f: X \to Y$에서 임의의 $y \in Y$에 대하여 $y = f(x)$를 만족하는 $x \in X$가 존재하면, f를 **위로**(onto) 또는 **전사**(surjective)라 한다.

함수 $f: X \to Y$가 단사이고 전사일 때, f를 **전단사**(bijective) 또는 **일대일 대응**(one - to - one correspondence)이라고 한다.

$f: X \to Y$가 전단사이면, 역관계 $f^{-1}: Y \to X$도 전단사가 된다. $f: X \to Y$가 전단사일 때, 함수 $f^{-1}: Y \to X$를 f의 **역함수**(inverse function)라 하고

$$f^{-1}(y) = x \Leftrightarrow f(x) = y$$

로 정의한다. 역함수의 기호는 전단사함수일 경우에만 사용할 수 있음에 유의한다.

참고

임의의 두 함수 $f: X \to Y$와 $g: Y \to X$의 **합성함수**(composite function)가

$$g \circ f = I_X \text{이고 } f \circ g = I_Y$$

를 만족하면, f는 전단사이고, $g = f^{-1}$가 된다. 이때 I_X와 I_Y는 각각 X와 Y에서 **항등함수**(identity function)이다.

4. 가부번집합과 비가부번집합

(1) 유한집합과 무한집합

두 집합 X, Y에 대하여 일대일 대응인 $f: X \to Y$가 존재할 때, X와 Y를 '**대등**(equipotent)' 또는 '**동치**(equivalent)'라고 하고 $X \approx Y$로 나타낸다.

정의 4 유한집합과 무한집합

$Y \subsetneq X$에 대하여, $X \approx Y$일 때 집합 X를 **무한집합**(infinite set)이라 하고, 무한이 아닌 집합을 **유한집합**(finite set)이라 한다.

(2) 가부번집합과 비가부번집합

정의 5 가부번집합과 가산집합

집합 X가 $X \approx N$일 때 X를 **가부번집합**(denumerable set)이라고 하고, 유한이거나 가부번이면 **가산집합**(countable set)이라고 한다.

가부번집합이 아닐 때 **비가부번집합**(nondenumerable set)이라 하고, 가산집합이 아닐 때 **비가산집합**(uncountable set)이라고 한다.

1891년에 칸토어는 **대각법**(diagonal method)에 의해 실수의 단위 열린구간 $(0, 1)$이 비가부번임을 증명하였다. 따라서 모든 실수의 집합 R은 비가부번이다.

5. 순서집합

정의 6 반순서집합과 전순서집합

집합 X에서의 관계 $\Re$이 다음 세 가지 조건

(1) 모든 $x \in X$에 대하여, $x \Re x$ 반사적

(2) $x \Re y$이고 $y \Re x$이면, $x = y$ **반대칭적**(anti - symmetric)

(3) $x \Re y$이고 $y \Re z$이면, $x \Re z$ 추이적

을 만족할 때 $\Re$을 **반순서관계**(partial order relation)라 하고, 집합 X에 반순서가 정의될 때 X를 **반순서집합**(partially ordered set)이라 한다. 특히 반순서집합 X에서, 임의의 두 원소가 비교가능하면 X를 **전순서집합**(totally ordered set) 또는 **선형순서집합**(linear ordered set)라 한다.

반순서집합에서 상계(또는 하계)를 갖는 모든 부분집합의 상한(또는 하한)이 존재하는 것은 아니며, 최대원이 존재하지 않더라도 상한은 존재할 수가 있다. 그러나 상한과 하한이 존재한다면 오직 하나 뿐이다.

정리 7

S가 R의 공집합이 아닌 부분집합일 때, 다음 (1), (2)는 서로 동치이다.

(1) S의 한 상계 u가 S의 상한이다.

(2) 임의의 실수 $\epsilon > 0$에 대하여, $u - \epsilon < s_\epsilon$을 만족하는 $s_\epsilon \in S$이 존재한다.

참고

S가 R의 공집합이 아닌 부분집합일 때, 다음 (1), (2)는 서로 동치이다.

(1) S의 한 하계 v가 S의 하한이다.

(2) 임의의 실수 $\epsilon > 0$에 대하여, $s_\epsilon < v+\epsilon$을 만족하는 $s_\epsilon \in S$이 존재한다.

집합론을 전개하기 위하여 공리로 받아들여야 하는 중요한 원리 중의 하나가 선택공리이다.

정의 8 선택공리(Axiom of Choice)

공집합이 아닌 집합을 원소로 갖는 임의의 공집합이 아닌 집합족 $\mathscr{I}$에 대해서, 각 $A_\alpha \in \mathscr{I}$에 A_α의 한 원소를 대응시키는 함수, 즉

$$^\forall A_\alpha \in \mathscr{I},\ f(A_\alpha) \in A_\alpha$$

를 만족하는 함수 $f : \mathscr{I} \to \bigcup_{A_\alpha \in \mathscr{I}} A_\alpha$가 존재한다. 이때 함수 f를 **선택함수**(choice function)라 하고, $f(A_\alpha) = x_\alpha$를 A_α의 **대표원**이라 한다.

선택공리는 $\mathscr{I}$가 비가산인 집합족이라 하더라도 모든 $A_\alpha \in \mathscr{I}$에서 한 원소씩을 선택할 수 있음을 공리로서 보장해 주는 것이다. 수학의 여러 분야에 있어서, 많은 어려운 문제들이 선택공리의 도움으로 손쉽게 해결될 수 있다.

정의 9 완비

X (단, $X \neq \varnothing$)를 반순서집합이라 하자. X의 부분집합이 상계(또는 하계)를 가질 때, 이 부분집합의 상한(또는 하한)이 존재하면 X를 주어진 반순서에 대하여 **완비**(complete)라고 한다.

대소관계를 반순서로 줄 때, 실수 전체의 집합 R은 완비이고, 유리수 전체의 집합 Q는 완비가 아니다.

연습문제 1-1

Exercises

1. 함수 $f: X \rightarrow Y$에 대하여, 다음이 성립함을 보이시오.

(1) $f(\varnothing) = \varnothing$

(2) 모든 $x \in X$에 대하여, $f(\{x\}) = \{f(x)\}$

2. 두 함수 $f: X \rightarrow Y$, $g: Y \rightarrow Z$의 합성함수 $g \circ f: X \rightarrow Z$에서

(1) $g \circ f$가 단사이면, f는 단사

(2) $g \circ f$가 전사이면, g는 전사

가 성립함을 보이시오.

3. 실수의 열린구간 $(-1, 1)$은 실수의 집합 R과 대등함을 보이시오.

4. 유리수의 Q에 대하여, $Q \times Q$는 가부번집합임을 보이시오.

5. 모든 무리수의 집합은 비가부번집합임을 보이시오.

6. f, g가 공통인 정의역 $D \subset R$를 갖는 실함수라 하고, 그들의 치역

$$f(D) = \{f(x) \mid x \in D\},\ g(D) = \{g(x) \mid x \in D\}$$

가 R에서 유계인 집합이라 가정할 때, 모든 $x \in D$에 대하여 $f(x) \le g(x)$이면

$$\sup f(D) \le \sup g(D)$$

가 성립함을 보이시오.

7. S가 R의 공집합이 아닌 부분집합일 때, 다음 (1), (2)는 서로 동치임을 보이시오.

(1) S의 한 상계 u가 S의 상한이다.

(2) 임의의 실수 $\epsilon > 0$에 대하여, $u - \epsilon < s_\epsilon$을 만족하는 $s_\epsilon \in S$가 존재한다.

1.2 실수계

1. 완비순서체

실수계는 완비성공리를 만족하는 순서체, 즉 완비순서체로써 도입된다.

(1) 체의 공리

정의 1 체의 공리

집합 X에 두 이항연산 덧셈(addition)$+$과 곱셈(multiplication) $\cdot$ 이 정의되어 닫혀있고, 다음 대수적 성질

(A) **덧셈의 공리** : X가 덧셈에 관하여 **가환군**(additive abelian group)

(M) **곱셈의 공리** : $X-\{0\}$(단, 0은 덧셈의 단위원)이 곱셈에 관하여 가환군

(D) **분배법칙**

를 만족할 때,(A), (M)과 (D)를 "**체의 공리**(field axioms)"라 하고 집합 X를 **체**(field)라 한다.

(2) 순서공리

① 순서공리

정의 2 순서공리

임의의 체 X에 대하여, 다음 두 성질

(1) 임의의 $a, b \in P$에 대하여, $a+b \in P$이고 $ab \in P$이다.

(2) 각 $a \in X$는 다음 중에서 반드시 하나만 성립한다.

$$a \in P,\ a=0,\ -a \in P$$ **삼분성질**(trichotomy property)

를 만족하는 공집합이 아닌 $P \subset X$가 존재할 때, (1)과 (2)를 **순서공리**(axiom of order)라 한다. 이때 P를 **양원의 집합**이라고 하고, **양원**(positive element)의 집합 P가 존재하는 체를 **순서체**(ordered field)라 한다.

일반적으로 X가 순서체일 때 $a, b \in X$에 대하여 $a-b \in P$이면, $a > b$로 정의하고 'a는 b보다 크다.'라고 한다. $a-b \in P \cup \{0\}$이면, $a \geq b$로 정의하고 'a는 b보다 크거나 같다.'라고 한다.

참고

실수의 집합 R은 양수의 집합으로 불리는 부분집합 P를 갖는다. 이때 집합 $\{-a \mid a \in P\}$를 음수의 집합이라 한다. 집합 R은 세 개의 서로소인 집합의 합집합이다.

(1) $a \in P$이면 a를 양의 실수(positive real number), 간단히 양수라 하고 $a > 0$로 표기하며, $a \in P$이거나 0이면 $a \geq 0$로 표기한다.
$-a \in P$이면 a를 음의 실수(negative real number), 간단히 음수라 하고 $a < 0$로 표기하며, $-a \in P$이거나 0이면 $a \leq 0$로 표기한다.

(2) $a, b \in R$에 대하여 $a-b \in P$이면 $a > b$로 표기하고, $a-b \in P \cup \{0\}$이면 $a \geq b$로 표기한다. 한편 $a < b$이고 $b < c$인 경우 $a < b < c$로 표기하고, $a \leq b$이고 $b \leq c$인 경우 $a \leq b \leq c$로 표기한다.

정리 3

$a \in R$와 임의의 실수 $\epsilon > 0$에 대하여, $0 \leq a < \epsilon$이면 $a = 0$이다.

② 절대값과 ϵ - 근방

임의의 $a \in R$에 대하여 $|a|$를

$$|a| = \begin{cases} a, & a \geq 0 \\ -a, & a < 0 \end{cases}$$

으로 정의하고, 이것을 a의 **절댓값**(absolute value)이라고 한다.

실직선(real line)에서 R의 임의의 두 원소 a, b 사이의 **거리**(distance)는 $|a-b|$로 정의한다.

정의 4 ϵ - **근방과 근방**

$a \in R$라고 하자. $\epsilon > 0$에 대하여 a의 ϵ - 근방은 집합

$$V_\epsilon(a) = \{x \in R \mid |x-a| < \epsilon\}$$

이고, 집합 A에 포함되는 ϵ - 근방이 존재하면 집합 A를 a의 **근방**(neighborhood)이라고 한다.

(3) 완비성공리

정의 5 완비순서체

순서체 X에서, 공집합이 아닌 부분집합 S가 상계(또는 하계)를 가질 때, 반드시 S의 상한(또는 하한)이 X에 존재하면 X를 **완비순서체**(complete ordered field)라고 한다.

참고

완비성공리(completeness axiom) : R의 공집합이 아닌 부분집합 S가 위로 유계(또는 아래로 유계)이면, 반드시 S의 상한(또는 하한)이 R에 존재한다.

2. 실수계

정의 6 실수계

두 연산 $+$과 $\cdot$ 이 정의되어, 체의 공리, 순서공리, 그리고 완비성공리를 만족하는 공집합이 아닌 집합, 즉 완비순서체를 **실수계**(real number system) R이라 하고, R의 원소를 **실수**(real number)라 한다. 편의상 실수계를 실수의 집합이라고 한다.

실수계에서 완비성공리는 중요한 정리의 기본이 된다. 아르키메데스 성질과, 축소구간정리 등이 그것이요, 평균값정리, 중간값정리, 롤의 정리, 최대 - 최솟값의 정리 등은 모두 완비성공리에 근거를 두고 있다.

(1) 아르키메데스 성질

정리 7 아르키메데스 성질(Archimedean property)

$x \in R$이면, $x < n$을 만족하는 $n \in N$이 존재한다.

참고

정렬정리(well - ordering theorem) : $X \subset N$가 공집합이 아니면, X는 최소원을 갖는다.

정리 8 조밀성 정리(density theorem)

$x < y$인 두 실수 x, y에 대하여, $x < r < y$를 만족하는 유리수 r이 존재한다. 이때 Q는 R에서 **조밀**(dense)하다고 한다.

(2) 축소구간정리

정리 9 축소구간정리(nested intervals theorem)

닫힌구간 $I_n = [a_n, b_n]$으로 주어진 구간열 (I_n)이 각 $n \in N$에 대하여 $I_n \supset I_{n+1}$이면, $\bigcap_{n=1}^{\infty} I_n \neq \varnothing$이 성립한다. 특히 I_n의 길이 $b_n - a_n$이

$$\inf\{b_n - a_n \mid n \in N\} = 0$$

을 만족하면, 공통원소는 유일하다.

실제로 완비성공리와 축소구간정리는 동치이다.

정의 10 집적점, 폐포, 고립점, 내점

(1) $x \in R$의 임의의 ϵ-근방 $V_\epsilon(x) = (x-\epsilon,\ x+\epsilon)$이 $x \neq p$를 만족하는 $S \subset R$의 적어도 한 점 p를 포함할 때, x를 S의 **집적점**(cluster point, accumulation point)이라고 하고, S의 집적점 전체의 집합을 S'으로 나타낸다.

(2) $S \subset R$에 대하여 $x \in S$이나 x가 S의 집적점이 아닐 때, x를 S의 **고립점**(isolated point)이라 한다.

(3) R의 부분집합 O의 각 점 $x \in O$에 대하여 적당한 $\epsilon > 0$이 존재하여 $V_\epsilon(x) \subset O$가 될 때, x를 O의 **내점**(interior point)이라고 한다.

(3) 집합에 관한 볼차노 - 바이어슈트라스 정리

다음 **볼차노 - 바이어슈트라스 정리**(Bolzano - Weierstrass theorem)는 축소구간정리로부터 유도된다.

정리 11 집합에 관한 볼차노 - 바이어슈트라스 정리

R의 모든 유계인 무한부분집합 S는 적어도 하나의 집적점을 갖는다.

3. 확장실수계

실수계 R에 ∞와 $-\infty$를 첨가하여 집합

$$R \cup \{\infty\} \cup \{-\infty\}$$

를 만들고, R의 순서와 연산을 확장하여 실수계를 확장한다. 이때 R의 순서 $\leq$는 $R \cup \infty \cup -\infty$ 위의 전순서로 확장된다.

임의의 $x \in R$에 대하여

$$x + \infty = \infty = \infty + x = x - (-\infty),\ x + (-\infty) = -\infty = -\infty + x$$

$$x > 0\text{이면, } x \cdot \infty = \infty = \infty \cdot x,\ x \cdot (-\infty) = -\infty = (-\infty) \cdot x$$

$$x < 0\text{이면, } x \cdot \infty = \infty = \infty \cdot x,\ x \cdot (-\infty) = -\infty = (-\infty) \cdot x$$

$$x = 0\text{이면, } 0 \cdot \infty = 0 = \infty \cdot 0,\ 0 \cdot (-\infty) = 0 = (-\infty) \cdot 0$$

$$\frac{x}{\infty} = \frac{x}{-\infty} = 0$$

으로 정의하고, ∞와 $-\infty$ 사이의 연산은

$$\infty + \infty = \infty,\ -\infty + (-\infty) = -\infty$$

$$\infty \cdot (\pm\infty) = \pm\infty,\ -\infty \cdot (\pm\infty) = \mp\infty \quad (\text{복호동순})$$

으로 정의한다. 그러나 $\infty + (-\infty)$와 $(-\infty) + \infty$는 정의하지 않는다.

이와 같이 정의된 순서와 연산이 주어진 집합 $R \cup \{\infty\} \cup \{-\infty\}$를 **확장된 실수계** (extended real number system)라 하고, R^*로 나타낸다.

참고

확장실수계의 모든 집합은 상한과 하한을 갖는다. 이것이 바로 ∞와 $-\infty$를 실수계에 도입하는 주된 이유이다.

연습문제 1-2 Exercises

1. 임의의 $a, b, c \in R$에 대하여, 다음이 성립함을 보이시오.

(1) $(-a) \cdot b = -ab = a \cdot (-b)$

(2) $a \neq 0$이면, $\frac{1}{a} \neq 0$이고 $1/\frac{1}{a} = a$

2. 임의의 $a \in R$일 때, 다음이 성립함을 보이시오.

(1) $a \neq 0$이면 $a^2 > 0$이고, 따라서 $1 > 0$이다.

(2) $0 < a < 1$이면, $0 < a^2 < a$이다.

3. 임의의 $a, b \in R$일 때, 다음이 성립함을 보이시오.

$ab > 0$이면, (i) $a > 0,\ b > 0$ 또는 (ii) $a < 0,\ b < 0$

4. $a \in R$일 때, $x \in R$이 a의 모든 근방에 속하면 $x = a$임을 보이시오.

5. 완비성공리를 이용하여, 자연수의 집합은 위로 유계가 아님을 보이시오.

6. **(아르키메데스 성질)** $x \in R$이면, $x < n$을 만족하는 $n \in N$이 존재함을 보이시오.

7. y, z가 임의의 양의 실수일 때, 다음이 성립함을 보이시오.

(1) $z < ny$를 만족하는 $n \in N$이 존재한다.

(2) $n - 1 \le z < n$을 만족하는 $n \in N$이 존재한다.

8. **(축소구간정리)** 닫힌구간 $I_n = [a_n, b_n]$로 주어진 구간열 (I_n)이 각 $n \in N$에 대하여 $I_n \supset I_{n+1}$이면, $\bigcap_{n=1}^{\infty} I_n \neq \varnothing$이 성립함을 보이시오. 이때 I_n의 길이 $b_n - a_n$이

$$\inf\{b_n - a_n \mid n \in N\} = 0$$

을 만족하면, 공통원소는 유일하다.

9. **(집합에 관한 볼차노 - 바이어슈트라스 정리)** R의 모든 유계인 무한부분집합 S는 적어도 하나의 집적점을 가짐을 보이시오.

1.3 실직선의 위상

1. 열린집합과 닫힌집합

(1) 열린집합

정의 1 열린집합

$O \subset R$의 각 점 $x \in O$에 대하여 $V \subset O$를 만족하는 x의 ϵ-근방 V가 존재하면, 집합 O를 **열린집합**(open set)이라고 한다.

집합 $O \subset R$가 열린집합임을 보이기 위해서는, O의 각 점이 O에 포함되는 ϵ-근방을 가짐을 보이면 충분하다.

정리 2

(1) R에서, 열린집합의 유한족 $O_1, O_2, \cdots, O_n$의 교집합 $\bigcap_{i=1}^{n} O_i$는 열린집합이다.

(2) R의 임의의 열린집합족 $\{O_\lambda \mid \lambda \in \Lambda\}$의 합집합 $\bigcup_{\lambda \in \Lambda} O_\lambda$는 열린집합이다.

참고

린델뢰프 정리(Lindelöf theorem) : $\mathscr{F}$가 R의 임의의 열린부분집합족이면

$$\cup\{O \mid O \in \mathscr{F}\} = \bigcup_{n=1}^{\infty} O_n$$

을 만족하는 $\mathscr{F}$의 가산부분집합족 $\{O_n\}$이 존재한다.

(2) 닫힌집합

$S \subset R$에 대하여 S의 집적점 전체의 집합을 S'으로 나타내고, 집합 S와 S'의 합집합 $S \cup S'$을 S의 **폐포**(closure)라 하며 $\overline{S}$로 나타낸다. $x \in \overline{S}$일 때, R의 점 x를 S의 **폐포점**(point of closure) 또는 **닫힌점**이라고 한다. 또한 $S = \{x \in R \mid x$가 S의 집적점$\}$일 때, 즉 $S \subset R$가 닫힌집합이고, 고립점을 갖지 않을 때 **완전집합**(perfect set)이라고 한다.

정의 3 닫힌집합

$F \subset R$일 때, $\overline{F} \subset F$, 즉 $F = \overline{F}$이면 F를 **닫힌집합**(closed set)이라고 한다.

집합 $F \subset R$가 닫힌집합일 필요충분조건은 F가 그의 모든 집적점을 포함하는 것이다. R에서, 열린집합의 여집합은 닫힌집합이고, 닫힌집합의 여집합은 열린집합이다.

정리 4

R에서, 닫힌집합의 유한족의 합집합은 닫힌집합이고, 임의의 닫힌집합족의 교집합은 닫힌집합이다.

(3) 위상공간

정의 5 위상공간

X의 멱집합 $\wp(X)$의 부분집합 $\mathfrak{I}$가 다음 세 조건

(1) $X \in \mathfrak{I}$, $\varnothing \in \mathfrak{I}$

(2) $\mathscr{J} \subset \mathfrak{I}$이면, $\cup O \mid O \in \mathscr{J} \in \mathfrak{I}$

(3) $O_1 \in \mathfrak{I}$이고 $O_2 \in \mathfrak{I}$이면, $O_1 \cap O_2 \in \mathfrak{I}$

을 만족할 때 $\mathfrak{I}$를 X의 **위상**(topology)이라고 하고, 위상이 주어진 공간 $(X, \mathfrak{I})$를 **위상공간**(topological space)이라 한다.

R의 열린집합 전체의 집합족을 $\mathfrak{I}$라고 하면 $\mathfrak{I}$는 R의 위상이 된다. 이 $\mathfrak{I}$를 R의 **보통위상**(usual topology) 또는 **일반위상**이라고 한다.

참고

위상공간 X가 조밀한 가산부분집합을 가지면 X를 **가분**(separable) 또는 **분리가능**하다고 한다. 즉, 위상공간 X가 **가산조밀**(countable dense) 집합을 가질 때를 분리가능하다고 한다.

예

유리수 집합 Q는 R에서 조밀하므로 R은 가분이다.

■

2. 컴팩트 집합

정의 6 컴팩트

$K \subset R$에 대하여 K의 임의의 열린덮개가 유한부분덮개를 가질 때, 집합 K를 **컴팩트**(compact)라고 한다.

참고

(1) 컴팩트 집합 $K \subset R$의 닫힌부분집합 F는 컴팩트이다.

(2) 집합 $K \subset R$가 컴팩트이면, K는 닫힌집합이다.

R에서의 컴팩트 집합에 대해서는 **하이네 - 보렐 정리**로부터 매우 간단한 특성을 부여할 수 있다.

정리 7 하이네 - 보렐 정리(Heine - Borel theorem)

집합 $K \subset R$가 컴팩트일 필요충분조건은 K가 유계인 닫힌집합이다.

3. 칸토어 집합

칸토어 집합은 반례로 자주 인용되는 집합이다. 닫힌구간 $[0, 1]$을 세 등분하여 가운데 열린구간을 제거하고 남는 두 닫힌구간을 다시 각각 세 등분하여 가운데 두 열린구간을 제거한다. 이와 같은 일을 무한히 반복하였을 때 남는 집합을 생각한다.

먼저 $C_0 = [0, 1]$이라 하고 C_0로부터 열린구간 $J_{1,1} = (1/3, 2/3)$를 제거하면 두 개의 닫힌구간

$$I_{1,1} = [0, 1/3],\ I_{1,2} = [2/3, 1]$$

을 얻는다. 다음에 $C_1 = I_{1,1} \cup I_{1,2}$라 하고, $I_{1,1}$과 $I_{1,2}$로부터 각각 열린구간 $J_{2,1} = (1/3^2, 2/3^2)$와 $J_{2,2} = (7/3^2, 8/3^2)$을 제거하여 네 개의 닫힌구간

$$I_{2,1} = [0, 1/3^2],\ I_{2,2} = [2/3^2, 3/3^2],\ I_{2,3} = [6/3^2, 7/3^2],\ I_{2,4} = [8/3^2, 1]$$

을 얻는다. 같은 방법으로

$$C_2 = I_{2,1} \cup I_{2,2} \cup I_{2,3} \cup I_{2,4}$$

라 하고, 이 과정을 계속하면 n 번째는 2^{n-1}의 열린구간

$$J_{n,\,1},\ J_{n,\,2},\ \cdots, J_{n,\,2^{n-1}}$$

을 제거하여 길이가 $1/3^n$인 2^n 개의 닫힌구간 $I_{n,\,1},\ I_{n,\,2},\ \cdots, I_{n,\,2^n}$을 얻게 된다. 이때

$$C_n = \bigcup_{i=1}^{2^n} I_{n,\,i} (\text{단, } n = 1,\ 2,\ \cdots)$$

라 놓는다.

정의 8 칸토어 삼진집합

집합 $C = \bigcap_{n=1}^{\infty} C_n$을 **칸토어 삼진집합**(Cantor ternary set), 간단히 **칸토어 집합**이라고 한다.

이때 닫힌구간 $[0,\ 1]$에서 제거된 열린구간들의 길이의 합은

$$\sum_{n=1}^{\infty} \frac{2^{n-1}}{3^n} = 1$$

로 주어진다. 칸토어 집합은 닫힌구간 $[0,\ 1]$에서 공집합이 아닌 유계인 닫힌집합(컴팩트)이고 완전집합이지만, 가산집합은 아니다.

참고

칸토어 집합 C는 다음으로 주어진다.

$$C = \left\{ \sum_{n=1}^{\infty} \frac{z_n}{3^n} \,\middle|\, z_n = 0 \text{ 또는 } 2 \ (\text{단, } n = 1,\ 2,\ \cdots) \right\}$$

C가 칸토어 집합일 때

$$f\left(\sum_{n=1}^{\infty} \frac{z_n}{3^n}\right) = \sum_{n=1}^{\infty} \frac{z_n}{2^n} \ (\text{단, } z_n = 0 \text{ 또는 } 1)$$

을 만족하는 함수 $f : C \to R$을 **칸토어 함수**(Cantor function)라고 한다. 칸토어 함수는 단조증가인 연속함수이다.

4. 연결집합

정의 9 연결집합

두 집합 $A, B \subset R$이 $A \cap \overline{B} = \varnothing$, $\overline{A} \cap B = \varnothing$을 만족할 때, A와 B는 **분리**되어 있다고 한다. 집합 $E \subset R$이 공집합이 아닌 두 분리집합의 합집합이 아닌 경우, E를 **연결집합**(connected set)이라고 한다.

참고

공집합이 아닌 $E \subset R$가 연결집합일 필요충분조건은 $a, b \in E$에 대하여 $a < c < b$이면, $c \in E$를 만족하는 것이다.

연습문제 1-3 Exercises

1. R에서, 열린집합의 여집합은 닫힌집합이고, 닫힌집합의 여집합은 열린집합임을 보이시오.

2. 열린구간 $K = (0, 1)$에 대하여, $O_k = \left(\frac{1}{k},\ 1 - \frac{1}{k}\right)$(단, $k = 3, 4, \cdots$)일 때, R에서의 열린구간들의 집합족

$$\mathfrak{I} = \{O_k \mid k = 3, 4, \cdots\}$$

는 K의 열린덮개가 되지만, $\mathfrak{I}$는 유한부분덮개를 갖지 않음을 보이시오.

3. $\{K_\alpha\}$를 R의 컴팩트 부분집합의 집합족이라 하고, $\{K_\alpha\}$의 임의의 유한부분집합족의 교집합이 공집합이 아니라면, $\cap K_\alpha \neq \varnothing$ 임을 보이시오.

4. **(하이네-보렐 정리)** 집합 $K \subset R$이 컴팩트일 필요충분조건은 K가 유계인 닫힌집합인 것임을 보이시오.

5. 칸토어 집합 C는 완전집합임을 보이시오.

1.4 수열과 급수

1. 수열

정의 1 수열

자연수의 집합 N을 정의역으로 하고 실수의 집합을 공변역으로 갖는 함수 $f: N \to R$을 **무한수열**(infinite sequence) 또는 간단히 **수열**(sequence)이라고 한다. 이때 수열 f를 X, $(x_n)_{n=1}^{\infty}$ 또는 간단히 (x_n)으로 표시하고, f의 치역을 $\{x_n \mid n \in N\}$ 또는 간단히 $\{x_n\}$으로 나타낸다.

함수 $f: N \to R$을 **실수열**(real sequence)이라고도 한다.

(1) 수열의 극한

정의 2 수열의 수렴과 발산

(x_n)을 수열이라고 하자. $x \in R$의 임의의 근방 V에 대하여

$$n \geq K\text{일 때},\quad x_n \in V$$

를 만족하는 자연수 K가 존재하면, 이 x를 수열 (x_n)의 **극한**(limit)이라고 한다. x가 수열 (x_n)의 극한이면 (x_n)은 x로 **수렴한다**(converge)고 하고, $\lim_{n \to \infty} x_n = x$로 표기한다. 수열이 극한을 갖지 않으면, 이 수열은 **발산한다**(diverge)고 한다.

수열 $X = (x_n)$이 극한 $x \in R$를 가질 때, $x = \lim X$ 또는 간단히 $x_n \to x$로 표기하기도 한다.

정리 3

수열 (x_n)에 대하여 $x \in R$일 때, 다음은 서로 동치이다.

(1) (x_n)이 x로 수렴한다.

(2) x의 임의의 ϵ - 근방 $V_\epsilon(x)$에 대하여 $n \geq K$일 때 $x_n \in V_\epsilon(x)$를 만족하는 자연수 K가 존재한다.

(3) 임의의 실수 $\epsilon > 0$에 대하여 $n \geq K$일 때, $|x_n - x| < \epsilon$을 만족하는 자연수 K가 존재한다.

참고

(극한의 유일성) 수열 (x_n)이 수렴하면, 그 극한은 유일하다.

정리 4

두 수열 (a_n)과 (x_n)에 대하여 $x \in R$일 때, 어떤 상수 $c > 0$와 모든 $n \in N$에 대하여

$$|x_n - x| \le c|a_n| \text{이고 } \lim_{n \to \infty} a_n = 0$$

이면, $\lim_{n \to \infty} x_n = x$이 성립한다.

모든 $n \in N$에 대하여 $|x_n| \le M$을 만족하는 실수 $M > 0$이 존재할 때, 수열 (x_n)을 **유계**라고 한다. 수렴하는 수열은 유계이다.

(2) 극한정리

참고

(극한정리)

(1) $X = (x_n)$, $Y = (y_n)$이 각각 x, y로 수렴하는 수열이고, $c \in R$이라고 하면 $X + Y$, $X - Y$, $X \cdot Y$, cX는 각각 $x + y$, $x - y$, xy, cx로 수렴한다.

(2) $X = (x_n)$은 x로 수렴하고, $Z = (z_n)$은 각 항이 0이 아니고 $z (\neq 0)$로 수렴하는 수열이라고 할 때, $\frac{X}{Z}$는 $\frac{x}{z}$로 수렴한다.

정리 5 조임정리(Squeeze Theorem)

수열 (x_n), (y_n)과 (z_n)이 모든 $n \in N$에 대하여 $x_n \le y_n \le z_n$을 만족할 때

$$\lim_{n \to \infty} x_n = \lim_{n \to \infty} z_n = L$$

이면 (y_n)은 수렴하고 $\lim_{n \to \infty} y_n = L$이 된다.

참고

x가 실수일 때, x에 수렴하고 증가하는 유리수 수열 (r_n)이 존재한다(참고문헌 8 참조).

(3) 단조수열과 부분수열

① 단조수열

정리 6 단조수렴정리(monotone convergence theorem)

(1) (x_n)이 증가수열일 때, (x_n)이 위로 유계이면

$$\lim_{n \to \infty} x_n = \sup\{x_n\}$$

(2) (y_n)이 감소수열일 때, (y_n)이 아래로 유계이면

$$\lim_{n \to \infty} y_n = \inf\{y_n\}$$

② 실수지수

정의 7 실수지수

$a \geq 1$이고 x가 실수일 때, 극한 x를 갖는 증가(또는 감소)하는 유리수 수열 (r_n)에 대하여 실수지수 a^x을

$$a^x = \lim_{n \to \infty} a^{r_n}$$

으로 정의한다. 만약 $0 < a < 1$이고 x가 실수일 경우는

$$a^x = \left(\frac{1}{a}\right)^{-x}$$

으로 정의한다.

③ 부분수열

정리 8

유계수열 (x_n)에 대하여, (x_n)이 $x \in R$에 수렴하기 위한 필요충분조건은 (x_n)의 모든 수렴부분수열이 x에 수렴하는 것이다.

수열 $X = (x_n)_{n=1}^{\infty}$에 대하여 M이 자연수일 때, X의 M-**꼬리**(M-tail)는 수열 $X_M = (x_{M+n})_{n=1}^{\infty}$로 정의한다.

참고

수열 $X=(x_n)$과 적당한 자연수 M에 대하여, X의 M-꼬리 X_M이 수렴하기 위한 필요충분조건은 X가 수렴하는 것이고, 이 경우에

$$\lim X_M = \lim X$$

이다.

④ 볼차노-바이어슈트라스 정리

정리 9 수열에 대한 볼차노-바이어슈트라스 정리

모든 유계인 실수열은 수렴하는 부분수열을 갖는다.

수열 $X=(x_n)$의 부분열 극한은 집합 x_n의 집적점에 불과하다.

참고

$F \subset R$일 때, 다음은 서로 동치이다.

(1) F는 R의 닫힌부분집합이다.

(2) X가 F 안에 있는 원소들로 이루어진 수렴하는 수열이면, $\lim X$는 F의 원소이다.

(4) 코시 판정법

정의 10 코시수열

(x_n)이 수열일 때, 임의의 실수 $\epsilon > 0$에 대하여 적당한 자연수 H가 존재하여 $n,\ m \geq H$인 모든 $n,\ m \in N$에 대하여

$$|x_n - x_m| < \epsilon$$

을 만족하면, (x_n)을 **코시수열**(Cauchy sequence)이라고 한다.

수열 (x_n)이 수렴하면, (x_n)은 코시수열이다. 그러나 그 역은 성립하지 않는다. 즉, 모든 공간에서 코시수열이 수렴하는 것은 아니다.

참고

코시 수렴판정법(Cauchy criterion) : R에서 수열 (x_n)이 수렴할 필요충분조건은 (x_n)이 코시수열인 것이다.

수열 $X=(x_n)$에 대하여

$$|x_{n+2}-x_{n+1}| \le C|x_{n+1}-x_n|(\text{단, } n \in N)$$

을 만족하는 상수 C (단, $0 < C < 1$)가 존재하면, X를 **축약수열**(contractive sequence)이라 하고. 이때 C를 **축약수열의 상수**라고 부른다.

정리 11

모든 축약수열 (x_n)은 코시수열이다. 따라서 R에서의 모든 축약수열 (x_n)은 수렴한다.

(5) 정발산수열

(x_n)을 수열이라 하자. 임의의 실수 $M > 0$에 대하여

$$n \ge K\text{일 때, } x_n > M \ (\text{또는 } x_n < -M)$$

을 만족하는 자연수 K가 존재하면, (x_n)은 무한대로 발산(또는 음의 무한대로 발산)한다고 하고

$$\lim_{n\to\infty} x_n = \infty \ \ (\text{또는 } \lim_{n\to\infty} x_n = -\infty)$$

로 표기한다 (이때 확장된 실수계 R^*에서 (x_n)은 ∞ (또는 $-\infty$)에 수렴한다고 말하기도 한다). $\lim_{n\to\infty} x_n = \infty$ 이거나 $\lim_{n\to\infty} x_n = -\infty$ 인 경우에 수열 (x_n)을 **정발산수열**(properly divergent sequence)이라고 한다.

2. 상극한과 하극한

(1) 실수열

R에서의 모든 수열이 수렴하는 것은 아니므로, 극한이 항상 존재하는 것은 아니다. 그러나 수열의 상극한과 하극한은 확장된 실수로 항상 존재한다.

정의 12 상극한과 하극한

(x_n)이 임의의 수열일 때 각 $k \in N$에 대하여 집합 $A_k = \{x_n \mid n \ge k\}$를 정의하고, A_k의 상한과 하한을 각각 s_k, l_k라고 하면 집합열 (A_k)는

$$A_1 \supset A_2 \supset \cdots \supset A_n \supset A_{n+1} \supset \cdots$$

인 관계가 성립하므로 수열 (s_k)는 감소하고, 수열 (l_k)는 증가한다. 이때 수열 (x_n)의 **상극한**(limit superior)을

$$\lim_{k\to\infty} s_k = \inf\{s_k\}$$

로 정의하고, 간단히 $\lim\limits_{n\to\infty}\sup x_n$ 또는 $\overline{\lim}\, x_n$으로 나타낸다. 또한 수열 (x_n)의 **하극한**(limit inferior)을

$$\lim_{k\to\infty} l_k = \sup\{l_k\}$$

로 정의하고, 간단히 $\lim\limits_{n\to\infty}\inf x_n$ 또는 $\underline{\lim}\, x_n$으로 나타낸다.

수열 (x_n)이 위로 유계이면 (s_k)도 또한 위로 유계가 되므로, 수열 (x_n)의 상극한은

$$\lim_{n\to\infty}\sup x_n = \lim_{k\to\infty} s_k = \inf\{s_k\} = \inf_{n\ge 1}\sup_{k\ge n} x_k$$

로 정의된 확장된 실수이다. 또한 (x_n)이 아래로 유계이면 (l_k)도 또한 아래로 유계가 되므로, 수열 (x_n)의 하극한은

$$\lim_{n\to\infty}\inf x_n = \lim_{k\to\infty} l_k = \sup\{l_k\} = \sup\{\inf A_k \mid k\in N\} = \sup_{n\ge 1}\inf_{k\ge n} x_k$$

로 정의된 확장된 실수이다. 수열 (x_n)이 유계이면, 상극한과 하극한은 모두 실수이다.

수열 (x_n)이 위로 유계가 아니면 (s_k)도 또한 위로 유계가 아니므로, 수열 (x_n)의 상극한은 명백히 $\lim\limits_{n\to\infty}\sup x_n = \infty$가 된다. 한편 (x_n)이 아래로 유계가 아니면 (l_k)도 아래로 유계가 아니므로, $\lim\limits_{n\to\infty}\inf x_n = -\infty$가 된다.

정리 13

수열 (x_n)에 대하여

$$\underline{\lim}\,(-x_n) = -\overline{\lim}\, x_n \text{이고} \quad \overline{\lim}\,(-x_n) = -\underline{\lim}\, x_n$$

상극한과 하극한의 개념을 이용하여 수열의 수렴성을 표현하면 다음과 같다.

정리 14 상극한과 하극한의 정리

유계수열 (x_n)이 수렴하기 위한 필요충분조건은

$$\lim_{n\to\infty} x_n = \overline{\lim}\, x_n = \underline{\lim}\, x_n$$

참고

(코시 수렴판정법) 상극한과 하극한의 개념을 이용하여, R에서 수열 (x_n)이 수렴할 필요충분조건은 (x_n)이 코시수열인 것임을 보일 수 있다.

(2) 집합열

정의역이 N이고 공변역이 집합족인 함수를 **집합열**(sequence of sets)이라 한다.

정의 15 집합열이 상극한과 하극한

(A_n)이 주어진 집합 X의 부분집합열일 때

$$\lim_{n\to\infty} \sup A_n = \bigcap_{n=1}^{\infty}\left(\bigcup_{k=n}^{\infty} A_k\right)$$

를 집합열 (A_n)의 **상극한**이라 하고

$$\lim_{n\to\infty} \inf A_n = \bigcup_{n=1}^{\infty}\left(\bigcap_{k=n}^{\infty} A_k\right)$$

를 **하극한**이라 한다. 간단히 $\overline{\lim}\, A_n$과 $\underline{\lim}\, A_n$으로 나타낸다.

예제

집합열 (A_n) (단, $A_n \subset X$)에 대하여

$$\varnothing \subset \underline{\lim}\, A_n \subset \overline{\lim}\, A_n \subset X$$

증명 각 $n \in N$과 $i \geq n$에 대하여 $\bigcap_{i=1}^{\infty} A_i \subset A_i$이므로

$$\bigcup_{n=1}^{\infty}\left(\bigcap_{i=n}^{\infty} A_i\right) \subset A_i \subset \bigcup_{i=n}^{\infty} A_i$$

이다. 따라서

$$\underline{\lim}\, A_n = \bigcup_{n=1}^{\infty}\left(\bigcap_{i=n}^{\infty} A_i\right) \subset \bigcap_{n=1}^{\infty}\left(\bigcup_{i=n}^{\infty} A_i\right) = \overline{\lim}\, A_n$$

이 된다.

■

집합열 (A_n)에서 $\overline{\lim}\, A_n = \underline{\lim}\, A_n$이면

$$\overline{\lim}\, A_n = \underline{\lim}\, A_n = \lim_{n\to\infty} A_n$$

으로 나타내고, 집합 $\lim_{n\to\infty} A_n$을 집합열 (A_n)의 극한이라고 한다. 이때 집합열 (A_n)은 수렴한다고 한다.

예제

단조증가인 집합열 (A_n), 즉 $A_1 \subset A_2 \subset \cdots$ 에 대하여

$$\overline{\lim}\, A_n = \bigcup_{n=1}^{\infty} A_n = \underline{\lim}\, A_n$$

증명 각 $n = 1, 2, \cdots$에 대하여 $\bigcup_{k=n}^{\infty} A_k = C_n$이라 두면 $C_1 = C_2 = \cdots$이다. 따라서

$\overline{\lim}\, A_n = \bigcap_{n=1}^{\infty} C_n = C_1 = \bigcup_{n=1}^{\infty} A_n$이다. 마찬가지로

$$\underline{\lim}\, A_n = \bigcup_{n=1}^{\infty} A_n$$

임을 보일 수 있다.

■

참고

단조감소하는 집합열 (B_n), 즉 $B_1 \supset B_2 \supset \cdots$ 에 대하여

$$\overline{\lim}\, B_n = \bigcap_{n=1}^{\infty} B_n = \underline{\lim}\, B_n$$

예

$B_n = \left\{ \frac{1}{i} \mid i \in N,\ i \geq n \right\} \cup \{0\}$ (단, $n = 1,\ 2,\ \cdots$)이라 하면

$$B_1 \supset B_2 \supset \cdots,\quad \bigcap_{n=1}^{\infty} B_n = \{0\}$$

이므로, $\overline{\lim}\, B_n = \underline{\lim}\, B_n = \{0\}$이다.

■

3. 급수

(x_n)이 R에서의 수열일 때 $\sum_{n=1}^{\infty} x_n$을 **무한급수**(infinite series) 또는 간단히 **급수**(series)라고 한다. 급수의 수렴 여부는 여러 가지 판정법을 이용하여 비교적 쉽게 해결할 수 있지만, 그 급수의 합을 구하는 것은 용이한 일이 아니다.

참고

(급수에 대한 대수적 연산) 두 급수 $\sum_{n=1}^{\infty} x_n$, $\sum_{n=1}^{\infty} y_n$이 각각 L과 M에 수렴하고 c가 실수이면, 급수 $\sum_{n=1}^{\infty} (x_n \pm y_n)$과 $\sum_{n=1}^{\infty} (cx_n)$은 각각 $L \pm M$과 cL에 수렴한다.

정리 16

급수 $\sum_{n=1}^{\infty} x_n$이 수렴하면, $\lim_{n \to \infty} x_n = 0$이다. 그러나 그 역은 성립하지 않는다.

$\lim_{n\to\infty} a_n \neq 0$이거나 $\lim_{n\to\infty} a_n$이 존재하지 않으면, 급수 $\sum_{n=1}^{\infty} a_n$은 발산한다. 이것을 **발산판정법**이라 한다.

참고

코시응집판정법(Cauchy condensation test) : $a_1 \geq a_2 \geq \cdots \geq 0$이라 할 때, $\sum_{n=1}^{\infty} a_n$이 수렴하기 위한 필요충분조건은 급수 $\sum_{n=0}^{\infty} 2^n a_{2^n}$이 수렴하는 것이다.

예

p - **급수**(p - series) $\sum_{n=1}^{\infty} \frac{1}{n^p}$은 $p > 1$이면 수렴하고, $p \leq 1$이면 발산한다.

교대급수의 수렴 여부는 라이프니츠에 의해 증명된 **교대급수판정법**(alternating series test)을 적용한다.

참고

(교대급수판정법) (z_n)이 $\lim_{n \to \infty} z_n = 0$을 만족하는 감소하는 양항수열이면, 교대급수 $\sum_{n=1}^{\infty} (-1)^{n+1} z_n$은 수렴한다.

정의 17 절대수렴과 조건수렴

임의의 급수 $\sum_{n=1}^{\infty} x_n$에 있어서, $\sum_{n=1}^{\infty} |x_n|$이 수렴할 때 급수 $\sum_{n=1}^{\infty} x_n$은 **절대수렴**(absolute convergence)한다고 하고, $\sum_{n=1}^{\infty} x_n$은 수렴하지만 $\sum_{n=1}^{\infty} |x_n|$이 발산할 때 급수 $\sum_{n=1}^{\infty} x_n$은 **조건수렴**(conditional convergence)한다고 한다.

$\sum_{n=1}^{\infty} x_n$의 모든 항은 같고 순서만 바뀐 또 다른 급수를 $\sum_{n=1}^{\infty} x_n$의 **재배열급수**(rearrangement of series)라고 한다.

정리 18

$\sum_{n=1}^{\infty} x_n$이 절대수렴하면, $\sum_{n=1}^{\infty} x_n$의 임의의 재배열도 동일한 값으로 절대수렴한다.

$\sum_{n=1}^{\infty} x_n$이 절대수렴하지 않고 조건수렴하면, $\sum_{n=1}^{\infty} x_n$의 재배열급수 $\sum_{m=1}^{\infty} y_m$이 수렴

한다고 하더라도 그 합은 일반적으로 $\sum_{n=1}^{\infty} x_n$의 합과 일치하지 않는다. 한편 급수 $\sum_{n=1}^{\infty} x_n$이 조건수렴하면 발산하는 $\sum_{n=1}^{\infty} x_n$의 재배열급수를 만들 수 있다.

참고

급수의 수렴 · 발산을 판정하는 데는 적분판정법(integral test), 비교판정법(comparison test), 극한비교판정법(limit comparison test), 다항식 판정법(polynomial test)과 달랑베르(D'Alembert)의 비판정법(ratio test), 코시(Cauchy)의 근호판정법(root test) 등이 이용된다.

정의 19 코사곱

두 급수 $\sum_{n=1}^{\infty} a_n$과 $\sum_{n=1}^{\infty} b_n$이 주어졌을 때, 각 $n \in N$에 대하여

$$c_n = \sum_{k=1}^{n} a_k b_{n-k+1} \text{ (단, } n=1,\ 2,\ \cdots \text{)}$$

을 제n항으로 하는 급수 $\sum_{n=1}^{\infty} c_n$을 생각한다. 이때 급수 $\sum_{n=1}^{\infty} c_n$을 $\sum_{n=1}^{\infty} a_n$과 $\sum_{n=1}^{\infty} b_n$의 **코시곱**(Cauchy product)이라고 한다.

참고

수렴하는 두 급수의 코시곱은 수렴하지 않을 수 있다(참고문헌 8 참조). 그러나 두 급수 중 적어도 하나가 절대수렴하면, 두 급수의 코시곱은 수렴한다. 특히 두 급수가 절대수렴하면, 코시곱은 절대수렴한다.

부분합공식을 이용하여, 교대급수판정법의 또 다른 증명법을 소개한다.

참고

부분합공식(summation by parts) : (b_n)이 임의의 수열이고 급수 $\sum_{n=1}^{\infty} a_n$에 대한 부분합의 수열이 (S_n)일 때, 모든 자연수 n에 대하여

$$\sum_{k=1}^{n} a_k b_k = \sum_{k=1}^{n} S_k (b_k - b_{k+1}) + S_n b_{n+1} \text{ (단, } n \in N\text{)}$$

이 성립한다.

정리 20

급수 $\sum_{n=1}^{\infty} a_n$의 부분합의 수열 (S_n)이 유계이고 수열 (b_n)에 대하여 $\sum_{n=1}^{\infty} |b_n - b_{n+1}|$ 이 수렴할 때, $\lim_{n \to \infty} b_n = 0$이면 $\sum_{n=1}^{\infty} a_n b_n$은 수렴한다.

예

디리클레(Dirichlet) 판정법 : 급수 $\sum_{n=1}^{\infty} a_n$의 부분합의 수열 (S_n)이 유계이고 (b_n)은 극한이 0인 감소수열일 때, $\sum_{n=1}^{\infty} a_n b_n$은 수렴한다.

참고

$a_n = (-1)^{n+1}$이고 (b_n)이 극한을 0으로 하는 감소수열일 때, **디리클레 판정법**을 적용하면 $\sum_{n=1}^{\infty} (-1)^{n+1} b_n$은 수렴한다. 이것은 교대급수에 있어서 라이프니츠의 판정법과 다른 증명법을 보여주고 있다.

연습문제 1-4

Exercises

1. $p > 0$에 대하여, $\lim_{n \to \infty} \frac{1}{n^p} = 0$이 성립함을 보이시오.

2. 모든 $n \in N$에 대하여, $x_n \geq 0$인 수열 (x_n)은

$$x = \lim_{n \to \infty} x_n \geq 0$$

을 만족함을 보이시오.

3. 점화식 $z_1 = 1, z_{n+1} = \sqrt{2z_n}$ (단, $n \in N$)으로 정의된 수열 (z_n)은 2로 수렴함을 보이시오.

4. **(수열에 대한 볼차노 - 바이어슈트라스 정리)** 모든 유계인 실수열은 수렴하는 부분수열을 가짐을 보이시오.

5. 수열 (x_n)에 대하여, 다음이 성립함을 보이시오.

$$\underline{\lim}\,(-x_n) = -\overline{\lim}\,x_n\,,\quad \overline{\lim}\,(-x_n) = -\underline{\lim}\,x_n$$

6. $A_n = \left[0,\, 1 - \dfrac{1}{n+1}\right]$ (단, $n = 1, 2, \cdots$)일 때, 다음을 구하시오.

$$\overline{\lim}\,A_n,\ \underline{\lim}\,A_n$$

7. $\underline{\lim}\,A_n = \varnothing$ 이고 $\overline{\lim}\,A_n = X$를 만족하는 집합열 $\{A_n\}$을 구하시오.

8. $\dfrac{1}{2} + 1 + \dfrac{1}{8} + \dfrac{1}{4} + \dfrac{1}{32} + \dfrac{1}{16} + \dfrac{1}{128} + \dfrac{1}{64} + \cdots$ 에 대하여

$$\lim_{n\to\infty}\inf \frac{a_{n+1}}{a_n},\quad \lim_{n\to\infty}\sup \frac{a_{n+1}}{a_n},\quad \lim_{n\to\infty}\sqrt[n]{a_n}$$

을 구하시오.

9. **(코시응집판정법)** $a_1 \ge a_2 \ge \cdots \ge 0$일 때, $\sum_{n=1}^{\infty} a_n$이 수렴하기 위한 필요충분조건은 급수 $\sum_{n=0}^{\infty} 2^n a_{2^n}$이 수렴하는 것임을 보이시오.

1.5 함수의 극한과 연속

1. 함수의 극한

(1) 함수의 극한

정의 1 함수의 극한

$A \subset R$, $f : A \to R$이고 $c \in R$를 A의 한 집적점이라고 하자. L의 임의의 근방 V에 대하여 $x \neq c$가 $A \cap U$의 임의의 점일 때, $f(x)$가 V에 속하는 c의 근방 U가 존재하면 $L \in R$을 c에서의 f의 극한이라고 한다. f가 c에서 극한 L을 가지면, f는 c에서 L로 수렴한다고 하고

$$L = \lim_{x \to c} f \quad \text{또는} \quad L = \lim_{x \to c} f(x)$$

로 표현한다. 만일 f가 c에서 극한을 갖지 않으면, f는 c에서 발산한다고 한다.

참고

함수의 연속성, 미분성, 적분성, 그리고 무한급수의 수렴성 등은 모두 극한개념의 응용이다.

정리 2

$A \subset R$, $f : A \to R$이고 $c \in R$가 A의 집적점일 때, 다음은 서로 동치이다.

(1) f는 c에서 L로 수렴한다. 즉, $\lim_{x \to c} f = L$이다.

(2) **(ϵ - δ 판정법)** 임의의 실수 $\epsilon > 0$에 대하여

$$0 < |x - c| < \delta,\ x \in A \text{일 때, } |f(x) - L| < \epsilon$$

을 만족하는 $\delta > 0$가 존재한다.

(3) **(수열판정법)** $\lim_{n \to \infty} a_n = c$이고 $x_n \neq c$ (단, $n \in N$)인 A의 모든 수열 (x_n)에 대하여, $\lim_{n \to \infty} f(x_n) = L$이 된다.

$A \subset R$, $f : A \to R$이고 $c \in R$이 A의 집적점일 때, $\lim_{x \to c} f(x)$가 존재하면 f는 c에서 단 하나의 극한을 갖는다.

(2) 함수에 대한 극한정리

참고

$A \subset R$이고 $c \in R$를 A의 한 집적점이라 할 때 다음이 성립한다.

(1) $f,\ g:\ A \to R$이고 $b \in R$일 때, $\lim_{x \to c} f = L$, $\lim_{x \to c} g = M$이면

$$\lim_{x \to c}(f+g) = L+M,\ \lim_{x \to c}(f-g) = L-M,$$

$$\lim_{x \to c} fg = LM,\ \lim_{x \to c}(bf) = bL$$

(2) 두 함수 $f,\ h:\ A \to R$ (단, $h(x) \neq 0$)에 대하여, $\lim_{x \to c} f = L$이고 $H = \lim_{x \to c} h \neq 0$ 일 때

$$\lim_{x \to c} \frac{f}{h} = \frac{L}{H}$$

정리 3 조임정리

$A \subset R,\ f,\ g,\ h:\ A \to R$이고 $c \in R$이 A의 한 집적점이라 할 때, $f(x) \le g(x) \le h(x)$ (단, $x \in A,\ x \neq c$)이고

$$\lim_{x \to c} f(x) = L = \lim_{x \to c} h(x)$$

이면 $\lim_{x \to c} g(x) = L$이 성립한다.

참고

$A \subset R,\ f:\ A \to R$에 대하여 $c \in R$가 집합 $A \cap (c,\ \infty)$(또는 $A \cap (-\infty,\ c)$)의 집적점일 때, **우극한**(right - hand limit) $\lim_{x \to c+0} f$ (또는 **좌극한**(left - hand limit)) $\lim_{x \to c-0} f$ 를 c에서의 f의 **한쪽극한**(one - side limits)이라 한다. 한쪽 극한의 존재성에 대한 문제는 수열에 대한 문제로 환원될 수 있다.

(3) 극한개념의 확장

극한개념은 무한극한, 무한대에서의 극한, 무한대에서의 무한극한으로 확장할 수 있다.

2. 함수의 연속

(1) 연속함수

정의 4 연속함수

$A \subset R$, $f : A \to R$이고 $c \in A$라고 하자. $f(c)$의 임의의 근방 V에 대하여

$$x \in A \cap U \text{일 때, } f(x) \in V$$

를 만족하는 c의 근방 U가 존재할 때 f는 c에서 **연속**(continuous)이라고 하고, A의 모든 점에서 연속이면 f는 집합 A에서 연속이라고 한다.

참고

함수의 연속성은 함수에 대한 극한개념을 이용해서도 정의할 수 있다. 즉, $A \subset R$, $f : A \to R$이고 $c \in A$ 일 때, 다음 (1), (2) 중 하나를 만족하면 f는 c에서 연속이라고 한다.

(1) c가 A의 집적점이고, $f(c) = \lim_{x \to c} f(x)$가 성립한다.

(2) c가 A의 집적점이 아니다.

$c \in A$가 A의 고립점이면 $A \cap U = \{c\}$인 c의 근방 U가 존재하므로, A의 고립점 c에서 자동적으로 연속이 된다.

정리 5

$A \subset R$, $f : A \to R$이고 $c \in A$일 때, 다음은 서로 동치이다.

(1) f는 c에서 연속이다.

(2) 임의의 실수 $\epsilon > 0$에 대하여

$$|x - c| < \delta,\ x \in A \text{ 이면, } |f(x) - f(c)| < \epsilon$$

을 만족하는 $\delta > 0$가 존재한다.

(3) (x_n)이 $x_n \in A$ (단, $n \in N$)이고 c로 수렴하는 임의의 수열일 때, 수열 $(f(x_n))$은 $f(c)$로 수렴한다.

참고

디리클레의 불연속 함수라고 불리우는

$$f(x) = \begin{cases} 1, & x : \text{유리수} \\ 0, & x : \text{무리수} \end{cases}$$

로 정의된 $f : R \to R$은 R의 모든 점에서 불연속이다. 또한 $A = \{x \in R \mid x > 0\}$에 대

하여 함수 $h: A \to R$을

$$h(x) = \begin{cases} \frac{1}{n}, & x\text{가 } x = \frac{m}{n} \text{(기약분수로 표시되는 유리수)} \\ 0, & x\text{가 무리수} \end{cases}$$

로 정의할 때, h는 A의 모든 무리수에 대하여 연속이고, A의 모든 유리수에 대하여는 불연속이 된다.

(2) 연속함수의 합성

참고

$A \subset R$, f, $g: A \to R$이고 $b \in A$일 때, 다음이 성립한다.

(1) f, g가 $c \in A$에서 연속이면, $f+g$, $f-g$, fg, bf는 c에서 연속이다. 따라서 f, g가 A에서 연속이면, $f+g$, $f-g$, fg, bf는 A에서 연속이 된다.

(2) f가 $c \in A$에서 연속이고, $h(x) \neq 0$ (단, $x \in A$)를 만족하는 함수 $h: A \to R$이 c에서 연속이면 $\frac{f}{h}$는 c에서 연속이다. 따라서 f가 A에서 연속이고 $h(x) \neq 0$ (단, $x \in A$)를 만족하는 함수 $h: A \to R$이 A에서 연속이면, $\frac{f}{h}$는 A에서 연속이 된다.

정리 6 연속함수의 합성

A, $B \subset R$이고 $f: A \to R$과 $g: B \to R$이 $f(A) \subset B$인 함수라고 할 때, f가 $c \in A$에서 연속이고, g가 $b = f(c) \in B$에서 연속이면, 합성함수 $g \circ f: A \to R$도 c에서 연속이다. 따라서 f가 A에서 연속이고 g가 B에서 연속이면, 합성함수 $g \circ f: A \to R$도 A에서 연속이다.

(3) 구간에서의 연속함수

$A \subset R$, $f: A \to R$에 대하여

$$f(x^*) \geq f(x) \text{ (단, } x \in A)$$

를 만족하는 $x^* \in A$가 존재하면, f는 A에서 **최댓값**(absolute maximum)을 갖는다고 한다. 또한

$$f(x_*) \leq f(x) \text{ (단, } x \in A)$$

를 만족하는 $x_* \in A$가 존재하면, f는 A에서 **최솟값**(absolute minimum)을 갖는다고 한다.

정리 7 최대 - 최솟값 정리

$A \subset R$가 유계인 닫힌집합이면, 연속함수 $f : A \to R$은 최댓값과 최솟값을 갖는다.

참고

(연속성과 연결성) $A \subset R$에 대하여 함수 $f : A \to R$이 연속이면, A가 연결집합일 때 $f(A)$는 연결집합이다.

정리 8 중간값정리(intermediate value theorem)

$f : [a, b] \to R$이 연속함수일 때, $f(a) < f(b)$(또는 $f(a) > f(b)$)이면

$$f(a) < k < f(b) \ (\text{또는 } f(a) > k > f(b))$$

를 만족하는 모든 $k \in R$에 대하여 $f(c) = k$를 만족하는 c (단, $a < c < b$)가 존재한다.

한 구간에서의 연속함수에 의한 상은 역시 구간이 되지만, 상에서 나타난 구간이 반드시 정의역에서 나타난 구간과 동일한 형태를 갖지는 않는다. 그러나 유계인 닫힌 구간 I에 대하여 함수 $f : I \to R$이 연속이면, 집합

$$f(I) = \{f(x) \mid x \in I\}$$

는 유계인 닫힌구간이다.

참고

대역적 연속성의 정리(global continuity theorem) : $f : R \to R$에 있어서 다음은 동치이다.

(1) f는 R에서 연속이다.

(2) 닫힌집합 $F \subset R$에 대하여, 역상 $f^{-1}(F)$는 R에서 닫힌집합이다.

(3) 열린집합 $G \subset R$에 대하여, 역상 $f^{-1}(G)$는 R에서 열린집합이다.

(4) 균등연속

$A \subset R$, $f : A \to R$이라고 하자. 임의의 실수 $\epsilon > 0$에 대하여 $|x - u| < \delta$, x, $u \in A$일 때, $|f(x) - f(u)| < \epsilon$을 만족하는 $\delta > 0$가 존재할 때, $f : A \to R$을 A에서 **균등연속**(uniformly continuous) 또는 **평등연속**이라고 한다.

정리 9 균등연속정리(uniform continuity theorem)

$I \subset R$가 유계인 닫힌구간이고 함수 $f : I \to R$이 연속이면 f는 균등연속이다.

참고

함수 f가 균등연속이라고 해서 반드시 f의 정의역이 유계인 닫힌구간은 아니다. $A \subset R$과 임의의 균등연속인 함수 $f : A \to R$에 대하여 (x_n)이 A의 코시수열이면, $(f(x_n))$도 코시수열이다.

연속함수 $f : A \to R$에 대하여 (x_n)이 A의 코시수열이지만, $(f(x_n))$은 코시수열이 아니다.

예

$f(x) = \dfrac{1}{x}$은 열린구간 $(0, 1)$에서 연속이고 $x_n = \dfrac{1}{n}$으로 주어진 수열 (x_n)은 코시수열이다. 그러나 $(f(x_n)) = (n)$은 코시수열이 아니다. 따라서 $f(x) = \dfrac{1}{x}$은 $(0, 1)$에서 균등연속이 아니다.

■

$A \subset R$, $f : A \to R$일 때, 모든 $x, u \in A$에 대하여

$$|f(x) - f(u)| \leq K|x - u|$$

를 만족하는 상수 $K > 0$가 존재하면, 함수 f를 **리프쉬츠 함수**(Lipschitz function)라고 한다. 리프쉬츠 함수는 함수의 균등연속성을 보이는데 자주 이용된다.

정리 10

$A \subset R$에 대하여 $f : A \to R$이 리프쉬츠 함수이면, f는 A에서 균등연속이다.

균등연속인 함수가 모두 리프쉬츠 함수는 아니다.

참고

(컴팩트의 보존) $K \subset R$가 컴팩트이고 $f : K \to R$이 K에서 연속이면, 집합 $f(K)$도 컴팩트이다.

$K \subset R$가 컴팩트이고 $f: K \to R$이 K에서 연속이면, f는 최댓값과 최솟값을 갖는다.

(5) 근사정리

닫힌구간 $[a, b]$에서 임의의 유한개의 점 $x_1, x_2, \cdots, x_n$을

$$a = x_0 < x_1 < x_2 < \cdots < x_{n-1} < x_n = b$$

가 되도록 잡았을 때, 집합 $P = \{x_0, x_1, \cdots, x_n\}$을 $[a, b]$의 **분할**(partition)이라고 하고, P의 원소 x_i를 $[a, b]$의 분할점이라고 한다.

참고

임의의 실수 $\epsilon > 0$에 대하여 함수 $f: [a, b] \to R$이 연속일 때, 다음이 성립한다.

(1) 모든 $x \in [a, b]$에 대하여, $|f(x) - s(x)| < \epsilon$을 만족하는 계단함수 $s: [a, b] \to R$이 존재한다.

(2) 모든 $x \in [a, b]$에 대하여, $|f(x) - g_\epsilon(x)| < \epsilon$을 만족하는 연속인 구분적 선형함수 $g_\epsilon: [a, b] \to R$이 존재한다.

함수 $f: [0, 1] \to R$에 대하여, 다항식함수

$$B_n(x) = \sum_{k=0}^{n} f\left(\frac{k}{n}\right)\binom{n}{k} x^k (1-x)^{n-k}$$

을 f에 대한 n차 **베른슈타인 다항식**(Bernstein polynomial)이라고 한다.

정리 11 베른슈타인 근사정리(Bernstein aproximation theorem)

함수 $f: [0, 1] \to R$이 연속이고 $\epsilon > 0$이 임의의 실수일 때 $n \geq K$이면, 모든 $x \in [0, 1]$에 대하여 $|f(x) - B_n(x)| < \epsilon$을 만족하는 자연수 K가 존재한다.

다항식함수에 의한 연속함수의 근사에 관한 **바이어슈트라스의 근사정리**(Weierstrass approximation theorem))는 매우 중요하다. 정리의 증명은 초보적인 방법으로 베른슈타인 근사정리에 근거를 둔다.

정리 12 바이어슈트라스 근사정리

함수 $f: [a, b] \to R$이 연속이고 $\epsilon > 0$이 임의의 실수이면, 모든 $x \in [a, b]$에 대하여

$$|f(x)-p(x)| < \epsilon$$

을 만족하는 다항식함수 p가 존재한다.

연습문제 1-5

Exercises

1. 연속함수 $f:[a, b] \to R$에 대하여

$$L-\frac{1}{n} \le f(x_n) \le L+\frac{1}{n^2} \text{(단, } n=1, 2, \cdots \text{)}$$

을 만족하는 수열 (x_n)이 존재한다고 하자. 이때 $\lim_{n \to \infty} x_n = c$이면 $f(c)=L$이 됨을 보이시오.

2. 닫힌구간 $[0, 2]$에서 정의된 함수 f가

$$f(x)=\begin{cases} x, & x\text{가 } [0, 2]\text{에서 유리수} \\ x^2, & x\text{가 } [0, 2]\text{에서 무리수} \end{cases}$$

로 주어질 때, f는 $x=1$에서 연속임을 보이시오.

3. $A=\{x \in R \mid x > 0\}$에 대하여 함수 $h: A \to R$을

$$h(x)=\begin{cases} \dfrac{1}{n}, & x\text{가 } x=\dfrac{m}{n}\text{(기약분수로 표시되는 유리수)} \\ 0, & x\text{가 무리수} \end{cases}$$

로 정의할 때, h는 A의 모든 무리수에 대하여 연속이고, A의 모든 유리수에 대하여는 불연속이 됨을 보이시오.

4. $f(x)=x^2$으로 정의된 함수 $f: R \to R$은 연속이지만, 균등연속은 아님을 보이시오.

5. **(바이어슈트라스 근사정리)** 함수 $f:[a, b] \to R$이 연속이고 $\epsilon > 0$이 임의의 실수이면, 모든 $x \in [a, b]$에 대하여

$$|f(x)-p(x)| < \epsilon$$

을 만족하는 다항식함수 p가 존재함을 보이시오.

1.6 도함수

1. 도함수

(1) 미분법

f가 열린구간 (a, b)에서 정의된 실함수일 때, 각 $c \in (a, b)$에 대하여 $\lim_{x \to c} \frac{f(x) - f(c)}{x - c}$가 존재하면

$$f'(c) = \lim_{x \to c} \frac{f(x) - f(c)}{x - c}$$

로 정의한다. 이때 $f'(c)$를 c에서 f의 **미분계수**(differential coefficient)라고 하고, f는 c에서 **미분가능**(differentiable)하다고 한다. 특히 f가 열린구간 (a, b)의 모든 점에서 미분가능할 때, f는 (a, b)에서 미분가능하다고 한다. 또한 $f'(c)$가 정의되지 않으면, f는 c에서 미분가능하지 않다고 한다.

정의 1 도함수

f가 열린구간 (a, b)에서 미분가능할 때, 모든 점 $x \in (a, b)$에서 $f'(x)$에 의하여 정의되는 함수 $f' : (a, b) \to R$을 f의 **도함수**(derivative of f)라 하고, 이를 기호로

$$y', \ f'(x), \ \frac{dy}{dx}$$

등으로 나타낸다. $f'(x)$를 구하는 것을 "$f(x)$를 x에 관하여 **미분한다**(differentiate)"고 하고, 미분하는 과정을 **미분법**(differentiation)이라 한다.

열린구간 (a, b)에서 f가 연속인 도함수를 가질 때 f를 (a, b)에서 **연속적 미분가능**(continuously differentiable)이라고 한다. 이때

$$C^1[0, 1] = \{f \mid f : [0, 1] \to R \text{은 } [0, 1] \text{에서 연속인 도함수를 갖는 함수}\}$$

로 표기한다.

정리 2

함수 $f : (a, b) \to R$이 $c \in (a, b)$에서 미분가능하면, f는 c에서 연속이지만 그 역은 성립하지 않는다.

$f(x) = \sum_{n=0}^{\infty} \frac{1}{2^n} \cos(3^n x)$로 정의된 함수 f는 R의 모든 점에서 연속이지만, R의 모든 점에서 미분가능하지 않다.

참고

열린구간 (a, b)에서 정의된 두 함수 $f, g : (a, b) \to R$이 $c \in (a, b)$에서 미분가능할 때

(1) $\alpha \in R$이면, $(\alpha f)'(c) = \alpha f'(c)$

(2) $(f+g)'(c) = f'(c) + g'(c)$

(3) $(fg)'(c) = f'(c)g(c) + f(c)g'(c)$

(4) $g(c) \neq 0$이면, $\left(\frac{f}{g}\right)'(c) = \frac{g(c)f'(c) - g'(c)f(c)}{\{g(c)\}^2}$

(2) 합성함수의 미분법

정리 3 연쇄법칙(Chain Rule)

I, J가 R에서의 구간이고, 주어진 두 함수 $f : J \to R$과 $g : I \to R$이 $f(J) \subset I$를 만족한다고 하자. 이때 f가 $c \in J$에서 미분가능하고 g가 $f(c) \in I$에서 미분가능하면, $h = g \circ f$는 c에서 미분가능하고

$$h'(c) = g'(f(c))f'(c)$$

가 된다. 즉 $y = g(u)$, $u = f(x)$라 두면, $y = g(f(x))$이고

$$\frac{dy}{dx} = \frac{dy}{du}\frac{du}{dx}$$

참고

연쇄법칙을 이용하여, $y = x^r$ (단, r은 유리수)일 때 $y' = rx^{r-1}$임을 보일 수 있다.

(3) 역함수의 미분법

정리 4 역함수의 미분법

구간 $I \subset R$에 대하여, $f : I \to R$을 연속인 순단조함수라고 하자. 이때 $f(I) \subset J$이고 $g : J \to R$이 f의 순단조역함수이면, f는 $c \in I$에서 미분가능하다. 특히 $f'(c) \neq 0$이면, g는 $d = f(c)$에서 미분가능하고

$$g'(d) = \frac{1}{f'(c)} = \frac{1}{f'(g(d))}$$

이 성립한다.

(4) 음함수의 미분법

음함수에 대하여 x로 미분하는 방법은, 먼저 y를 x의 함수라 생각하고 $f(x, y) = 0$의 각 항을 x에 관하여 미분한 후에 y'에 대한 결과를 구하면 된다. 이 방법을 **음함수 미분법**이라 한다.

(5) 고계 도함수

함수 $f(x)$의 도함수 $f'(x)$가 미분가능할 때, $f'(x)$의 도함수를 $f''(x)$로 나타내고 이것을 $f(x)$의 2계 도함수라 한다. 이러한 생각을 되풀이하여 $f(x)$의 n계 도함수를 $f^{(n)}(x)$로 정의하고, 2계 이상의 도함수를 고계 도함수(derivative of higher order)라고 한다. n계 도함수의 존재는 $(n-1)$계 도함수의 존재를 가정하고 있음에 유의한다.

2. 평균값정리와 극값 판정법

정의 5 극값

함수 $f : I \to R$이 구간 $I \subset R$에서 **극대**(relative maximum) (또는 **극소**(relative minimum))를 갖는다는 것은, 모든 $x \in U \cap I$에 대하여

$$f(x) \leq f(c) \ (\text{또는 } f(c) \leq f(x))$$

가 성립하는 c의 근방 U가 존재하는 것으로 정의한다. 우리는 f가 c에서 극대 또는 극소를 가지면, f는 $c \in I$에서 **극값**(relative extremum)을 갖는다고 하고, 이때 점 c를 f의 **극점**이라고 한다.

내부극값정리라고 불리는 다음 **페르마 정리**(Fermat's theorem)는 f의 극점을 구하는데, 이론적인 타당성을 제공한다.

정리 6 내부극값정리(interior extremum theorem)

함수 $f : [a, b] \to R$이 $c \in (a, b)$에서 극값을 갖고, $f'(c)$가 존재하면 $f'(c) = 0$이다.

참고

함수 $f:[a, b] \to R$이 연속이고 $c \in (a, b)$에서 극값을 갖는다면, c에서 f의 도함수가 존재하지 않던지 또는 0이 된다. 그러나 그 역은 성립하지 않는다.

함수 f의 정의역 내부의 점 c에 대하여 $f'(c)=0$을 만족할 때 c를 **정점**(stationary point)이라고 하고, $f'(c)$가 존재하지 않는 c를 **특이점**(singular point)이라고 한다. 특히 정점이거나 특이점일 때, c를 **임계점**(critical point)이라 한다.

정리 7 롤의 정리(Rolle's theorem)

함수 $f:[a, b] \to R$이 연속이고 열린구간 (a, b)에서 미분가능할 때, $f(a)=f(b)$이면

$$f'(c)=0$$

을 만족하는 적어도 한 점 $c \in (a, b)$가 존재한다.

다음 **코시의 평균값정리**는 롤의 정리의 확장이다. 코시의 평균값정리를 **일반화된 평균값정리**(generalrized mean - value theorem)라고 부르기도 한다.

정리 8 코시의 평균값정리(Cauchy's mean - value theorem)

두 함수 $f, g:[a, b] \to R$이 연속이고, 열린구간 (a, b)에서 미분가능하면

$$\{f(b)-f(a)\}g'(x_0)=\{g(b)-g(a)\}f'(x_0)$$

을 만족하는 $x_0 \in (a, b)$가 존재한다.

참고

정리 8의 가정에 "모든 $x \in (a, b)$에 대하여, $g'(x) \neq 0$"이라는 조건을 첨가하면, 정리 8의 결과는 $\dfrac{f(b)-f(a)}{g(b)-g(a)}=\dfrac{f'(x_0)}{g'(x_0)}$를 만족하는 적어도 한 점 $x_0 \in (a, b)$가 존재한다로 변형된다.

따름정리 평균값정리(mean - value theorem)

함수 $f:[a, b] \to R$이 연속이고, 열린구간 (a, b)에서 미분가능하면

$$f(b)-f(a)=f'(c)(b-a)$$

를 만족하는 적어도 한 점 $c \in (a, b)$가 존재한다.

증명 정리 8에서 $g(x)=x$인 경우이다.

■

평균값정리와 그의 응용인 로피탈 정리는 복소함수에서는 성립하지 않는다.

참고

함수 $f:[a,\ b]\rightarrow R$이 연속이고, 열린구간 $(a,\ b)$에서 미분가능하며

$$\text{모든 } x\in(a,\ b)\text{에 대하여, } f'(x)=0$$

이면, f는 상수함수이다.

함수 f가 x_0에서 오목성이 바뀔 때, $(x_0,\ f(x_0))$를 함수 f의 **변곡점**(inflection point)이라고 한다.

참고

극값 판정법으로는 1계 도함수 판정법과 2계 도함수 판정법이 있다. 특히 2계 도함수 판정법은 극값과 변곡점에 관한 판정법을 함께 제공한다. 그러나 일반적으로 극값과 변곡점을 구하기 위해서는 n계 도함수 판정법을 이용한다(정리 12).

정리 9 다르브 정리(Darboux's theorem)

열린구간 $(a,\ b)$에서 미분가능한 함수 $f:[a,\ b]\rightarrow R$에 대하여 $f'(a)\neq f'(b)$이면, k가 $f'(a)$와 $f'(b)$ 사이의 임의의 값일 때

$$f'(c)=k$$

를 만족하는 $c\in(a,\ b)$가 존재한다.

3. 로피탈 정리

$\frac{0}{0}$ 형태와 $\frac{\infty}{\infty}$ 형태의 **부정형**(indeterminate form)은 로피탈 정리를 이용하여 극한값을 구한다. 그러나

$$0\cdot\infty,\ \infty-\infty,\ 0^0,\ 1^\infty,\ \infty^0$$

형태의 부정형은 로그를 취하거나 대수적 방법을 사용하여 $\frac{0}{0}$ 형태와 $\frac{\infty}{\infty}$ 형태로 환원하여 극한값을 구한다.

4. 테일러 정리

다항함수가 아닌 함수 $f:[a, b]\to R$이 (a, b)에서 연속인 n계 도함수를 가질 때, $x_0\in(a, b)$에 대하여

$$f^{(k)}(x_0)\,(\text{단, } k=0, 1, \cdots, n)$$

가 존재한다. 이때 각 k에 대하여 $c_k=\dfrac{f^{(k)}(x_0)}{k!}$로 놓으면, f에 대응된 n차 다항함수 $P_n:[a, b]\to R$은

$$P_n(x)=c_0+c_1(x-x_0)+\cdots+c_n(x-x_0)^n$$

으로 정의된다. 이 다항함수 P_n을 x_0에서 f에 대한 n**번째 테일러 다항함수**(Taylor polynomial function) 또는 간단히 **테일러 다항식**(Taylor polynomial)이라고 부른다. 이 다항식 P_n을 함수 f로 근사시킬 때, $R_n=f-P_n$을 점 x_0에서 f의 **나머지 항**(remainder)이라 한다.

참고

테일러 정리에서 나머지항 R_n은 한 함수를 테일러 다항식에 의해서 근사시킬 때, 그 오차를 추정하는 데 사용될 수 있다. 또한 테일러 정리는 부등식을 유도하는 데도 이용된다.

정리 10 테일러 정리(Taylor's theorem)

함수 $f:[a, b]\to R$이 (a, b)에서 연속인 n계 도함수를 가지고 $f^{(n+1)}(x)$가 존재하면, 임의의 $x\in[a, b]$에 대하여

$$f(x)=f(a)+f'(a)(x-a)+\frac{f''(a)}{2!}(x-a)^2+\cdots+\frac{f^{(n)}(a)}{n!}(x-a)^n+R_n(x)$$

를 만족한다. 이때

(1) $R_n(x)=\dfrac{f^{(n+1)}(c)}{n!}(x-c)^n(x-a)\,(\text{단, } a<c<x)$ **(코시의 나머지항)**

(2) $R_n(x)=\dfrac{f^{(n+1)}(c)}{(n+1)!}(x-a)^{n+1}\,(\text{단, } a<c<x)$ **(라그랑주의 나머지항)**

참고

구간 I에서 정의된 함수 $f: I \to R$이 연속인 n계 도함수 $f^{(n)}(x)$를 가질 때, f를 C^n **급 함수**라 하고 $f \in C^n$으로 나타낸다. 만약 모든 자연수 n에 대하여 f가 C^n급 함수이면, f를 C^∞ **급 함수**라 한다.

테일러 정리에서, 라그랑주의 나머지 항을 사용하면 $n=0$인 경우는 평균값정리가 된다. 그래서 라그랑주의 나머지항을 사용한 테일러 정리를 **확장된 평균값정리**(extended mean - value theorem)라고도 부른다.

정리 11 n계 도함수 판정법

x_0가 구간 I의 내점이고, $n \geq 2$일 때 $f', f'', \cdots, f^{(n)}$이 x_0의 근방에서 존재하고 연속이며

$$f'(x_0) = \cdots = f^{(n-1)}(x_0) = 0,\ f^{(n)}(x_0) \neq 0$$

이라고 가정하자. 이때

(1) n이 짝수이고 $f^{(n)}(x_0) > 0$이면, f는 x_0에서 극솟값 $f(x_0)$를 갖는다.

(2) n이 짝수이고 $f^{(n)}(x_0) < 0$이면, f는 x_0에서 극댓값 $f(x_0)$를 갖는다.

(3) $f''(x_0) = 0$이고 n (단, $n \geq 3$)이 홀수이면, $(x_0, f(x_0))$는 변곡점이 된다.

연습문제 1-6 Exercises

1. $E = \left\{0, 1, \dfrac{1}{2}, \cdots, \dfrac{1}{n}, \cdots\right\}$에 대하여 함수 $f: E \to R$을 $f(x) = x$로 정의할 때, $f'(0)$을 구하시오.

2. 구간 $I \subset R$에서 $f'(x)$가 존재하고 $f'(x)$가 유계일 경우, 함수 $f: I \to R$은 I에서 균등연속임을 보이시오.

3. $f : [a, b] \to R$이 닫힌구간 $[a, b]$에서 연속이고 (a, b)의 모든 곳에서 미분가능하지 않은 함수이면, f로 균등수렴하는 무한 미분가능한 함수들의 수열 (p_n)이 존재함을 보이시오.

4. **(내부극값정리)** 함수 $f : [a, b] \to R$이 $c \in (a, b)$에서 극값을 갖고, $f'(c)$가 존재하면 $f'(c) = 0$이 됨을 보이시오.

5. **(롤의 정리)** 함수 $f : [a, b] \to R$이 연속이고 열린구간 (a, b)에서 미분가능할 때, $f(a) = f(b)$이면

$$f'(c) = 0$$

을 만족하는 적어도 한 점 $c \in (a, b)$가 존재함을 보이시오.

6. 함수 $f : R \to R$이 모든 $x, y \subset R$에 대하여

$$|f(x) - f(y)| \leq |x - y|^2$$

을 만족하고 $f(2) = 3$일 때, $f(-2)$의 값을 구하시오.

7. 다음의 극한값을 구하시오.

(1) $\displaystyle\lim_{x \to +0} \left(1 + \frac{1}{x}\right)^x$ (2) $\displaystyle\lim_{x \to +0} \frac{1 - \cos x^2}{x^4}$

8. **(로피탈 법칙)** 연속인 두 함수 $f, g : [a, b] \to R$이 열린구간 (a, b)에서 미분가능하고 $f(a) = g(a) = 0$일 때, 모든 $x \in (a, b)$에 대하여 $g(x) \neq 0$이고 $g'(x) \neq 0$을 만족하면

$$\lim_{x \to a+0} \frac{f'(x)}{g'(x)} = L \text{ (단, } L \in R\text{)이면, } \lim_{x \to a+0} \frac{f(x)}{g(x)} = L$$

이 성립함을 보이시오.

1.7 리만 적분과 리만-스틸체스 적분

1. 리만 적분

리만 적분에 관하여 서술함에 있어서 "리만"이라는 형용사가 생략될 수 있다.

(1) 리만 적분의 정의와 적분가능성

여기서는 유계인 닫힌구간 위에서 정의된 유계함수의 리만 적분가능성을 **다르브의 방법**(Darboux's method)을 이용하여 정의한다.

① 위쪽 합과 아래쪽 합

정의 1 위쪽 합과 아래쪽 합

$f : [a, b] \to R$을 유계함수라 하고, $P = \{x_0, x_1, \cdots, x_n\}$을 닫힌구간 $[a, b]$의 분할이라고 하자. 또한

$$\Delta x_k = x_k - x_{k-1} \text{(단, } k = 1, 2, \cdots, n\text{)}$$

이고

$$m_k = \inf\{f(x) \mid x \in [x_{k-1}, x_k]\},$$
$$M_k = \sup\{f(x) \mid x \in [x_{k-1}, x_k]\}$$

일 때, P에 대응하는 f의 **아래쪽 합**(하합, lower sum)

$$L(P, f) = \sum_{k=1}^{n} m_k \Delta x_k$$

로 정의하고, P에 대응하는 f의 **위쪽 합**(상합, upper sum)은

$$L(P, f) = \sum_{k=1}^{n} M_k \Delta x_k$$

로 정의한다.

② 위쪽 적분과 아래쪽 적분

정의 2 위쪽 적분과 아래쪽 적분

함수 $f : [a, b] \to R$이 유계일 때, 닫힌구간 $[a, b]$에 대한 f의 **아래쪽 적분**(하적분, lower integral)

$$L(f) = \sup\{L(P, f) \mid P \in \wp([a, b])\}$$

로 정의하고, $[a, b]$에 대한 f의 **위쪽 적분**(상적분, upper integral)

$$U(f) = \inf\{U(P, f) \mid P \in \wp([a, b])\}$$

로 정의한다. f의 위쪽 적분을 $\overline{\int_a^b} f\,dx$로, f의 아래쪽 적분을 $\underline{\int_a^b} f\,dx$로 표시하기도 한다.

③ 리만 적분

정의 3 리만 적분(Riemann integral)

함수 $f : [a, b] \to R$이 유계일 때, $L(f) = U(f)$를 만족하면 f를 닫힌구간 $[a, b]$에서 **리만 적분가능**(Riemann integrable) 또는 간단히 R - 적분가능하다고 하고, $f \in \Re[a, b]$로 표기한다. 이 경우 f의 리만 적분은 $L(f) = U(f)$의 값으로 정의하며, 이 값을 $\int_a^b f$ 또는 $\int_a^b f(x)\,dx$로 나타낸다. 이때 함수 f를 피적분함수, a와 b를 **적분한계**(integral limits)라 하고, 특히

$$\int_b^a f = -\int_a^b f, \quad \int_a^a f = 0$$

으로 정의한다.

적분의 개념(정의 3)을 n차원으로 확장하여 다중적분을 정의한다.

참고

닫힌구간 $[0, 1]$의 모든 점에서 불연속인 함수, 즉

$$f(x) = \begin{cases} 1, & x : [0, 1]\text{에서의 유리수} \\ 0, & x : [0, 1]\text{에서의 무리수} \end{cases}$$

로 정의된 디리클레 함수 $f : [0, 1] \to R$은 적분가능하지 않다.

정리 4 리만 적분가능성에 대한 리만 판정법

유계함수 $f : [a, b] \to R$이 $f \in \Re[a, b]$일 필요충분조건은 임의의 실수 $\epsilon > 0$에 대하여

$$U(P_\epsilon, f) - L(P_\epsilon, f) < \epsilon$$

을 만족하는 닫힌구간 $[a, b]$의 분할 P_ϵ이 존재하는 것이다.

예

디리클레 함수 f에 대하여, 닫힌구간 $[0, 1]$의 임의의 분할을 P라 하면

$$U(P, f) - L(P, f) = 1 - 0 = 1$$

이므로, f는 닫힌구간 $[0, 1]$에서 적분가능하지 않다. ■

따름정리

유계함수 $f : [a, b] \to R$에 대하여 (P_n)이

$$\lim_{n \to \infty} \{U(P_n, f) - L(P_n, f)\} = 0$$

을 만족하는 닫힌구간 $[a, b]$의 분할열이면, f는 적분가능하고

$$\lim_{n \to \infty} U(P_n, f) = \int_a^b f = \lim_{n \to \infty} L(P_n, f)$$

가 성립한다.

참고

르베그 정리(Lebesgue theorem) : 유계함수 $f : [a, b] \to R$이 리만 적분가능할 필요충분조건은 f가 닫힌구간 $[a, b]$의 거의 모든 점에서 연속이다.

유계함수 $f : [a, b] \to R$이 닫힌구간 $[a, b]$의 거의 모든 점에서 연속이라는 것은, 불연속점의 집합이 측도 0인 집합이라는 것과 동치이다. 따라서 유계함수 $f : [a, b] \to R$이 닫힌구간 $[a, b]$의 가산개의 점에서 불연속이면, f는 $[a, b]$에서 적분가능하다.

(2) 리만 적분의 성질

참고

(선형성) 두 함수 $f, g : [a, b] \to R$이 적분가능하면, $k \in R$일 때 함수 kf와 $f+g$도 닫힌구간 $[a, b]$에서 적분가능하고

(1) $\int_a^b kf = k\int_a^b f$　　　(2) $\int_a^b (f+g) = \int_a^b f + \int_a^b g$

정리 5 양치성

함수 $f:[a, b] \to R$이 적분가능하고, 모든 $x \in [a, b]$에 대하여 $f(x) \geq 0$이면 $\int_a^b f \geq 0$이다.

함수 $f:[a, b] \to R$이 적분가능하면

$$\text{모든 } x \in [a, b]\text{에 대하여, } |f(x)| \leq K$$

를 만족하는 $K > 0$가 존재한다.

정리 6

함수 $f:[a, b] \to R$이 적분가능하고, 모든 $x \in [a, b]$에 대하여 $|f(x)| \leq K$일 때

$$\left|\int_a^b f\right| \leq \int_a^b |f| \leq K(b-a)$$

가 성립한다.

예

함수 $f:[a, b] \to R$이 적분가능할 때, 모든 $x \in [a, b]$에 대하여 $m \leq f(x) \leq M$이면

$$m(b-a) \leq \int_a^b f \leq M(b-a)$$

가 성립한다.

함수 $f:[a, b] \to R$이 유계이고 c가 $a < c < b$를 만족할 때, f가 $[a, b]$에서 적분가능할 필요충분조건은 f가 두 닫힌구간 $I_1 = [a, c]$와 $I_2 = [c, b]$에서 모두 적분가능할 때이다. 이때

$$\int_a^b f = \int_a^c f + \int_c^b f$$

가 성립한다.

참고

함수 $f:[a, b] \to R$이 모든 $c \in [a, b]$에 대하여 $[c, b]$에서 적분가능하고 유계이면, f는 닫힌구간 $[a, b]$에서 적분가능하고

$$\int_a^b f = \lim_{c \to a+0} \int_c^b f$$

가 된다.

정리 7

(1) **(단조함수의 적분가능성)** $f : [a, b] \to R$이 단조함수이면, f는 닫힌구간 $[a, b]$에서 적분가능하다.

(2) **(연속함수의 적분가능성)** $f : [a, b] \to R$이 연속함수이면, f는 닫힌구간 $[a, b]$에서 적분가능하다.

정리 7(2)의 역은 성립하지 않는다.

정리 8 합성정리

함수 $f : [a, b] \to R$이 적분가능하고 $m \le f \le M$일 때, φ가 닫힌구간 $[m, M]$에서 연속이면, 합성함수 $\varphi \circ f : [a, b] \to R$은 닫힌구간 $[a, b]$에서 적분가능하다.

예

함수 $f : [0, 1] \to R$을

$$f(x) = \begin{cases} 1, & x : [0, 1]\text{에서 유리수} \\ -1, & x : [0, 1]\text{에서 무리수} \end{cases}$$

로 정의하면, $|f|$는 적분가능하지만 f는 적분가능하지 않다.

■

정리 9

함수 $f, g : [a, b] \to R$이 적분가능하면, 곱 fg도 닫힌구간 $[a, b]$에서 적분가능하다.

참고

적분가능한 함수의 합성이 적분가능할 필요는 없다(참고문헌 7 참조).

(3) 미분적분학의 기본정리

함수 $f : [a, b] \to R$이 적분가능하면, 임의의 $x \in [a, b]$에 대하여 닫힌구간 $[a, x]$

로의 f 의 축소함수도 적분가능하다. 따라서

$$F_a(x) = \int_a^x f \ (\text{단}, \ x \in [a, b])$$

로 주어진, f 에 대한 함수 $F_a : [a, b] \to R$을 정의할 수 있다. 이와 같이 정의된 함수 F_a를 닫힌구간 $[a, b]$에서 f 의 **부정적분**(indefinite integral)이라고 한다.

참고

함수 $f : [a, b] \to R$이 적분가능하면

$$F_a(x) = \int_a^x f \ (\text{단}, \ x \in [a, b])$$

로 정의된 함수 $F_a : [a, b] \to R$은 닫힌구간 $[a, b]$의 거의 모든 점에서 미분가능하고, $F_a'(x) = f(x)$이다.

정의 10 역도함수

함수 F가 모든 $x \in [a, b]$에 대하여 $F'(x) = f(x)$를 만족하는 F를 닫힌구간 $[a, b]$에서 함수 f 의 **역도함수**(antiderivative) 또는 **원시함수**(primitive function)라고 한다.

다음 **미분적분학의 기본정리**(fundamental theorem of calculus)는 미분과 적분이 서로 역작용임을 보여 주며, 적분 계산에 있어서 강력한 도구를 제공한다.

정리 11 미분적분학의 기본정리

함수 $f : [a, b] \to R$이 연속이면, 함수 $F : [a, b] \to R$이

$$F(x) - F(a) = \int_a^x f$$

를 만족할 필요충분조건은

$$F'(x) = f(x) \quad \forall x \in [a, b]$$

이다. 따라서 함수 $f : [a, b] \to R$이 연속이고, 모든 $x \in [a, b]$에 대하여 $F'(x) = f(x)$를 만족하면

$$F(b) - F(a) = \int_a^b f$$

가 성립한다.

함수 f가 닫힌구간 $[a, b]$에서 적분가능하지만, $[a, b]$에서 역도함수를 갖지 않을 수도 있다. 모든 $x \in [-1, 1]$에 대하여 $f(x) = \text{sgn}(x)$로 정의된 함수가 이런 성질을 가지고 있다.

한편 함수 f가 닫힌구간 $[a, b]$에서 역도함수를 갖지만, $[a, b]$에서 적분가능하지 않을 수도 있다.

예

함수 $F: [-1, 1] \to R$을

$$F(x) = \begin{cases} x^2 \sin \dfrac{1}{x^2}, & x \in [-1, 1],\ x \neq 0 \\ 0, & x = 0 \end{cases}$$

으로 정의하면, F는 $[-1, 1]$의 모든 점에서 미분가능하지만, 도함수는 유계가 아니므로 $[-1, 1]$에서 적분가능하지 않다.

■

참고

(1) **(부분적분법)** 연속인 도함수를 갖는 함수 $f : [a, b] \to R$에 대하여

$$\int_a^b f' g = [f(b)g(b) - f(a)g(a)] - \int_a^b f g'$$

(2) **(치환적분법)** 연속인 도함수를 갖는 함수 $\varphi : [\alpha, \beta] \to R$에 대하여, 함수 f가 $\varphi([\alpha, \beta])$에서 연속이면

$$\int_\alpha^\beta f(\varphi(t))\varphi'(t)\, dt = \int_{\varphi(\alpha)}^{\varphi(\beta)} f(x)\, dx$$

정리 12 적분의 평균값 정리

함수 $f : [a, b] \to R$이 연속일 때, 함수 g가 모든 $x \in [a, b]$에 대하여 $g(x) \geq 0$이고 닫힌구간 $[a, b]$에서 적분가능하면

$$\int_a^b f(x)g(x)\, dx = f(c) \int_a^b g(x)\, dx$$

를 만족하는 $c \in [a, b]$가 존재한다.

참고

함수 $f:[a, b] \to R$이 연속이면

$$\int_a^b f = f(c)(b-a)$$

를 만족하는 $c \in [a, b]$가 존재한다.

(4) 극한으로써의 리만 적분과 이상적분

① 극한으로써의 리만 적분

함수 $f:[a, b] \to R$이 유계이고, $P=\{x_0, x_1, \cdots, x_n\}$을 닫힌구간 $[a, b]$의 분할이라고 하자. 이때

$$x_{k-1} \leq \xi_k \leq x_k (\text{단, } k=1, 2, \cdots, n)$$

로 주어진 $\xi_1, \xi_2, \cdots, \xi_n$과 $\Delta x_k - x_k - x_{k-1}$에 대하여

$$S(P, f) = \sum_{k=1}^{n} f(\xi_k)\Delta x_k$$

를 분할 P와 중간점 ξ_k에 대응하는 f의 **리만 합**(Riemann sum)이라고 한다.

정리 13

유계함수 $f:[a, b] \to R$이 적분가능할 필요충분조건은 임의의 실수 $\epsilon > 0$에 대하여 분할 P_ϵ이 존재하여 P가 P_ϵ의 세분이고 $S(P, f)$가 P에 대응하는 f에 대한 임의의 리만 합일 때

$$|S(P, f) - A| < \epsilon$$

을 만족하는 A가 존재하는 것이다. 이때 $A = \int_a^b f$ 이다.

닫힌구간 $[a, b]$의 분할 $P=\{x_0, x_1, \cdots, x_n\}$에 대하여, $\| P \|$로 표시되는 P의 **노름**(norm)은

$$\| P \| = \sup\{x_1 - x_0, x_2 - x_1, \cdots, x_n - x_{n-1}\}$$

로 정의된다.

다음 정리는 f가 적분가능하면, f의 적분은 리만 합의 극한으로 주어짐을 보인다.

참고

(다르브 정리) 유계인 함수 $f:[a, b] \to R$이 닫힌구간 $[a, b]$에서 적분가능일 필요충분조건은 임의의 실수 $\epsilon > 0$에 대하여 $\delta > 0$가 존재하여 P가 $\| P \| < \delta(\epsilon)$을 만족하는 $[a, b]$의 분할이고 $S(P, f)$가 임의의 대응된 리만 합일 때

$$|S(P, f) - B| < \epsilon$$

을 만족하는 B가 존재하는 것이다. 이때 $B = \int_a^b f$ 이다.

정리 14 코시의 미분적분학의 기본정리

함수 $f:[a, b] \to R$이 적분가능하고 모든 $x \in [a, b]$에 대하여 $F'(x) = f(x)$이면

$$F(b) - F(a) = \int_a^b f$$

가 성립한다.

② 이상적분

이제 적분구간이나 피적분함수 중 적어도 하나가 유계가 아닐 때, 함수의 적분을 구하는 이상적분을 생각한다. 이상적분을 특이적분이라고도 한다.

정의 15 유계가 아닌 함수에 대한 이상적분

함수 $f:(a, b] \to R$이 모든 $c \in (a, b]$에 대하여 닫힌구간 $[c, b]$에서 적분가능하고 $\lim_{c \to a+0} \int_c^b f$가 존재할 때, $(a, b]$에서의 f의 **이상적분**(improper integral)은

$$\int_a^b f(x)\,dx = \lim_{c \to a+0} \int_c^b f$$

로 정의한다. 마찬가지로 오른쪽 끝점에서도 유사한 방법을 적용한다.

함수 f가 닫힌구간 $[a, b]$의 내점 c의 모든 근방에서 유계가 아닐 때, $[a, b]$에서의 f의 이상적분이 존재한다는 것은 두 구간 $[a, c)$, $(c, b]$에서의 f의 이상적분이 존재하는 것과 동치이고, 이 경우에 우리는 $[a, b]$에서의 f의 이상적분을

$$\int_a^c f + \int_c^b f$$

로 정의한다.

정의 16 유계가 아닌 구간에 대한 이상적분

$a \in R$이고 $f : [a, \infty) \to R$이 모든 $c > a$에 대하여 닫힌구간 $[a, c]$에서 적분가능하고 $\lim_{c \to \infty} \int_a^c f$가 존재할 때, $[a, \infty)$에서의 f의 이상적분은

$$\int_a^\infty f = \lim_{c \to \infty} \int_a^c f$$

로 정의한다. 때로는 극한이 존재할 때 f의 이상적분이 수렴한다고 하고 그렇지 않으면 발산한다고 한다. $(-\infty, b]$ 형태의 구간에서의 이상적분도 유사한 방법을 적용한다.

2. 리만 - 스틸체스 적분

(1) 리만 - 스틸체스 적분

정의 17 위쪽 리만 - 스틸체스 적분, 아래쪽 리만 - 스틸체스 적분

함수 $f : [a, b] \to R$이 유계이고, $\alpha : [a, b] \to R$을 증가함수라 하자. 닫힌구간 $[a, b]$의 임의의 분할 $P = \{x_0, x_1, \cdots, x_n\}$에 대하여, P에 있어서 α에 관한 함수 f의 위쪽 합, 아래쪽 합은 각각

$$U(P, f, \alpha) = \sum_{k=1}^{n} M_k \Delta\alpha_k,\ \ L(P, f, \alpha) = \sum_{k=1}^{n} m_k \Delta\alpha_k$$

로 주어진다. 여기서 $k = 1, 2, \cdots, n$에 대하여

$$M_k = \sup\{f(x) \mid x \in [x_{k-1}, x_k]\},\ m_k = \inf\{f(x) \mid x \in [x_{k-1}, x_k]\}$$

이다. 이때

$$\overline{\int_a^b} f\, d\alpha = \inf\{U(P, f, \alpha) \mid P \in \wp([a, b])\}$$

$$\underline{\int_a^b} f\, d\alpha = \sup\{L(P, f, \alpha) \mid P \in \wp([a, b])\}$$

로 정의된 두 실수를 각각 α에 관한 f의 **위쪽 리만 - 스틸체스 적분**(리만 스틸체스 -

상적분, upper Riemann - Stieltjes integral), **아래쪽 리만 - 스틸체스 적분**(리만 스틸체스 - 하적분, lower Riemann - Stieltjes integral)이라고 한다.

닫힌구간 $[a, b]$에서의 임의의 분할 P_1, P_2에 대하여, $P_1 \subset P_2$이면

$$U(P_1, f, \alpha) \geq U(P_2, f, \alpha),\ L(P_1, f, \alpha) \leq L(P_2, f, \alpha)$$

가 성립한다. 또한 리만 적분에서와 같이 닫힌구간 $[a, b]$에서의 임의의 분할 P_1, P_2에 대하여

$$L(P_1, f, \alpha) \leq U(P_2, f, \alpha)$$

이므로

$$\underline{\int_a^b} f\, d\alpha \leq \overline{\int_a^b} f\, d\alpha$$

가 성립함을 알 수 있다.

정의 18 리만 - 스틸체스 적분

함수 $f : [a, b] \to R$이 유계이고, $\alpha : [a, b] \to R$을 증가함수라 하자. α에 관한 함수 f의 위쪽 리만 - 스틸체스 적분과 아래쪽 리만 - 스틸체스 적분이 서로 일치하면, 즉

$$\underline{\int_a^b} f\, d\alpha = \overline{\int_a^b} f\, d\alpha$$

이면, f는 닫힌구간 $[a, b]$에서 α에 관한 **리만 - 스틸체스 적분가능**(Riemann - Stieltjes integrable) (간단히 RS - 적분가능)이라고 하며, $f \in \Re_\alpha[a, b]$로 표기한다. 이때 공통값을 기호로

$$\int_a^b f(x)\, d\alpha(x) \quad \text{또는} \quad \int_a^b f\, d\alpha$$

로 나타내며, 닫힌구간 $[a, b]$에서 α에 관한 f의 **리만 - 스틸체스 적분**(Riemann - Stieltjes integral)이라고 한다.

증가함수 $\alpha : [a, b] \to R$을 $\alpha(x) = x$로 정의하면, α에 관한 f의 리만 - 스틸체스 적분은 리만 적분과 일치하게 된다. 따라서 리만 - 스틸체스 적분은 리만 적분의 일반화인 것이다.

예

$\alpha : [a, b] \to R$이 증가함수이고, $f : [a, b] \to R$이 모든 $x \in [a, b]$에 대하여 $f(x) = k$로 정의되면

$$\underline{\int_a^b} f\, d\alpha = k[\alpha(b) - \alpha(a)] = \overline{\int_a^b} f\, d\alpha$$

가 된다. 따라서 $f \in \Re_\alpha[a, b]$이고, $\int_a^b f\, d\alpha = k[\alpha(b) - \alpha(a)]$로 주어진다.

■

예

함수 $f : [0, 1] \to R$이

$$f(x) = \begin{cases} 1, & x : [0, 1]\text{에서의 유리수} \\ 0, & x : [0, 1]\text{에서의 무리수} \end{cases}$$

로 정의될 때 $\underline{\int_0^1} f\, d\alpha = 0$, $\overline{\int_0^1} f\, d\alpha = 1$이므로, f는 RS-적분가능하지 않다.

■

정리 19 리만-스틸체스 적분가능성에 대한 리만 판정법

함수 $f : [a, b] \to R$이 유계이고, $\alpha : [a, b] \to R$이 증가함수일 때, $f \in \Re_\alpha[a, b]$이기 위한 필요충분조건은 임의의 $\epsilon > 0$에 대하여

$$U(P, f, \alpha) - L(P, f, \alpha) < \epsilon$$

을 만족하는 분할 P가 존재하는 것이다.

증명 $f \in \Re_\alpha[a, b]$이고, $\epsilon > 0$을 임의의 실수라 하자. 그러면 주어진 $\epsilon > 0$에 대하여

$$\underline{\int_a^b} f\, d\alpha - \frac{\epsilon}{2} < L(P_1, f, \alpha), \quad U(P_2, f, \alpha) < \overline{\int_a^b} f\, d\alpha + \frac{\epsilon}{2}$$

을 만족하는 분할 P_1과 P_2가 존재한다. 이제 P_ϵ을 P_1과 P_2의 공통세분이라고 하면

$$\begin{aligned} U(P_\epsilon, f, \alpha) - L(P_\epsilon, f, \alpha) &\le U(P_2, f, \alpha) - L(P_1, f, \alpha) \\ &< \left(\overline{\int_a^b} f\, d\alpha + \frac{\epsilon}{2}\right) - \left(\underline{\int_a^b} f\, d\alpha - \frac{\epsilon}{2}\right) = \epsilon \end{aligned}$$

이 된다. 따라서 $U(P_\epsilon, f, \alpha) - L(P_\epsilon, f, \alpha) < \epsilon$이 성립한다.

역으로, 임의의 실수 $\epsilon > 0$에 대하여

$$U(P_\epsilon, f, \alpha) - L(P_\epsilon, f, \alpha) < \epsilon$$

을 만족하는 닫힌구간 $[a, b]$의 분할 P_ϵ이 존재한다고 가정하자. 그러면

$$\overline{\int_a^b} f\, d\alpha - \underline{\int_a^b} f\, d\alpha \le U(P_\epsilon, f, \alpha) - L(P_\epsilon, f, \alpha) < \epsilon$$

이 된다. 그런데 $\epsilon > 0$이 임의의 실수이므로, $\overline{\int_a^b} f\, d\alpha = \underline{\int_a^b} f\, d\alpha$가 성립한다.

따라서 $f \in \Re_\alpha[a, b]$가 된다.

■

참고

$\alpha : [a, b] \to R$을 증가함수라 하자. $f, g \in \Re_\alpha[a, b]$이고 $c \in R$이면, 다음이 성립한다.

(1) $cf \in \Re_\alpha[a, b]$이고, $\int_a^b cf\, d\alpha = c\int_a^b f\, d\alpha$

(2) $f + g \in \Re_\alpha[a, b]$이고, $\int_a^b (f+g)\, d\alpha = \int_a^b f\, d\alpha + \int_a^b g\, d\alpha$

(3) $fg \in \Re_\alpha[a, b]$

(4) $f(x) \le g(x)$ (단, $x \in [a, b]$)이면, $\int_a^b f\, d\alpha \le \int_a^b g\, d\alpha$

(5) $|f| \in \Re_\alpha[a, b]$이고, $\left|\int_a^b f\, d\alpha\right| \le \int_a^b |f|\, d\alpha$

정리 20

함수 $f : [a, b] \to R$이 유계이고 $\alpha : [a, b] \to R$이 증가함수일 때, 다음이 성립한다.

(1) $f : [a, b] \to R$이 연속이면, $f \in \Re_\alpha[a, b]$이다

(2) $f : [a, b] \to R$이 단조이고 α가 닫힌구간 $[a, b]$에서 연속일 때, $f \in \Re_\alpha[a, b]$이다.

(3) $f : [a, b] \to R$이 닫힌구간 $[a, b]$에서 불연속점을 오직 유한개만 갖고, f가 불연속이 되는 모든 점에서 α가 연속일 때, $f \in \Re_\alpha[a, b]$이다.

(4) $f : [a, b] \to R$이 $f \in \Re_\alpha[a, b]$이고

$$m \le f(x) \le M \ (\text{단}, \ x \in [a, b])$$

일 때, 닫힌구간 $[m, M]$에서 정의된 연속인 함수 ϕ에 대하여

$$h(x) = \phi(f(x)) \ (\text{단}, \ x \in [a, b])$$

라 하면, $h \in \Re_\alpha[a, b]$이다.

리만-스틸체스 적분이 리만-적분으로 환원될 수 있는 경우가 있다.

참고

함수 $f : [a, b] \to R$이 유계이고, 증가함수 $\alpha : [a, b] \to R$이 $[a, b]$에서 연속이고 (a, b)에서 미분가능하다고 하자. 이때 $f\alpha' \in \Re[a, b]$이면, $f \in \Re_\alpha[a, b]$이고

$$\int_a^b f\, d\alpha = \int_a^b f(x)\, \alpha'(x)\, dx$$

가 성립한다.

리만-스틸체스 적분은 리만 적분에 관한 성질들을 대부분 포함하고 있음에 유의한다. 즉, 리만 적분에 관한 대부분의 성질이 리만-스틸체스 적분에 대해서도 성립한다. 그러나 모든 성질이 성립하는 것은 아니다.

참고

α가 닫힌구간 $[a, b]$에서 증가함수이고, $f \in \Re_\alpha[a, b]$라 하자. 그러면 $[a, b]$의 모든 닫힌 부분구간 $[c, d]$에 대하여 $f \in \Re_\alpha[c, d]$이고, 모든 $c \in (a, b)$에 대하여

$$\int_a^b f\, d\alpha = \int_a^c f\, d\alpha + \int_c^b f\, d\alpha$$

가 성립한다.

정리 21 RS-**적분의 평균값정리**

함수 $f : [a, b] \to R$이 연속이고, α가 $[a, b]$에서 증가함수이면

$$\int_a^b f\, d\alpha = f(c) \cdot [\alpha(b) - \alpha(a)]$$

를 만족하는 $c \in [a, b]$가 존재한다.

(2) 리만 - 스틸체스 합

함수 $f:[a,\ b]\to R$과 $\alpha:[a,\ b]\to R$을 유계함수라 하고, $P=\{x_0,\ x_1,\ \cdots,\ x_n\}$을 닫힌구간 $[a,\ b]$의 한 분할이라고 하자. 이때

$$x_{i-1}\le t_i\le x_i\ \ (\text{단},\ i=1,\ 2,\ \cdots,\ n)$$

인 점들의 집합 $T=\{t_1,\ t_2,\ \cdots,\ t_n\}$에 대하여, 합

$$S(P,\ f,\ T)=\sum_{i=1}^{n}f(t_i)\,\Delta\alpha_i$$

를 분할 P와 집합 T에 대한 f의 α에 관한 **리만 - 스틸체스 합**(Riemann - Stieltjes sum)이라고 한다.

정리 22

함수 $f:[a,\ b]\to R$이 유계이고 α가 닫힌구간 $[a,\ b]$에서 증가함수라 하자. 그러면 $f\in\Re_{\alpha}[a,\ b]$이기 위한 필요충분조건은 임의의 실수 $\epsilon>0$에 대하여 닫힌구간 $[a,\ b]$의 분할 P_ϵ이 존재하여 P가 P_ϵ의 세분이고 임의의 집합 T에 대하여

$$|S(P,\ f,\ T)-A|<\epsilon$$

을 만족하는 A가 존재하는 것이다. 이때 $A=\int_a^b f\,d\alpha$이다.

함수 $f:[a,\ b]\to R$이 유계이고, α가 닫힌구간 $[a,\ b]$에서 증가함수라 하자. 그러면 임의의 실수 $\epsilon>0$에 대하여, $\|P\|<\delta$이 되는 $[a,\ b]$의 모든 분할 $P=\{x_0,\ x_1,\ \cdots,\ x_n\}$와 임의의 집합 T에 대하여 $|S(P,\ f,\ T)-A|<\epsilon$을 만족하는 $\delta>0$가 존재할 때

$$\lim_{\|P\|\to 0}S(P,\ f,\ T)=A$$

라 한다. 여기서 P의 노름 $\|P\|$을

$$\|P\|=\sup\{|x_i-x_{i-1}|\ |1\le i\le n\}$$

으로 정의한다.

정리 23

함수 $f:[a, b] \to R$이 유계이고, α가 닫힌구간 $[a, b]$에서 증가함수라 하자. 이때 $\lim_{\|P\| \to 0} S(P, f, T)$가 존재하면, $f \in \Re_\alpha[a, b]$이고

$$\lim_{\|P\| \to 0} S(P, f, T) = \int_a^b f\, d\alpha$$

가 된다.

증명 임의의 실수 $\epsilon > 0$에 대하여, $\delta > 0$가 존재하여

$$\|P_\epsilon\| < \delta \text{이면, } |S(P, f, T) - A| < \epsilon$$

이 되는 닫힌구간 $[a, b]$의 분할을 P_ϵ이라 하자. 이때 P가 P_ϵ의 세분이면 $\|P\| < \delta$이고, 따라서

$$|S(P, f, T) - A| < \epsilon$$

이 된다. 그러므로 정리 22에 의하여 $f \in \Re_\alpha[a, b]$이고

$$A = \int_a^b f\, d\alpha$$

로 주어진다.

■

참고

함수 $f:[a, b] \to R$이 유계이고, α가 닫힌구간 $[a, b]$에서 증가함수라 하자. 이때 $f \in \Re_\alpha[a, b]$이고, f 또는 α가 닫힌구간 $[a, b]$에서 연속이면

$$\int_a^b f\, d\alpha = \lim_{\|P\| \to 0} S(P, f, T)$$

가 된다.

예

유계함수 $f:[a, b] \to R$에 대하여, $\alpha(x) = x$로 정의된 증가함수 $\alpha:[a, b] \to R$이 연속이므로, $f \in \Re_\alpha[a, b]$이면

$$\lim_{\|P\| \to 0} S(P, f, T) = \int_a^b f(x)\, dx$$

가 된다.

■

함수 $f:[a,b]\to R$이 유계이고, α가 닫힌구간 $[a,b]$에서 증가함수일 때, 리만 - 스틸체스 적분을 정의하였다. 그러나 리만 - 스틸체스 적분을 α가 닫힌구간 $[a,b]$에서 증가가 아닌 유계함수인 경우와 유계변동함수인 경우로 확장할 수 있음에 유의한다.

(3) 이상 리만 - 스틸체스 적분

정의 24 유계가 아닌 함수에 대한 이상 리만 - 스틸체스 적분

$f, \alpha:[a,\infty)\to R$이라 하자. 모든 $c>a$에 대하여 $f\in \Re_\alpha[a,c]$이고 $\lim_{c\to\infty}\int_a^c f$가 존재할 때, $[a,\infty)$에서의 f의 **이상 리만 - 스틸체스 적분**(improper Riemann - Stieltjes integral)은

$$\int_a^\infty f\,d\alpha=\lim_{c\to\infty}\int_a^c f\,d\alpha$$

로 정의한다. 극한이 존재할 때 f의 이상 리만 - 스틸체스 적분이 수렴한다고 하고 그렇지 않으면 발산한다고 한다. $(-\infty,b]$ 형태의 구간에서의 이상 리만 - 스틸체스 적분도 유사한 방법을 적용한다.

참고

임의의 고정된 $b\in R$에 대하여 두 구간 $(-\infty,b]$, $[b,\infty)$ 모두에서 f의 이상 리만 - 스틸체스 적분이 존재하면 $(-\infty,\infty)$에서 f의 이상 리만 - 스틸체스 적분은 존재한다고 하고, 이때

$$\int_{-\infty}^\infty f\,d\alpha=\int_{-\infty}^b f\,d\alpha+\int_b^\infty f\,d\alpha$$

로 정의한다.

정의 25 유계가 아닌 구간에 대한 이상 리만 - 스틸체스 적분

$f, \alpha:[a,b)\to R$일 때 모든 $c\in(a,b)$에 대하여 $f\in \Re_\alpha[a,c]$이고 $\lim_{c\to b^-}\int_a^c f$가 존재하면, $[a,b)$에서의 f의 이상 리만 - 스틸체스 적분은

$$\int_a^b f\,d\alpha=\lim_{c\to b^-}\int_a^c f\,d\alpha$$

로 정의한다. 극한이 존재할 때 f 의 이상 리만 - 스틸체스 적분이 수렴한다고 하고 그렇지 않으면 발산한다고 한다. $(a, b]$ 형태의 구간에서의 이상 리만 - 스틸체스 적분도 유사하게 정의된다.

연습문제 1-7 Exercises

1. 닫힌구간 $[0, 1]$에 있는 모든 유리수 $r_1, r_2, \cdots$에 대하여, $f_n : [0, 1] \to R$을

$$f_n(x) = \begin{cases} 1, & x \in \{r_1, r_2, \cdots, r_n\} \\ 0, & \text{그렇지 않을 경우} \end{cases}$$

로 정의할 때, $\int_0^1 f_n(x)\,dx$를 구하시오.

2. **(리만 적분가능성에 대한 리만 판정법)** 유계함수 $f : [a, b] \to R$이 $f \in \Re[a, b]$일 필요충분조건은 임의의 실수 $\epsilon > 0$에 대하여

$$U(P_\epsilon, f) - L(P_\epsilon, f) < \epsilon$$

을 만족하는 닫힌구간 $[a, b]$의 분할 P_ϵ이 존재하는 것임을 보이시오.

3. 함수 $f : [0, 2] \to R$을

$$f(x) = \begin{cases} 1, & 0 \le x \le 1 \\ 2, & 1 < x \le 2 \end{cases}$$

로 정의할 때, f는 $[0, 2]$에서 적분가능함을 보이시오.

4. $f \in \Re[a, b]$이고 $\int_a^b |f| = 0$이면, 닫힌구간 $[a, b]$의 거의 모든 점에서 $f(x) = 0$이 됨을 보이시오.

5. 다음이 성립함을 보이시오.

(1) **(단조함수의 적분가능성)** $f:[a, b]\to R$이 단조함수이면, f는 닫힌구간 $[a, b]$에서 적분가능하다.

(2) **(연속함수의 적분가능성)** $f:[a, b]\to R$이 연속함수이면, f는 닫힌구간 $[a, b]$에서 적분가능하다.

6. 함수 $f:[a, b]\to R$이 적분가능하면

$$F_a(x)=\int_a^x f \text{ (단, } x\in[a, b])$$

로 정의된 함수 $F_a:[a, b]\to R$은 다음을 만족함을 보이시오.

(1) F_a는 닫힌구간 $[a, b]$에서 균등연속이다.

(2) F_a는 f가 연속인 임의의 점 $c\in[a, b]$에서 미분가능하고

$$F_a{}'(c)=f(c)$$

이다.

7. **(코시의 미분적분학의 기본정리)** 함수 $f:[a, b]\to R$이 적분가능하고 모든 $x\in[a, b]$에 대하여 $F'(x)=f(x)$이면

$$F(b)-F(a)=\int_a^b f$$

가 성립함을 보이시오.

8. $f:[a, b]\to R$이 유계일 때, $\alpha:[a, b]\to R$이 상수함수

$$\alpha(x)=c \text{(단, } c\in R)$$

로 정의되면, $f\in\Re_\alpha[a, b]$이고, $\int_a^b f\,d\alpha=0$임을 보이시오.

9. $[x]$는 x보다 작거나 같은 최대정수를 나타낸다고 할 때

$$\int_0^2 [x]\,dx^2$$

을 구하시오.

10. (**RS - 적분의 평균값정리**) 함수 $f:[a, b]\to R$이 연속이고, α가 $[a, b]$에서 증가함수이면

$$\int_a^b f\, d\alpha = f(c)\cdot[\alpha(b)-\alpha(a)]$$

를 만족하는 $c\in[a, b]$가 존재한다.

1.8 함수열과 함수항급수

1. 함수열

(1) 점별수렴

정의 1 점별수렴

$A\subset R$에서 R로의 함수열 (f_n)에 대하여, $f: A\to R$이라고 하자. 각 $x\in A$에 대하여

$$f(x)=\lim_{n\to\infty} f_n(x)$$

이면, 함수열 (f_n)은 f로 **점별수렴**(pointwise convergence) 한다고 한다. 이때 f를 함수열 (f_n)의 A에서의 **점별극한**(pointwise limit), **점별극한함수**(pointwise limit function) 또는 간단히 **극한함수**(limit function)라 하고, $f=\lim_{n\to\infty} f_n$ 또는 $f_n\to f$, 때로는

$$f(x)=\lim_{n\to\infty} f_n(x) \text{ 또는 } f_n(x)\to f(x)$$

로 표기한다.

(2) 균등수렴

정의 2 균등수렴

(f_n)이 $A\subset R$에서 R로의 함수열이고, $f: A\to R$이라고 하자. 임의의 실수 $\epsilon>0$에 대하여, 이에 대응하는(ϵ에는 종속이지만 $x\in A$에는 독립) 자연수 K가 존재하여 $n\geq K$을 만족하는 모든 $n\in N$과 모든 $x\in A$에 대하여

$$|f_n(x) - f(x)| < \epsilon$$

이 성립하면, 함수열 (f_n)은 A에서 f로 **균등수렴**(uniform covergence)한다고 한다. 이때 f를 함수열 (f_n)의 A에서의 **균등극한**(uniform limit) 또는 **균등극한함수**(uniform limit function)라고 한다.

참고

함수열 (f_n)이 A에서 함수 f에 균등수렴하면, 이 함수열은 A에서 f에 점별수렴함을 알 수 있다. 그러나 역은 성립하지 않는다.

정리 3

$A \subset R$에서 R로의 함수열 (f_n)이 함수 $f : A \to R$에 균등수렴하지 않을 필요충분조건은 어떤 실수 $\epsilon_0 > 0$에 대하여, (f_n)의 부분함수열 (f_{n_k})와 A에서의 수열 (x_k)가 존재하여

$$k \in N\text{일 때, } |f_{n_k}(x_k) - f(x_k)| \geq \epsilon_0$$

를 만족하는 것이다.

예

각 $n \in N$에 대하여, 함수 $f_n : [0, 1] \to R$을 $f_n(x) = x^n$으로 정의하자. 그러면 함수열 (f_n)은 $[0, 1]$에서

$$f(x) = \begin{cases} 0, & x \in [0, 1) \\ 1, & x = 1 \end{cases}$$

로 정의된 함수 $f : [0, 1] \to R$에 점별수렴한다. 그러나

$$n_k = k,\ x_k = \left(\frac{1}{2}\right)^{\frac{1}{k}}$$

로 택하면 $|f_{n_k}(x_k) - f(x_k)| = \frac{1}{2}$이므로, 함수열 (f_n)은 $[0, 1]$에서 함수 f에 균등수렴하지 않는다.

균등수렴을 논의할 때, 유계함수의 집합에서 균등노름의 개념을 사용하는 것이 편리하다. 함수 $f: A \to R$이 $A \subset R$에서 유계일 때, A에서 함수 f의 **균등노름**(uniform norm)은

$$\| f \|_A = \sup\{ |f(x)| \mid x \in A \}$$

로 정의한다.

참고

$A \subset R$에서 R로의 유계 함수열 (f_n)이 A에서 함수 f에 균등수렴할 필요충분조건은 $\| f_n - f \|_A \to 0$이다.

예

각 $n \in N$에 대하여 $f_n(x) = \dfrac{\sin(nx+n)}{n}$으로 정의된 함수 $f_n: R \to R$과, $f(x) = 0$으로 정의된 함수 $f: R \to R$을 생각하자. 이때 함수열 (f_n)은 R에서 유계이고

$$\| f_n - f \|_R = \sup\left\{ \left| \frac{1}{n}\sin(nx+n) - 0 \right| \mid x \in R \right\} = \frac{1}{n}$$

이므로 $\| f_n - f \|_R \to 0$이 된다. 따라서 함수열 (f_n)은 R에서 함수 f에 균등수렴한다. ■

(3) 극한의 교환

① 균등수렴과 연속성

정리 4 균등수렴과 연속성

$A \subset R$에서 정의된 연속인 함수열 (f_n)이 함수 $f: A \to R$로 균등수렴하면, 극한함수 f는 A에서 연속이다.

예

각 $n \in N$에 대하여 함수 $f_n: [0, 1] \to R$을 $f_n(x) = x^n$으로 정의하자. 그러면

함수열 (f_n)은 닫힌구간 $[0,1]$에서

$$f(x)=\begin{cases}0, & x\in[0,1)\\ 1, & x=1\end{cases}$$

로 정의된 함수 $f:[0,1]\to R$에 점별수렴한다. 그런데 모든 f_n이 $x=1$에서 연속이지만, 극한함수 f는 $x=1$에서 불연속이고 미분가능하지 않다. 여기서 함수열 (f_n)이 닫힌구간 $[0,1]$에서 f로 균등수렴하지 않음에 유의한다. ■

연속함수열의 균등수렴이 그 균등극한함수의 연속성을 보장하는 충분조건은 되지만 필요조건은 아니다.

예

각 $n\in N$에 대하여 $f_n(x)=\dfrac{nx}{1+n^2x^2}$로 정의된 함수 $f_n:R\to R$과, $f(x)=0$으로 정의된 함수 $f:R\to R$을 생각하자. 이때 연속함수열 (f_n)은 $[0,1]$에서 연속함수 f에 점별수렴하지만 균등수렴하지는 않는다. ■

② 균등수렴과 미분법

$A\subset R$에서 정의된 미분가능한 함수열 (f_n)이 A에서 함수 f에 점별수렴하거나 또는 균등수렴한다고 할 때, 다음 두 문제

(I) 함수 f가 A에서 미분가능한가?

(II) 함수 f가 미분가능하면, 각 $x\in A$에 대하여 $\lim\limits_{n\to\infty}f_n{}'(x)=f'(x)$인가?

에 대한 답은 모두 부정이다.

참고

$A\subset R$에서 정의된 미분가능한 함수열 (f_n)이 A에서 f에 점별수렴하거나 또는 균등수렴한다고 할지라도 함수 f는 미분가능하지 않을 수 있다. 또한 미분가능한 함수 f에 점별수렴하거나 또는 균등수렴한다고 할지라도 $(f_n{}')$이 A에서 f'에 수렴하지 않을 수 있다.

정리 5 균등수렴과 미분가능성

닫힌구간 $[a, b]$에서 R로의 미분가능한 함수열 (f_n)이 다음 두 조건

(1) 어떤 점 $x_0 \in [a, b]$에서 $(f_n(x_0))$가 수렴한다.

(2) 도함수열 $(f_n{}')$이 $[a, b]$에서 함수 g로 균등수렴한다.

를 만족하면, 함수열 (f_n)은 $[a, b]$의 모든 점에서 도함수를 갖는 함수 f로 균등수렴하고, $f' = g$가 된다.

③ 균등수렴과 적분법

닫힌구간 $[a, b]$에서 정의된 적분가능한 함수열 (f_n)이 $[a, b]$에서 극한함수 f에 점별수렴하거나 또는 균등수렴한다고 할 때, 다음 두 문제

(I) 함수 f가 $[a, b]$에서 적분가능한가?

(II) 함수 f가 $[a, b]$에서 적분가능하면, $\lim_{n \to \infty} \int_a^b f_n \, dx = \int_a^b f \, dx$인가?

에 대한 답을 생각해 보자.

적분가능한 함수열 (f_n)이 닫힌구간 $[a, b]$에서 함수 f에 점별수렴할 경우는 문제 (I)과 (II)에 대한 답은 모두 부정이다. 그러나 함수열 (f_n)이 닫힌구간 $[a, b]$에서 함수 f에 균등수렴할 경우는 문제 (I)과 (II)에 대한 답은 모두 긍정이 된다.

정리 6 균등수렴과 적분가능성

닫힌구간 $[a, b]$에서 정의된 적분가능한 함수열 (f_n)이 $[a ,b]$에서 함수 f로 균등수렴하면, f도 $[a, b]$에서 적분가능하고

$$\lim_{n \to \infty} \int_a^b f_n(x) \, dx = \int_a^b f(x) \, dx$$

가 성립한다.

이제 함수열 (f_n)의 균등수렴이라는 가정없이 극한함수의 적분가능성을 보장하는 **유계수렴정리**를 서술한다.

정리 7 유계수렴정리(bounded convergence theorem)

$\mathfrak{R}[a, b]$에 속하는 함수들의 균등유계함수열 (f_n)이 $f \in \mathfrak{R}[a, b]$로 점별수렴하면,

다음이 성립한다.

$$\lim_{n \to \infty} \int_a^b f_n(x)\,dx = \int_a^b f(x)\,dx$$

참고

α가 닫힌구간 $[a, b]$에서 증가함수이고, $f_n \in \Re_\alpha[a, b]$로 주어진 함수열 (f_n)이 $[a, b]$에서 f로 균등수렴한다고 하자. 그러면 $f \in \Re_\alpha[a, b]$이고

$$\lim_{n \to \infty} \int_a^b f_n\,d\alpha = \int_a^b f\,d\alpha$$

가 성립한다.

2. 함수항급수와 멱급수

(1) 함수항급수

정의 8 함수항급수

(f_n)이 $D \subset R$에서 정의된 함수열일 때 $\sum_{n=1}^{\infty} f_n$을 D에서 정의된 **함수항급수**(series of functions)라 하고, 각 $n \in N$에 대하여 함수 $S_n : D \to R$을

$$S_n(x) = \sum_{k=1}^{n} f_k(x)$$

로 정의하였을 때, 함수열 (S_n)을 $\sum_{n=1}^{\infty} f_n$의 **부분합의 함수열**이라고 한다.

참고

(점별수렴과 균등수렴) $D \subset R$에서 정의된 함수항급수 $\sum_{n=1}^{\infty} f_n$의 부분합의 함수열을 (S_n)이라 할 때

(1) (S_n)이 D에서 함수 f에 점별수렴하면, $\sum_{n=1}^{\infty} f_n$은 D에서 f로 **점별수렴**한다고 한다. 이때 함수 f를 $\sum_{n=1}^{\infty} f_n$의 합이라고 하고, 기호로는

$f = \sum_{n=1}^{\infty} f_n$으로 나타낸다.

(2) (S_n)이 D에서 함수 f에 균등수렴하면, $\sum_{n=1}^{\infty} f_n$은 D에서 f로 **균등수렴**한다고 한다.

급수 $\sum_{n=1}^{\infty} |f_n(x)|$이 수렴할 때, $\sum_{n=1}^{\infty} f_n$은 **절대수렴**한다고 한다.

정리 9

(1) **(균등수렴과 연속성)** 각 $n \in N$에 대하여 f_n이 $D \subset R$에서 R로의 연속함수이고 함수항급수 $\sum_{n=1}^{\infty} f_n$이 D에서 f로 균등수렴하면, f는 D에서 연속이다.

(2) **(균등수렴과 적분가능성)** 각 $n \in N$에 대하여 f_n이 닫힌구간 $[a, b]$에서 R로의 적분가능한 함수일 때, 함수항급수 $\sum_{n=1}^{\infty} f_n$이 $[a, b]$에서 f로 균등수렴하면 f는 적분가능하고

$$\int_a^b f = \sum_{n=1}^{\infty} \int_a^b f_n$$

을 만족한다.

(3) **(균등수렴과 미분가능성)** 각 $n \in N$에 대하여 f_n이 닫힌구간 $[a, b]$에서 R로의 미분가능한 함수로써 다음 두 조건

① $\sum_{n=1}^{\infty} f_n$이 $[a, b]$의 적어도 한 점에서 수렴한다.

② $\sum_{n=1}^{\infty} f_n{}'$이 $[a, b]$에서 균등수렴한다.

를 만족하면, 함수항급수 $\sum_{n=1}^{\infty} f_n$이 $[a, b]$에서 f로 균등수렴하는 함수 $f : [a, b] \to R$이 존재하고 f는 $[a, b]$에서도 함수를 가진다. 이때 $f' = \sum_{n=1}^{\infty} f_n{}'$이다.

참고

α가 닫힌구간 $[a, b]$에서 증가함수이고, $f_n \in \mathfrak{R}_\alpha[a, b]$로 주어진 함수열 (f_n)에 대하여 $[a, b]$에서 $\sum_{n=1}^{\infty} f_n$이 $[a, b]$에서 f로 균등수렴하면, $f \in \mathfrak{R}_\alpha[a, b]$이고

$$\int_a^b f\, d\alpha = \sum_{n=1}^{\infty} \int_a^b f_n\, d\alpha$$

가 성립한다.

함수항급수의 균등수렴성을 알아 보는 대표적인 판정법으로는 바이어슈트라스 판정법이 있다.

정리 10 바이어슈트라스 M - 판정법

(f_n)이 $D \subset R$에서 정의된 함수열이라고 하자. 만일 양수들의 수열 (M_n)이 존재하여, 모든 $x \in D$와 모든 $n \in N$에 대하여 급수 $\sum_{n=1}^{\infty} M_n$이 수렴하고 $|f_n(x)| \leq M_n$이면, 함수항급수 $\sum_{n=1}^{\infty} f_n$은 D에서 균등수렴한다.

예제

$f_n(x) = \dfrac{\cos nx}{n^2}$ (단, $x \in R$)로 주어진 함수항급수 $\sum_{n=1}^{\infty} f_n(x)$는 R에서 균등수렴한다.

증명 모든 $n \in N$에 대하여 $|\cos nx| \leq 1$이므로

$$|f_n(x)| = \left| \frac{\cos nx}{n^2} \right| \leq \frac{1}{n^2}$$

이 성립하고 급수 $\sum_{n=1}^{\infty} \dfrac{1}{n^2}$은 수렴하므로, 바이어슈트라스 M - 판정법에 의하여 함수항급수 $\sum_{n=1}^{\infty} \dfrac{\cos nx}{n^2}$은 R에서 균등수렴한다. ■

(2) 멱급수

멱급수는 함수항급수에서는 유효하지 않은 성질을 가지고 있다.

정의 11 멱급수

a_n (단, $n=0, 1, \cdots$)과 c가 실수일 때, 함수항급수

$$\sum_{n=0}^{\infty} a_n(x-c)^n = a_0 + a_1(x-c) + a_2(x-c)^2 + \cdots$$

를 $x=c$에서의 **멱급수**(power series)라고 한다. 특히 $c=0$일 때, $\sum_{n=0}^{\infty} a_n x^n$을 x에 대한 멱급수라고 한다.

변환 $x'=x-c$는 0에서의 멱급수를 c에서의 멱급수로 변화시켜주므로, 멱급수에 관하여 언급할 때는 특별히 언급이 없는한

$$\sum_{n=0}^{\infty} a_n x^n = a_0 + a_1 x + \cdots + a_n x^n + \cdots$$

로 주어진 급수를 의미하기로 한다.

멱급수가 수렴하는 모든 x의 값으로 구성된 구간, 즉 멱급수가 수렴하는 최대구간을 **수렴구간**(interval of convergence)이라 한다. 이때 수렴구간은 주로 비판정법을 이용하여 구한다. 멱급수 $\sum_{n=0}^{\infty} a_n x^n$의 합은 주어진 급수가 수렴하는 모든 x의 집합을 정의구역으로 하는 함수이다.

참고

멱급수 $\sum_{n=0}^{\infty} a_n(x-c)^n$은 반드시 다음 세 가지

(1) $x=c$에서만 수렴한다.

(2) 모든 실수 x 에서 수렴한다.

(3) 적당한 양수 R이 존재해서 $|x-c| < R$이면 수렴하고, $|x-c| > R$이면 발산한다.

중 어느 하나만 만족한다. (3)의 경우에 R (단, $R>0$)을 멱급수의 **수렴반경**(radius of convergence)이라 한다. 편의상 (1)의 경우는 $R=0$이라 하고, (2)의 경우는 $R=\infty$라 한다.

예

멱급수 $\sum_{n=0}^{\infty} n(x-1)^n$에 대하여

$$\lim_{n\to\infty}\left|\frac{(n+1)(x-1)^{n+1}}{n(x-1)^n}\right| = |x-1|$$

이므로, $|x-1| < 1$이면 절대수렴하고 $|x-1| > 1$이면 발산한다. 따라서 $\sum_{n=0}^{\infty} n(x-1)^n$의 수렴반경은 1이다. 한편 수렴구간은 열린구간 $(0, 2)$로 주어진다.

정리 12

$R > 0$이 멱급수 $\sum_{n=0}^{\infty} a_n x^n$의 수렴반경일 때

(1) **(멱급수의 균등수렴)** $\sum_{n=0}^{\infty} a_n x^n$은 열린구간 $(-R, R)$에 포함된 컴팩트 구간에서 균등수렴한다.

(2) **(균등수렴과 연속)** $\sum_{n=0}^{\infty} a_n x^n$은 열린구간 $(-R, R)$에서 연속이다.

(3) **(균등수렴과 적분가능성)** $\sum_{n=0}^{\infty} a_n x^n$는 열린구간 $(-R, R)$에 포함된 임의의 컴팩트 구간에서 항별로 적분된다.

참고

$R > 0$이 멱급수 $f(x) = \sum_{n=0}^{\infty} a_n x^n$의 수렴반경일 때, $a, b \in (-R, R)$ (단, $a < b$)이고 α가 닫힌구간 $[a, b]$에서 증가함수이면 $f \in \mathfrak{R}_{\alpha}[a, b]$이고

$$\int_a^b f\, d\alpha = \sum_{n=0}^{\infty} a_n \int_a^b x^n\, d\alpha(x)$$

가 성립한다.

정리 13 균등수렴과 미분가능성

멱급수 $f(x)=\sum_{n=0}^{\infty} a_n x^n$은 수렴반경이 $R>0$일 때, 열린구간 $(-R, R)$에서 항별로 미분가능하다. 실제로 $f(x)=\sum_{n=0}^{\infty} a_n x^n$은 $(-R, R)$에서 미분가능하고, $\sum_{n=1}^{\infty} n a_n x^{n-1}$은 $(-R, R)$일 때 절대수렴하며

$$f'(x)=\sum_{n=1}^{\infty} n a_n x^{n-1}$$

이 성립한다.

정리 13은 수렴구간의 양 끝점에서는 어떤 주장도 하지 않았다. 만일 급수가 끝점에서 수렴하면, 미분된 급수는 이 점에서 수렴할 수도, 수렴하지 않을 수도 있다.

정리 14 테일러 급수 전개식

$\sum_{n=0}^{\infty} a_n (x-c)^n$의 수렴반경이 $R>0$일 때, $|x-c|<R$에 대하여

$$f(x)=\sum_{n=0}^{\infty} a_n (x-c)^n$$

이라고 두면, $a_n=\dfrac{f^{(n)}(c)}{n!}$이고

$$f(x)=\sum_{n=0}^{\infty} \frac{f^{(n)}(c)}{n!}(x-c)^n$$

테일러 급수에 대하여 수렴의 문제는 테일러 정리의 나머지 항 R_n에 의하여 해결된다. 어떤 열린구간 $\{x \mid |x-c|<R\}$의 각 x에 대하여 나머지 항의 수열 $(R_n(x))$가 0으로 수렴하면, $|x-c|<R$에 대하여

$$f(x)=\sum_{n=0}^{\infty} \frac{f^{(n)}(c)}{n!}(x-c)^n$$

이 성립한다. 이 테일러 급수를 c에서 f의 **테일러 급수 전개식** 또는 간단히 **테일러 전개식**(Taylor's expansion)이라고 한다. 특히 $c=0$일 때

$$f(x) = \sum_{n=0}^{\infty} \frac{f^{(n)}(0)}{n!} x^n$$

이 성립한다. 이 테일러 급수 전개식을 c에서 f의 **매클로린 급수 전개식** 또는 간단히 **매클로린 전개식**(Maclaurin's expansion)이라고 한다.

정리 15 테일러 급수의 수렴

구간 $I \subset R$에서 정의된 함수 $f : I \rightarrow R$의 n계 도함수 $f^{(n)}(x)$가 모든 $n \in N$에 대하여 존재하면, $a \in I$일 때 모든 $x \in I$에 대하여 테일러 전개식

$$f(x) = \sum_{n=0}^{\infty} \frac{f^{(n)}(a)}{n!} (x-a)^n$$

이 성립할 필요충분조건은 모든 $x \in I$에 대하여 $\lim_{n \to \infty} R_n(x) = 0$이 성립하는 것이다.

구간 $I \subset R$에서 정의된 함수 $f : I \rightarrow R$의 n계 도함수 $f^{(n)}(x)$가 모든 $n \in N$에 대하여 존재할 때, $a \in I$에서의 테일러 급수가 I에서 $f(x)$에 수렴하면 $f(x)$는 a에서 **해석적**(analytic)이라고한다.

참고

아벨(Abel)의 정리 : 급수 $\sum_{n=0}^{\infty} a_n$ 이 수렴할 때, 멱급수 $\sum_{n=0}^{\infty} a_n x^n$은 닫힌구간 $[0, 1]$에서 균등수렴한다.

연습문제 1-8 Exercises

1. (균등수렴과 연속성) $A \subset R$에서 정의된 연속인 함수열 (f_n)이 함수 $f: A \to R$로 균등수렴하면, 극한함수 f는 A에서 연속임을 보이시오.

2. 연속인 함수열 (f_n)이 A에서 함수 f에 균등수렴하고, 점 $c \in A$가 A의 집적점이면

$$\lim_{x \to c} \lim_{n \to \infty} f_n(x) = \lim_{n \to \infty} \lim_{x \to c} f_n(x)$$

가 성립됨을 보이시오.

3. 미분가능한 함수열 (f_n)이 R에서 f로 균등수렴하지만, 함수 f는 미분가능하지 않은 함수열 (f_n)과 함수 f의 예를 들어 보시오.

4. 미분가능한 함수열 (f_n)이 R에서 미분가능한 함수 f로 균등수렴하지만

$$\lim_{n \to \infty} f_n'(x) \neq f'(x)$$

로 주어지는 함수열 (f_n)과 함수 f의 예를 들어 보시오.

5. 적분가능한 함수열 (f_n)이 $[0, 1]$에서 f로 점별수렴하지만, 함수 f는 적분가능하지 않은 함수열 (f_n)과 함수 f의 예를 들어 보시오.

6. 적분가능한 함수열 (f_n)이 $[0, 1]$에서 적분가능한 함수 f로 점별수렴하지만

$$\lim_{n \to \infty} \int_0^1 f_n \, dx \neq \int_0^1 f \, dx$$

로 주어지는 함수열 (f_n)과 함수 f의 예를 들어 보시오.

7. (균등수렴과 적분가능성) 닫힌구간 $[a, b]$에서 정의된 적분가능한 함수열 (f_n)이 $[a, b]$에서 함수 f로 균등수렴하면, f도 $[a, b]$에서 적분가능하고

$$\lim_{n \to \infty} \int_a^b f_n(x)\, dx = \int_a^b f(x)\, dx$$

가 성립함을 보이시오.

8. (바이어슈트라스 M-판정법)(f_n)이 $D \subset R$에서 정의된 함수열이라고 하자. 만일 양수들의 수열 (M_n)이 존재하여, 모든 $x \in D$와 모든 $n \in N$에 대하여 급수 $\sum_{n=1}^{\infty} M_n$이 수렴하고 $|f_n(x)| \leq M_n$이면, 함수항급수 $\sum_{n=1}^{\infty} f_n$은 D에서 균등수렴함을 보이시오.

9. 연속인 함수 $f : [0, 1] \to R$이 다음 조건

$$\int_0^1 f(x) x^n\, dx = 0 \ (\text{단}, n = 0, 1, 2, \cdots)$$

을 만족하면, f는 상수함수임을 보이시오.

제 2 장

바나흐 공간

실함수론

2장 바나흐 공간

2.1 거리공간

1. 거리와 거리공간

정의 1 거리공간

X가 공집합이 아닐 때, 음이 아닌 실가함수 $\rho : X \times X \to R$이 다음 세 조건

(1) $\rho(x,\ y) = 0 \Leftrightarrow x = y$

(2) 모든 $x,\ y \in X$에 대하여, $\rho(x,\ y) \Leftrightarrow \rho(y,\ x)$

(3) 모든 $x,\ y,\ z \in X$에 대하여, $\rho(x,\ y) \leq\ \rho(x,\ z) + \rho(z,\ y)$

을 만족하면 ρ를 X 위에서 정의된 **거리**(metric) 또는 **거리함수**(metric function)라 하고, X에 거리 ρ가 정의되어 있을 때 $< X,\ \rho >$를 **거리공간**(metric space)이라고 한다.

예

$x,\ y \in R$에 대하여 $\rho :\ R \times R \to R$을

$$\rho(x,\ y) = |x - y|$$

으로 정의하면, $< R,\ \rho >$는 거리공간이 된다. 이때 ρ를 **보통거리**(usual metric), 절대값 또는 **유클리드 거리**라 하고, $< R,\ \rho >$를 R^1 또는 간단히 공간 R로 표기한다. ■

예

X가 임의의 집합일 때, $x,\ y \in X$에 대하여 $\rho : X \times X \to R$을

$$\rho(x,\ y) = \begin{cases} 1, & x \neq y \\ 0, & x = y \end{cases}$$

로 정의하면, $< X, \rho >$는 거리공간이 된다. 이때 ρ를 **이산거리**(discrete metric)라 하고, $< X, \rho >$를 **이산거리공간**(discrete metric space)이라 한다.

■

예

$X = \{ f \mid f : [a, b] \to R$은 연속인 함수$\}$, $\rho : X \times X \to R$을

$$\rho(f, g) = \sup\{ | f(x) - g(x) | \mid a \le x \le b \}$$

로 정의하면, $< X, \rho >$는 거리공간이 된다. 이 함수공간 $< X, \rho >$를 $C[a, b]$로 나타낸다. 이때 거리함수 ρ를 **균등수렴 거리함수**(metric of uniform convergence)라고 부른다. 특별한 언급이 없는 한, $C[a, b]$는 균등수렴 거리함수를 갖는 것으로 한다.

■

참고

(R^n에 대한 코시-슈바르츠 부등식) 실수 a_i, b_i(단, $i = 1, 2, \cdots, n$)에 대하여

$$\left| \sum_{k=1}^{n} a_k b_k \right| \le \sqrt{\left(\sum_{k=1}^{n} {a_k}^2 \right) \left(\sum_{k=1}^{n} {b_k}^2 \right)}$$

이 성립한다.

정리 2

$R^n = \{ x \mid x = (x_1, x_2, \cdots, x_n), x_i \in R, i = 1, 2, \cdots, n \}$일 때, 모든 $x, y \in R^n$에 대하여 $\rho : R^n \times R^n \to R$을

$$\rho(x, y) = \sqrt{\sum_{k=1}^{n} (x_k - y_k)^2}$$

으로 정의하면 ρ는 R^n에서 거리함수가 된다.

R^n에서의 거리 ρ를 보통거리 또는 유클리드 거리라고 하고, $< R^n, \rho >$를 유클리드 n-공간이라고 한다. $< R^n, \rho >$를 간단히 R^n으로 표기한다.

따름정리

$l^p = \left\{ (x_1, x_2, \cdots) \mid \sum_{n=1}^{\infty} |x_n|^p < \infty, \, x_n \in R \right\}$ (단, $1 \le p < \infty$)일 때,

$x = (x_n) \in l^p$, $y = (y_n) \in l^p$에 대하여

$$\rho(x, y) = \left[\sum_{n=1}^{\infty} |x_n - y_n|^p \right]^{\frac{1}{p}}$$

으로 정의하면 $< l^p, \rho >$는 거리공간이 된다. $< l^p, \rho >$를 간단히 l^p로 표기한다.

참고

l^∞를 모든 유계인 실수열의 집합이라 하고, c_0를 0으로 수렴하는 모든 실수열의 집합이라 한다. 이때 $l^1 \subset c_0 \subset l^\infty$와 $l^1 \subset l^2 \subset c_0$가 성립한다. 여기서 포함관계는 진부분집합관계이다.

2. 거리공간에서의 수열

참고

같은 집합 위에 여러 개의 거리가 정의될 수 있다. 그러나 거리가 혼동될 우려가 없을 경우에는 $< X, \rho >$ 대신 X로 거리공간을 표기하기도 한다.

거리공간 X에서의 수열은 N에서 X로의 함수이다. 그러한 수열을 $(x_n)_{n=1}^{\infty}$ 또는 간단히 (x_n)으로 표기한다(때로는 $(x^{(k)})_{k=1}^{\infty}$ 또는 간단히 $(x^{(k)})$로 표기하는 것이 편리할 때도 있다).

거리공간에서 수열의 극한에 대한 정의는 실수열의 극한에 대한 정의의 일반화이다.

정의 3 수열의 수렴

(x_n)이 거리공간 $< X, \rho >$에서의 수열이고 $x \in X$일 때, 임의의 실수 $\epsilon > 0$에 대하여 $n \ge K$인 모든 $n \in N$에 대하여, $\rho(x_n, x) < \epsilon$을 만족하는 자연수 K가 존재하면 (x_n)은 x로 수렴한다고 한다. 이때 $\lim_{n \to \infty} \rho(x_n, x) = 0$ 또는 간단히 $\lim_{n \to \infty} x_n = x$

로 표기한다. 수열이 수렴하지 않을 때, 발산한다고 한다.

참고

모든 $n \geq K$에 대하여 $x_n = x_K$를 만족하는 자연수 K가 존재할 때, 수열 (x_n)을 **결과적 상수**(eventually constant)라 한다.

$(x^{(k)})_{k=1}^{\infty}$를 R^n에서의 수열이라고 하자. 그러면 각 원소 $x^{(k)}$는 n-성분으로써 $(x_1^{(k)}, x_2^{(k)}, \cdots, x_n^{(k)})$로 표기된다. $1 \leq j \leq n$인 자연수 j에 대한 실수열 $(x_j^{(k)})_{k=1}^{\infty}$의 수렴성과 원래의 수열 $(x^{(k)})_{k=1}^{\infty}$의 수렴성과의 관계는 다음의 정리에서 주어진다.

정리 4

$(x^{(k)})_{k=1}^{\infty}$를 R^n에서 수열이고 $x = \{x_1, x_2, \cdots, x_n\} \in R^n$이며, $k = 1, 2, \cdots$에 대하여 $x^{(k)} = (x_1^{(k)}, x_2^{(k)}, \cdots, x_j^{(k)}, \cdots, x_n^{(k)})$라 하자. 그러면 $(x^{(k)})_{k=1}^{\infty}$가 x로 수렴할 필요충분조건은 $j = 1, 2, \cdots, n$에 대하여, $\lim_{k \to \infty} x_j^{(k)} = x_j$이다.

정리 4는 l^1(그리고 l^2, c_0, l^{∞})에 대해서는 성립하지 않는다. 그러나 한쪽 방향은 다음 정리에서 보여지는 것처럼 l^1(그리고 l^2, c_0, l^{∞})으로 일반화된다.

정의 5 코시수열

(x_n)이 거리공간 $< X, \rho >$에서의 수열일 때, 임의의 실수 $\epsilon > 0$에 대하여, 자연수 K가 존재하여

$$n, m \geq K \text{인 모든 } n, m \in N \text{에 대하여, } \rho(x_n, x_m) < \epsilon$$

을 만족하면 (x_n)을 **코시수열**이라고 한다.

거리공간에서 수렴하는 수열은 코시수열이지만, 그 역은 성립하지 않는다.

3. 닫힌집합과 열린집합

(1) 닫힌집합

정의 6 극한점

거리공간 M의 부분집합 X에 대하여, M의 점 x가 X의 **극한점**(limit point)이란 모든 $n \in N$에 대하여 $x_n \in X$이고

$$\lim_{n \to \infty} x_n = x$$

를 만족하는 수열 (x_n)이 존재할 때이다. X의 모든 극한점들의 집합을 $\overline{X}$로 표기한다.

예

1은 닫힌집합 $[0, 1]$과 열린집합 $(0, 1)$의 극한점이다. 따라서 집합 X의 극한점은 X에 속할 수도 있고, 속하지 않을 수도 있다.

■

정의 7 닫힌집합

거리공간 M의 부분집합 X에 대하여 X의 모든 극한점이 X에 속하면, X는 M에서 **닫힌집합**(closed set)이라고 한다.

X가 거리공간 M의 부분집합일 때, $x \in X$이면 모든 $n \in N$에 대하여 $x_n = x$라 할 수 있다. 그러면 (x_n)은 $\lim_{n \to \infty} x_n = x$인 X에서의 점들의 수열이므로, $x \in \overline{X}$가 된다. 그러므로 $X \subset \overline{X}$가 성립한다.

따름정리

거리공간 M의 부분집합 X가 닫힌집합일 필요충분조건은 $X = \overline{X}$이다.

참고

거리공간 $< M, \rho >$의 부분집합을 X라 하자. 이때 X의 모든 집적점들의 집합을 X'으로 나타내면, 다음이 성립한다.

(1) X가 닫힌집합일 필요충분조건은 $X' \subset X$이다.

(2) $x \in M$일 때, $x \in X'$일 필요충분조건은 $\lim_{n \to \infty} x_n = x$이고 모든 $n \in N$에 대하여 $x_n \neq x$인 M에서의 수열 (x_n)이 존재하는 것이다.

(3) $\overline{X} = X \cup X'$

정리 8

(1) 거리공간의 닫힌부분집합 X와 Y에 대하여, $X \cup Y$도 닫힌집합이 된다.

(2) $\mathcal{F}$가 거리공간의 닫힌부분집합족일 때, $\cap \mathcal{F}$도 닫힌집합이 된다.

(2) 열린집합

$< M, \rho >$가 거리공간일 때, 임의의 실수 $\epsilon > 0$과 $x \in M$에 대하여

$$B_\epsilon(x) = \{y \in M \mid \rho(x, y) < \epsilon\}$$

을 중심이 x이고 반지름이 ϵ인 **열린 공**(open ball)이라고 한다

정의 9 열린집합

X가 거리공간 M의 부분집합일 때, 임의의 $x \in X$에 대하여

$$B_\epsilon(x) \subset X$$

를 만족하는 열린 공 $B_\epsilon(x)$가 존재하면 X를 **열린집합**(open set)이라고 한다.

예

이산거리공간의 모든 부분집합은 열린집합이다. 왜냐하면, $Y \subset X$이고 $x \in Y$일 때, $B_{\frac{1}{2}}(x) \subset Y$가 성립하기 때문이다.

■

정리 10

X가 거리공간 M의 부분집합일 때, X가 닫힌집합일 필요충분조건은 X^c가 열린집합인 것이다.

이산거리공간의 모든 부분집합이 열린집합이라는 사실은 정리 10으로부터 쉽게 유도된다.

정리11

$< M, \rho >$가 거리공간일 때

(1) $U_1, U_2, \cdots, U_n$이 M의 열린부분집합이면, $U_1 \cap U_2 \cap \cdots \cap U_n$도 M의 열린집합이 된다.

(2) $\mathfrak{J}$가 M의 열린부분집합족이면, $\cup \mathfrak{J}$도 M의 열린집합이 된다.

4. 거리공간에서 연속함수

정의 12 연속함수

두 거리공간 $< X, \rho >$와 $< Y, \sigma >$에 대하여, $f : X \rightarrow Y$이고 $a \in X$라 하자. 이때 임의의 실수 $\epsilon > 0$에 대하여

$$\rho(x, a) < \delta \text{인 모든 } x\text{에 대하여, } \sigma(f(x), f(a)) < \epsilon$$

를 만족하는 $\delta > 0$가 존재하면, f를 a에서 연속이라고 한다. 함수 f가 X의 모든 점에서 연속일 때, f는 X에서 연속이라고 한다.

예제

$(a_n)_{n=1}^{\infty} \in l^1$일 때, $f((a_n)_{n=1}^{\infty}) = a_1$으로 정의된 $f : l^1 \rightarrow R$은 l^1에서 연속인 함수이다.

증명 $\epsilon > 0$이라 하고, $\delta = \epsilon$이라 두자. $0 < \rho((x_n), (a_n)) < \delta$이면 $\sum_{n=1}^{\infty} | x_n - a_n | < \delta$

이므로

$$| x_1 - a_1 | \le \sum_{n=1}^{\infty} | x_n - a_n | < \delta = \epsilon$$

이 된다. 그러므로 $|f(x_n)-f(a_n)| < \epsilon$이 성립한다. 따라서 함수 f는 l^1에서 연속이다.

■

참고

$f: X \to Y$가 거리공간 X에서 거리공간 Y로의 함수이고 $a \in X$일 때, f가 a에서 연속일 필요충분조건은 $\lim_{n \to \infty} x_n = a$인 X의 수열 (x_n)에 대하여 $\lim_{n \to \infty} f(x_n) = f(a)$이다.

거리공간 X에서 정의된 연속인 두 실함수 f, g와 $c \in R$에 대하여

$$|f|, \quad f+g, \quad cf, \quad f-g, \quad fg$$

는 X에서 연속이다. 또한 $g(x) \neq 0$ (단, $x \in X$)이면, $\frac{f}{g}$도 X에서 연속이다.

참고

(대역적 연속성의 정리) 두 거리공간 X, Y와 함수 $f: X \to Y$에 대하여, 다음은 동치이다.

(1) f는 X에서 연속이다.

(2) $F \subset Y$가 닫힌집합이면, $f^{-1}(F)$는 X에서 닫힌집합이다.

(3) $G \subset Y$가 열린집합이면, $f^{-1}(G)$는 X에서 열린집합이다.

예

거리공간 X, Y, Z에 대하여 두 함수 $f: X \to Y$와 $g: Y \to Z$가 연속이면, 합성함수 $g \circ f: X \to Z$는 연속이다.

■

5. 컴팩트 거리공간

정의 13 컴팩트

거리공간 M의 부분집합 X에 대하여 X의 임의의 열린덮개가 유한부분덮개를 가질 때, X를 컴팩트라고 한다.

예

X가 이산거리함수를 갖는 집합일 때, X가 유한이면 컴팩트이지만, X가 무한이면 열린덮개 $\mathfrak{I}=\{\{x\} \mid x \in X\}$는 유한부분덮개를 갖지 않으므로 컴팩트가 아니다. ■

R은 컴팩트가 아니다. 왜냐하면, 열린덮개 $\{(-n,\ n) \mid n \in N\}$은 어떠한 유한부분덮개도 갖지 않기 때문이다. 비슷한 방법으로, R^n, l^1, l^2, c_0, l^∞ 도 컴팩트가 아님을 보일 수 있다.

참고

거리공간 $<X,\ \rho>$의 부분집합 $E_1,\ E_2,\ \cdots$가 컴팩트이면, $\bigcup_{n=1}^{\infty} E_n$도 컴팩트이다.

정리 14

거리공간 M이 컴팩트일 필요충분조건은 M에서의 모든 수열이 수렴하는 부분수열을 갖는 것이다.

예제

컴팩트 거리공간 $<M,\ \rho>$의 닫힌부분집합 X는 컴팩트이다.

증명 (x_n)을 X에서 하나의 수열이라 하자. 그러면 M이 컴팩트이므로, (x_n)은 M의 한 점 x로 수렴하는 부분수열을 갖는다. 그러나 x는 X의 극한점이고 X가 닫힌집합이므로, $x \in X$가 된다. 따라서 X는 컴팩트이다. ■

거리공간 X에서의 모든 수열이 수렴하는 부분수열을 가지면, X를 **점열컴팩트**(sequentially compact)라고 한다.

예

거리공간 $<X,\ \rho>$가 점열컴팩트이고 E가 X에서 닫힌집합이면, E는 점열컴팩트이다. ■

거리공간 $< M, \rho >$의 부분집합 S가 **유계**라는 것은 모든 $x, y \in S$에 대하여, $\rho(x, y) \le A$를 만족하는 상수 A가 존재할 때이다. 또한 임의의 실수 $\epsilon > 0$에 대하여

$$M = B_\epsilon(x_1) \cup B_\epsilon(x_2) \cup \cdots \cup B_\epsilon(x_n)$$

을 만족하는 $x_1, x_2, \cdots, x_n \in M$이 존재할 때, M을 **완전유계**(totally bounded)라 한다. 완전유계거리공간은 유계이지만, 그 역은 성립하지 않는다.

거리공간 $< M, \rho >$가 컴팩트일 필요충분조건은 M이 완비이고, 완전유계이다.

예

반열린구간 $(0, 1]$은 완전유계이지만 완비공간도 아니고 점열컴팩트도 아니다.

■

X가 이산거리공간일 때, X가 유한이면 완전유계이고, 무한이면 유계이지만 완전유계가 아니다.

참고

거리공간 $< M, \rho >$의 컴팩트 부분집합 X는 M에서 유계인 닫힌집합이다. 그러나 그 역은 성립하지 않는다.

6. 컴팩트 거리공간에서의 연속함수

정리 15

두 거리공간 $< X, \rho >$, $< Y, \sigma >$에 대하여 함수 $f : X \to Y$가 연속일 때 X가 컴팩트이면, $f(X)$도 컴팩트이다.

증명 $(f(x_n))$을 $f(X)$에서의 수열이라고 하면, (x_n)은 X에서의 수열이고 X가 컴팩트이므로, (x_n)은 X의 점 a로 수렴하는 부분수열 (x_{n_k})를 갖는다. 그런데 f가 a에서 연속이므로, $\lim_{k \to \infty} f(x_{n_k}) = f(a)$이다. 그러므로 $(f(x_{n_k}))$는 $(f(x_n))$의 수렴하는 부분수열이다. 따라서 $f(X)$는 컴팩트가 된다.

■

컴팩트 거리공간 $< X, \rho >$에서 거리공간 $< Y, \sigma >$로의 함수 $f: X \to Y$가 연속이면, $f(X)$는 유계인 닫힌집합이다.

정리 16 최대 - 최솟값 정리

컴팩트 거리공간 M에서 정의된 실함수 $f: M \to R$이 연속이면, 모든 $x \in M$에 대하여

$$f(c) \le f(x) \le f(d)$$

를 만족하는 $c,\ d \in M$가 존재한다. 즉, 함수 f는 M에서 최댓값과 최솟값을 갖는다.

일대일 대응인 함수 f가 연속일 때, 역함수 f^{-1}는 일반적으로 연속이 아니다. 그러나 컴팩트 거리공간에서 일대일 대응인 연속함수는 연속인 역함수를 가진다.

정리 17

두 거리공간 $< X, \rho >$, $< Y, \sigma >$에 대하여 함수 $f: X \to Y$가 일대일 대응이고 연속일 때 X가 컴팩트이면, 역함수 f^{-1}는 Y에서 연속이다.

두 거리공간 $< X, \rho >$, $< Y, \sigma >$에 대하여 f가 $< X, \rho >$에서 $< Y, \sigma >$로의 함수일 때, 임의의 실수 $\epsilon > 0$에 대하여

$$\rho(x,\ y) < \delta \text{ 이고 } x,\ y \in X \text{ 일 때}, \ \sigma(f(x),\ f(y)) < \epsilon$$

을 만족하는 $\delta > 0$가 존재하면, f는 X에서 균등연속이라고 한다.

참고

f가 컴팩트 거리공간 $< X, \rho >$에서 거리공간 $< Y, \sigma >$로의 연속함수이면, f는 X에서 균등연속이다.

7. 연결거리공간

거리공간 $< X, \rho >$에서, 열린집합이며 닫힌집합인 X의 부분집합이 오직 X와 $\varnothing$뿐일 때, X를 연결집합이라 한다.

정리 18

두 거리공간 $< X, \rho >$, $< Y, \sigma >$에 대하여 함수 $f : X \to Y$가 연속일 때 X가 연결거리공간이면, $f(X)$도 연결집합이다.

거리공간 R^n은 연결집합이다. 또한 l^1, l^2, c_0, l^∞도 연결집합이다.

8. 완비거리공간

정의 19 완비거리공간

거리공간 $< X, \rho >$의 모든 코시수열이 수렴할 때, X를 **완비거리공간**(complete metric space)이라고 한다.

예

$\rho(x, y) = |x - y|$로 주어진 거리를 갖는 $< R, \rho >$와 균등수렴 거리함수를 갖는 거리공간 $C[a, b]$는 완비이다. 또한 거리공간 l^p(단, $1 \le p \le \infty$)와 c_0도 완비이다.

예제

거리공간 R^n은 완비이다.

증명 $(a^{(k)})$를 R^n에서 코시수열이라 하고, $\epsilon > 0$이라 하자. 그러면 자연수 N이 존재하여 $k, m \ge N$이면

$$\sqrt{\sum_{i=1}^{n} (a_i^{(k)} - a_i^{(m)})^2} = \rho(a^{(k)}, a^{(m)}) < \epsilon$$

을 만족한다. 그런데 j가 $1 \le j \le n$인 자연수이면 $k, m \ge N$에 대하여

$$|a_j^{(k)} - a_j^{(m)}| \le \sqrt{\sum_{i=1}^{n} (a_i^{(k)} - a_i^{(m)})^2} < \epsilon$$

이므로, 각 j에 대하여 실수열 $(a_j^{(k)})$는 코시수열이다. 그러므로 $(a_j^{(k)})$는 수렴한다. 따라서 정리 4에 의하여 $(a^{(k)})$가 수렴하므로, R^n은 완비가 된다.

참고

(칸토어의 구간축소정리) 완비거리공간 $< X, \rho >$에서 유계인 닫힌 집합 F_n이 다음 두 조건

(1) $F_1 \supset F_2 \supset F_3 \supset \cdots$

(2) $\lim_{n \to \infty} \operatorname{diam} F_n = 0$

를 만족하면, 집합 $\bigcap_{n=1}^{\infty} F_n$의 원소는 유일하다. 이때

$$\operatorname{diam} F_n = \sup\{\rho(p, q) \mid p, q \in F_n\}$$

이다.

연습문제 2-1

Exercises

1. 이산거리공간 $< X, \rho >$에서 수열 (x_n)이 L로 수렴하면, (x_n)은 결과적 상수임을 보이시오.

2. 수렴하는 수열은 코시수열이지만, 그 역은 성립하지 않음을 예를 들어 보시오.

3. 이산거리공간 X의 모든 부분집합은 닫힌집합임을 보이시오.

4. $\mathscr{F}$가 거리공간의 닫힌부분집합족일 때, $\cap \mathscr{F}$도 닫힌집합이 됨을 보이시오.

5. 거리공간 $< M, \rho >$에 대하여 $\epsilon > 0$이고 $x \in M$일 때, 열린 공 $B_\epsilon(x)$는 M의 열린부분집합임을 보이시오.

6. 거리공간 $< X, \rho >$와 $a \in X$에 대하여, $f(x) = \rho(x, a)$로 정의된 실함수 $f : X \to R$은 연속이 됨을 보이시오.

7. 거리공간 $< M, \rho >$의 컴팩트 부분집합 X는 M에서 유계인 닫힌집합이지만, 그 역은 성립하지 않음을 예를 들어 보시오.

8. 두 거리공간 $< X, \rho >, < Y, \sigma >$에 대하여 함수 $f : X \rightarrow Y$가 일대일 대응이고 연속일 때 X가 컴팩트이면, 역함수 f^{-1}는 Y에서 연속임을 보이시오.

9. 이산거리 ρ가 주어진 집합 X는 완비거리공간임을 보이시오.

2.2 바나흐 공간

1. 바나흐 공간

바나흐 공간은 벡터공간으로서의 대수적 구조와 거리공간으로서의 위상적 구조를 갖고 있다.

정의 1 벡터공간

집합 X에 덧셈 $+ : X \times X \rightarrow X$와 스칼라곱 $\cdot : R \times X \rightarrow X$가 정의되어 다음 조건

(1) $x + y = y + x$ (단, $x, y \in X$)

(2) $(x + y) + z = x + (y + x)$ (단, $x, y, z \in X$)

(3) 모든 $x \in X$에 대하여, $x + \theta = x$를 만족하는 $\theta \in X$가 존재한다.

(4) $\lambda(x + y) = \lambda x + \lambda y$ (단, $\lambda \in R,\ x, y \in X$)

(5) $(\lambda + \mu)x = \lambda x + \mu x$ (단, $\lambda, \mu \in R,\ x \in X$)

(6) $\lambda(\mu x) = (\lambda\mu)x$ (단, $\lambda, \mu \in R,\ x \in X$)

(7) $0 \cdot x = \theta,\ 1 \cdot x = x$ (단, $x \in X$)

을 만족하면, $< X, +, \cdot >$를 **R에서의 선형공간(실선형공간**; real linear space) 또는 **R에서의 벡터공간(실벡터공간**; real vector space)이라 한다.

이 책에서는 특별한 언급이 없는한, R에서의 벡터공간, 즉 실벡터공간을 간단히 벡터공간이라고 한다. 특히 혼동의 염려가 없을 때는 벡터공간 $< X, +, \cdot >$을 X로 표기하기로 한다.

예

n차원 유클리드 공간 $R^n = \{x \mid x = (x_1, x_2, \cdots, x_n),\ x_i \in R\}$에서 덧셈과 스칼라곱을

$$x + y = (x_1 + y_1,\ x_2 + y_2,\ \cdots,\ x_n + y_n),\ \ \alpha x = (\alpha x_1,\ \alpha x_2,\ \cdots,\ \alpha x_n)$$

으로 정의하면, $< R^n, +, \cdot >$는 벡터공간이 된다.

■

예

$X = C[0, 1] = \{ f \mid f : [0, 1] \to R$은 연속인 함수$\}$에서 덧셈과 스칼라곱을

$$(f+g)(x) = f(x) + g(x),\ \ (\alpha f)(x) = \alpha f(x)$$

로 정의하면, $< C[0, 1], +, \cdot >$는 벡터공간이 된다.

■

예

$1 \le p < \infty$에 대하여, $l^p = \left\{ (a_n) \mid \sum_{n=1}^{\infty} |a_n|^p < \infty \right\}$라 하자. 이때 $(a_n), (b_n) \in l^p$이고 $\alpha \in R$에 대하여

$$(a_n) + (b_n) = (a_n + b_n),\ \ \lambda(a_n) = (\lambda a_n)$$

으로 정의하면, $< l^p, +, \cdot >$는 벡터공간이 된다.

■

Y가 벡터공간 X의 공집합이 아닌 부분집합이고 X에서 정의된 덧셈과 스칼라곱셈에 대하여 벡터공간이 되면, Y를 X의 **부분공간**(subspace)이라 한다.

참고

벡터공간 X의 부분집합 E에 대하여

$$tx + (1-t)y \in E \ (단,\ x,\ y \in E,\ 0 < t < 1)$$

이면, E를 **볼록집합(convex set)**이라고 한다.

정의 2 노름선형공간

벡터공간 X에서 정의된 음이 아닌 실가함수 $\| \cdot \| : X \rightarrow R$이 다음 세 조건

(1) $\| x \| = 0 \Leftrightarrow x = \theta$ (단, $x \in X$)

(2) 모든 $\alpha \in R$과 $x \in X$에 대하여, $\| \alpha x \| = |\alpha| \, \| x \|$

(3) 모든 $x, y \in X$에 대하여, $\| x + y \| \leq \| x \| + \| y \|$

을 만족할 때, $\| \cdot \|$을 X 위에서 **노름**(norm)이라고 한다. 노름 $\| \cdot \|$을 갖는 벡터공간 $< X, \| \cdot \| >$을 **노름선형공간**(normed linear space) 또는 **노름벡터공간**(normed vector space)이라 부른다. 혼동의 염려가 없을 때는 $< X, \| \cdot \| >$을 X로 표기하기로 한다.

참고

벡터공간 R^n 위에서 다음과 같이 노름을 정의할 수 있다.

(1) $\| (x_1, \cdots, x_n) \| = \sqrt{{x_1}^2 + \cdots + {x_n}^2}$

(2) $\| (x_1, \cdots, x_n) \|_p = \{ |x_1|^p + \cdots + |x_n|^p \}^{1/p}$(단, $p \geq 1$)

(3) $\| (x_1, \cdots, x_n) \|_\infty = \sup\{ |x_1| + \cdots + |x_n| \}$

예

벡터공간 $< C[0, 1], +, \cdot >$ 위에 노름

$$\| f \| = \sup\{ |f(x)| \mid 0 \leq x \leq 1 \}$$

이 주어진 노름선형공간 $< C[0, 1], \| \cdot \| >$을 간단히 $C[0, 1]$으로 표기한다. ■

예

$1 \leq p < \infty$일 때, $l^p = \left\{ (a_n) \mid \sum_{n=1}^{\infty} |a_n|^p < \infty \right\}$로 주어진 벡터공간 $< l^p, +, \cdot >$ 위에 노름

$$\| (a_n) \|_p = \left\{ \sum_{n=1}^{\infty} |a_n|^p \right\}^{1/p}$$

이 주어진 $< l^p, \| \cdot \|_p >$는 노름선형공간이다. 이때 간단히 l^p로 표기한다. ■

정의 2에서 특히 조건 (2)와 (3)만을 만족하는 벡터공간 X에서 정의된 음이 아닌 실가함수 $\| \cdot \|$을 X에서 **준노름**(semi - norm) 또는 **유사노름**(pseudo - norm)이라고 한다.

예

R^n에서 $\| (u_1, u_2, \cdots, u_n) \|_0 = \sup\{ |u_1|, |u_2|, \cdots, |u_n| \}$이라 하면, $\| \cdot \|_0$은 R^n 위에서 준노름이다.

■

정의 3 균등노름과 균등위상

벡터공간 $< C[0, 1], +, \cdot >$에서

$$\| f \| = \sup\{ |f(x)| \mid 0 \leq x \leq 1 \}$$

으로 정의된 $\| \cdot \|$을 **균등노름**(uniform norm) 또는 **sup 노름**이라 하고, 이 노름에 의해 정의되는 거리함수 ρ에서 유도되는 위상을 **균등위상**(uniform topology)이라 한다.

참고

X 위에서의 노름 $\| \cdot \|$은 $\rho(x,y) = \| x-y \|$로 주어지는 거리 $\rho : X \times X \to R$을 정의한다. 이와 같이 정의된 거리 ρ를 **노름에 의해서 유도된 거리**(the metric induced by the norm)라고 한다. 모든 거리공간에서의 정의(극한, 연속 등)들을 노름선형공간 X에 적용할 때는 특별한 언급이 없는 한, 거리함수로써 항상 $\rho(x, y) = \| x-y \|$로 정의된 $\rho : X \times X \to R$이 주어진 것으로 가정한다.

노름선형공간에서 수렴하는 수열은 코시수열이지만, 코시수열이라 해서 수렴하지는 않는다. 노름선형공간 X가 **완비**(complete)라는 것은 X에서의 모든 코시수열이 X에서 수렴할 때다.

정의 4 바나흐 공간

노름선형공간 $< X, \| \cdot \| >$이 노름에 의해서 유도되는 거리 ρ에 관하여 완비일 때, 즉 **완비노름선형공간**(complete normed linear space) $< X, \| \cdot \| >$을 **바나흐 공간**(Banach space)이라고 한다.

예

노름선형공간 $< R^n, \| \cdot \| >$은 $\rho(x, y) = \| x - y \|$에 관하여 완비이므로, $< R^n, \| \cdot \| >$은 바나흐 공간이 된다. ■

예

균등노름 $\| f \| = \sup\{ | f(x) | \mid 0 \le x \le 1 \}$이 주어진 연속함수공간 $< C[0, 1], \| \cdot \| >$은 바나흐 공간이다. ■

참고

Q 위에서 $\| x \| = | x |$으로 정의하면, $< Q, \| \cdot \| >$은 노름선형공간이지만 바나흐 공간은 아니다.

X가 노름선형공간일 때, X의 원소를 항으로 하는 급수 $\sum_{n=1}^{\infty} x_n$이 수렴한다는 것은 $\lim_{n \to \infty} \| s - \sum_{i=1}^{n} x_i \| = 0$을 만족하는 $s \in X$가 존재하는 것을 의미하고, 실수의 급수 $\sum_{n=1}^{\infty} \| x_n \|$이 수렴할 때 $\sum_{n=1}^{\infty} x_n$은 **절대수렴한다**고 한다.

정리 5

노름선형공간 X가 완비이기 위한 필요충분조건은 절대수렴하는 X의 급수가 X에서 수렴하는 것이다.

2. 힐베르트 공간

정의 6 힐베르트 공간

바나흐 공간 H에 대하여, $H \times H$ 위에서 정의된 실가함수 (x, y)가 다음 세 조건

(1) $\alpha_1, \alpha_2 \in R$이고 $x_1, x_2, y \in H$일 때

$$(\alpha_1 x_1 + \alpha_2 x_2,\ y) = \alpha_1 (x_1,\ y) + \alpha_2 (x_2,\ y)$$

(2) $(x,\ y) = (y,\ x)$(단, $x,\ y \in H$)

(3) $(x,\ x) = \| x \|^2$(단, $x \in H$)

을 만족하면 $(x,\ y)$를 x와 y의 **내적**(inner product)이라 하고, 내적이 정의되어 있는 바나흐 공간을 **힐베르트 공간**(Hilbert space)이라고 한다.

예

유클리드 공간 R^n의 임의의 두 점 $x = (x_1,\ x_2,\ \cdots,\ x_n)$과 $y = (y_1,\ y_2,\ \cdots,\ y_n)$에 대하여

$$(x,\ y) = \sum_{i=1}^{n} x_i y_i$$

로 정의하면 $(x,\ y)$는 내적의 조건을 만족한다. 따라서 유클리드 공간 R^n은 힐베르트 공간이다.

■

3. 위상선형공간

노름선형공간은 벡터공간으로서의 대수적 구조를 가지고, 거리함수

$$\rho(x,\ y) = \| x - y \|$$

로 주어지는 거리공간으로서의 위상적 구조를 가진다.

참고

X가 노름선형공간일 때, 덧셈 $+ : X \times X \to X$과 스칼라 곱셈 $\cdot : R \times X \to X$는 노름에서 유도된 거리위상에 관하여 연속이 된다.

정의 7 위상선형공간

위상 τ가 벡터공간 X 위에 주어졌을 때, 덧셈 $+ : X \times X \to X$와 스칼라 곱셈 $\cdot : R \times X \to X$가 연속이면 X를 **위상선형공간**(topological linear space 또는 topological vector space)이라고 한다.

연습문제 2-2 Exercises

1. 벡터공간 $< C[0,\ 1],\ +,\ \cdot >$에서

$$\| f \| = \sup\{|f(x)|\ |\ 0 \le x \le 1\}$$

로 정의된 $\| \cdot \|$은 $C[0,\ 1]$에서 노름이 됨을 보이시오.

2. 균등노름 $\| f \| = \sup\{|f(x)|\ |\ 0 \le x \le 1\}$이 주어진 연속함수공간 $< C[0,\ 1],\ \| \cdot \| >$은 바나흐 공간임을 보이시오.

3. 노름선형공간 X가 완비이기 위한 필요충분조건은 절대수렴하는 X의 급수가 X에서 수렴하는 것임을 보이시오.

4. H가 힐베르트 공간일 때, 내적 $(\ ,\ ): H \times H \to R$은 연속함수임을 보이시오.

2.3 선형작용소

정의 1 선형작용소

X와 Y가 벡터공간일 때, 함수 $T: X \to Y$가 임의의 $\alpha, \beta \in R$와 임의의 $x,\ y \in X$에 대하여

$$T(\alpha x + \beta y) = \alpha T(x) + \beta T(y)$$

를 만족하면, T를 X에서 Y로의 **선형작용소**(linear operator) 또는 **선형변환**(linear transformation)이라 한다.

예

$I: C[0,\ 1] \to C[0,\ 1]$을 $I(f) = \int_0^x f(t)\,dt$(단, $0 \le x \le 1$)로 정의하면, I는 선형작용소가 된다. 이때 I를 **적분작용소**(integral operator)라고 한다. ■

정의 2 유계인 선형작용소(bounded linear operator)

노름선형공간 $X,\ Y$에 대하여, $T: X \to Y$를 선형작용소라 하면

$$\text{모든 } x \in X\text{에 대하여, } \| T(x) \| \le M \| x \|$$

을 만족하는 $M > 0$이 존재할 때, T를 **유계인 선형작용소**라고 한다. 이때

$$\| T(x) \| \le M \| x \|$$

을 만족하는 최소의 상수 M을 T의 노름이라 하고, $\| T \|$로 나타낸다. 이때 $\| T \|$은 일의적으로 결정된다.

참고

$X,\ Y$가 노름선형공간일 때, $T: X \to Y$가 유계인 선형작용소이면

$$\begin{aligned} \| T \| &= \sup\left\{ \frac{\| T(x) \|}{\| x \|} \mid x \in X,\ x \ne \theta \right\} \\ &= \sup\{ \| T(x) \| \mid \| x \| = 1 \} = \sup\{ \| T(x) \| \mid \| x \| \le 1 \} \end{aligned}$$

로 주어진다.

정리 3

노름선형공간 $X,\ Y$에 대하여 $T: X \to Y$가 선형작용소일 때, 다음은 서로 동치이다.

(1) T는 X에서 유계이다.

(2) T는 X에서 균등연속이다.

(3) T는 X의 원점 θ에서 연속이다.

증명 (1) ⇒ (2) $T: X \to Y$를 유계인 선형작용소라 하면, 임의의 두 원소 $x_1,\ x_2 \in X$에 대하여

$$\| T(x_1) - T(x_2) \| = \| T(x_1 - x_2) \| \le \| T \| \ \| x_1 - x_2 \|$$

이 성립한다. 그러므로 임의의 실수 $\epsilon > 0$에 대하여

$$\delta = \frac{\epsilon}{\| T \|}$$

으로 놓으면, $\delta > 0$이고 $\| x_1 - x_2 \| < \delta$를 만족하는 임의의 $x_1, x_2 \in X$에 대하여

$$\| T(x_1) - T(x_2) \| \le \| T \| \| x_1 - x_2 \| < \epsilon$$

이 된다. 따라서 T는 X에서 균등연속이다.

(2) $\Rightarrow$ (3) 균등연속인 함수는 연속이므로 (3)이 성립한다.

(3) $\Rightarrow$ (1) T가 $x = \theta$에서 연속이면, $\| x \| = \| x - \theta \| < \delta$인 모든 $x \in X$에 대하여

$$\| T(x) \| = \| T(x) - T(\theta) \| < 1$$

을 만족하는 $\delta > 0$가 존재한다. 이제 $0 < \eta < \delta$인 η를 잡고 X의 임의의 원소 z (단, $z \ne \theta$)에 대하여 $w = \dfrac{\eta z}{\| z \|}$로 놓으면 $\| w \| = \eta < \delta$이므로

$$\frac{\eta}{\| z \|} \| T(z) \| = \| T(w) \| < 1$$

이 성립한다. 따라서

$$\| T(z) \| < \frac{\| z \|}{\eta} \quad (\text{단, } z \in X)$$

이므로, $\| T \| < \dfrac{1}{\eta} < \infty$가 된다.

■

예

$T: R^n \to R$을 모든 $\mathbf{x} = (x_1, x_2, \cdots, x_n) \in R^n$에 대하여 $T(\mathbf{x}) = x_1$으로 정의하면

$$|T(\mathbf{x})| = |x_1| \le \sqrt{{x_1}^2 + {x_2}^2 + \cdots + {x_n}^2} = \| \mathbf{x} \|$$

이므로, T는 R^n에서 연속이다.

■

예

$(a_n) \in l^2$일 때, $T: l^2 \to R$을 모든 $\mathbf{x} = (x_n) \in l^2$에 대하여

$$T(\mathbf{x}) = \sum_{n=1}^{\infty} a_n x_n$$

으로 정의하면

$$|T(\mathbf{x})| = \left| \sum_{n=1}^{\infty} a_n x_n \right| \le \sqrt{\sum_{n=1}^{\infty} {a_n}^2} \sqrt{\sum_{n=1}^{\infty} {x_n}^2} = M \| x \|$$

이므로, T는 l^2에서 연속이다. 여기서 $M = \sqrt{\sum_{n=1}^{\infty} {a_n}^2}$ 이다.

■

참고

노름선형공간 X, Y에 대하여 $T: X \to Y$가 선형작용소일 때, 다음은 서로 동치이다.

(1) T는 X에서 연속이다.

(2) 집합 $\{ \| T(x) \| \mid \| x \| \le 1 \}$은 유계이다.

(3) 집합 $\{ \| T(x) \| \mid \| x \| = 1 \}$은 유계이다.

정의 4 유계인 선형작용소의 집합

노름선형공간 X, Y에 대하여, 유계인 선형작용소 $T: X \to Y$ 전체의 집합을 $B[X, Y]$로 정의한다.

임의의 S, $T \in B[X, Y]$, $\alpha \in R$에 대하여

$$(S+T)(x) = S(x) + T(x), \ (\alpha T)(x) = \alpha T(x)$$

로 정의하면 $B[X, Y]$는 벡터공간이 되고, 임의의 $T \in B[X, Y]$는 유계인 선형작용소이므로 노름 $\| T \|$이 정해진다.

예

$T: R^n \to R$이 모든 $\mathbf{x} = (x_1, x_2, \cdots, x_n) \in R^n$에 대하여

$$T(\mathbf{x}) = x_1$$

으로 정의된 선형변환이면, $\| T \| = 1$이 된다.

■

예

$\mathbf{a}=(a_n)\in l^2$일 때, $T: l^2 \to R$이 모든 $\mathbf{x}=(x_n)\in l^2$에 대하여

$$T(\mathbf{x})=\sum_{n=1}^{\infty} a_n x_n$$

으로 정의된 선형변환이면, $\| T \| = \| \mathbf{a} \|$ 이 된다.

■

참고

노름선형공간 X와, 바나흐 공간 Y에 대하여 유계인 선형작용소 $T: X \to Y$ 전체의 집합으로 주어진 벡터공간 $B[X, Y]$는 바나흐 공간이 된다.

벡터공간 X에서 정의된 실가 선형작용소 $T: X \to R$을 **선형범함수**(linear functional)라고 한다.

예

$X=C[0, 1]$이 균등노름이 주어진 바나흐 공간일 때, 고정점 a (단, $0 \le a \le 1$)에 대하여 $\varphi: X \to R$을

$$\varphi(f)=f(a) \quad {}^{\forall} f \in X$$

로 정의하면, φ는 유계인 선형범함수가 된다.

■

예

힐베르트 공간 H의 내적은 H 위에서 유계인 선형범함수를 정의한다. 즉 $f: H \to R$을

$$f(x)=(x, y), \quad x \in H$$

에 의해 정의되는 선형범함수라 하면 슈바르츠 부등식으로부터

$$|f(x)| \le \| x \| \| y \|$$

을 얻는다. 그러므로 $\| f \| \le \| y \| < \infty$가 된다.

■

정의 5 공액공간

실직선 R은 완비이므로, X가 노름선형공간이면 X 위에 정의된 유계인 선형범함수 전체의 공간 $B[X, R]$은 바나흐 공간이다. 이 공간을 X의 **공액공간**(dual space) 또는 쌍대공간이라 하고, X^*로 나타낸다. 이때 X^*의 원소를 **연속선형범함수**(continuous linear functional)라고 부르기도 한다.

예

R^n의 공액공간 $(R^n)^*$는 R^n이다. 왜냐하면, $T \in (R^n)^*$이면 모든 $\mathbf{x} = (x_1, x_2, \cdots, x_n) \in R^n$에 대하여

$$T(\mathbf{x}) = \sum_{k=1}^{n} a_k x_k$$

를 만족하는 $\mathbf{a} = (a_1, a_2, \cdots, a_n) \in R^n$이 존재하여

$$\| T \| = \| \mathbf{a} \|$$

이 성립하기 때문이다. ■

예

c_0의 공액공간 c_0^*는 l^1이다. 왜냐하면, $T \in c_0^*$이면 모든 $\mathbf{x} = (x_n) \in c_0$에 대하여

$$T(\mathbf{x}) = \sum_{n=1}^{\infty} a_n x_n$$

을 만족하는 $\mathbf{a} = (a_1, a_2, \cdots, a_n) \in R^n$이 존재하여

$$\| T \| = \| \mathbf{a} \|$$

이 성립하기 때문이다. ■

정의 6 약위상

벡터공간 X 위에서 정의된 선형범함수 전체의 집합을 X'이라고 하자. $\mathfrak{F} \subset X'$일 때, $\mathfrak{F}$에 속한 각 선형범함수를 연속이 되게 하는 X의 위상 중에서 최약(weakest)인 것을 **약위상**(weak topology) 또는 $\mathfrak{F}$ - 위상이라고 한다.

이제 X^*을 노름선형공간 X의 공액공간이라 하자. X^*로 결정되는 X의 X^*- 위상을 **약위상**이라 한다. X^*의 원소인 선형범함수는 노름에 의하여 주어지는 노름위상에 관하여 연속이고, 약위상은 X^*의 각 원소를 연속이 되게 하는 최약의 위상이므로 약위상이 노름위상보다 약하다. X^* 위의 약위상은 X^{**}에 의하여 정하여지는 X^{**}- 위상이다.

정의 7 약수렴

노름선형공간 X에서의 수열 (x_n)이 X의 약위상에서 x에 수렴하는 것을 **약수렴**(weak convergence)이라 한다.

한편 $\varphi : X \to X^{**}$를 임의의 $x \in X$에 대하여

$$\varphi(x)(f) = f(x) \quad {}^\forall f \in X^*$$

에 의하여 정의되는 등거리동형사상이라고 하면, $\varphi[X] \subset X^{**}$이므로 $\varphi[X]$ - 위상이 X^*에 정하여진다. 이 약위상을 **약*위상**(weak* topology)이라고 한다. 따라서 X^*에는 노름위상, 약위상과 약*위상의 세 가지 위상이 정의된다.

정의 8 약*수렴

X^*의 수열 (f_n)이 약*위상에서 f에 수렴하는 것을 **약*수렴**(weak* convergence)이라 한다.

참고

X의 수열 (x_n)이 x로 약수렴하면

$$f(x_n) \to f(x) \quad {}^\forall f \in X^*$$

이고, X^*의 수열 (f_n)이 f로 약*수렴하면

$$f_n(x) \to f(x) \quad {}^\forall x \in X$$

가 된다.

X가 노름선형공간일 때, $S = \{x \in X \mid \| x \| \leq 1\}$은 노름위상에 관하여 컴팩트가 아니지만, $S^* = \{f \in X^* \mid \| f \| \leq 1\}$은 약*위상에 관하여 컴팩트이다.

연습문제 2-3 Exercises

1. X, Y가 노름선형공간일 때, $T: X \to Y$가 유계인 선형작용소이면

$$\| T \| = \sup\left\{ \frac{\| T(x) \|}{\| x \|} \mid x \in X,\ x \neq \theta \right\}$$
$$= \sup\{ \| T(x) \| \mid \| x \| = 1\} = \sup\{ \| T(x) \| \mid \| x \| \leq 1\}$$

이 성립함을 보이시오.

2. 균등노름이 주어진 $X = C[0, 1]$은 바나흐 공간이다. 지금 고정점 a (단, $0 \leq a \leq 1$)에 대하여 $\varphi : X \to R$을

$$\varphi(f) = f(a) \quad \forall f \in X$$

로 정의하면 φ는 유계인 선형범함수가 됨을 보이시오.

3. 노름선형공간 X와, 바나흐 공간 Y에 대하여 벡터공간 $B[X, Y]$는 바나흐 공간이 됨을 보이시오.

MEMO

제 3 장
측도

실함수론

3장 측도

3.1 집합대수와 σ - 집합대수

정의 1 집합대수

주어진 집합 X (단, $X \neq \varnothing$)의 부분집합의 집합족 Ω가 다음 세 조건을 만족하면, Ω를 **집합대수**(algebra of sets)라고 한다.

(1) $X \in \Omega$

(2) $A \in \Omega$이면 $A^c \in \Omega$

(3) $A,\ B \in \Omega$이면 $A \cup B \in \Omega$

$\Re$이 X의 부분집합의 한 집합족이면, $\Re$을 포함하는 최소의 집합대수 Ω가 존재한다. $\Re$이 X의 부분집합의 한 집합족일 때, $\Re$을 포함하는 최소의 집합대수 Ω를 $\Re$로 생성된 집합대수라 한다.

예

집합족

$$\Omega = \{B \subset R \mid B\text{가 유한집합이거나 } B^c\text{가 유한집합}\}$$

은 $\Re = \{A \subset R \mid A\text{는 유한집합}\}$을 포함하는 집합대수이다. ■

정리 2

Ω가 집합대수이고 (A_i)가 $A_i \in \Omega$의 십합열이면

$$B_n \subset A_n \text{ (단, } n \in N), \bigcup_{i=1}^{\infty} B_i = \bigcup_{i=1}^{\infty} A_i$$

를 만족하는 서로소인 $B_i \in \Omega$의 집합열 (B_i)가 존재한다.

증명 $B_1 = A_1$이라 하고, $n > 1$인 자연수 n에 대하여

$$B_n = A_n - \bigcup_{k=1}^{n-1} A_k$$

라 놓자. 그러면 $B_n \in \Omega$이고 $B_n \subset A_n$ (단, $n = 1, 2, 3, \cdots$)이 성립한다. 이때 $m < n$이라 하면

$$\begin{aligned} B_m \cap B_n \subset A_m \cap B_n &= A_m \cap A_n \cap {A_1}^c \cap \cdots {A_m}^c \cap \cdots \cap {A_{n-1}}^c \\ &= (A_m \cap {A_m}^c) \cap A_n \cap {A_1}^c \cap \cdots \cap {A_{n-1}}^c \\ &= \varnothing \end{aligned}$$

이고, $B_i \subset A_i$(단, $i = 1, 2, 3, \cdots$)로부터 $\bigcup_{i=1}^{\infty} B_i \subset \bigcup_{i=1}^{\infty} A_i$를 얻는다. 이제 $\bigcup_{i=1}^{\infty} B_i \supset \bigcup_{i=1}^{\infty} A_i$를 보이면 된다. $x \in \bigcup_{i=1}^{\infty} A_i$이면 $x \in A_i$인 i가 적어도 하나 존재한다. 지금 n을 $x \in A_i$인 i 중에서 최소인 자연수라고 하면 $x \notin A_j$ (단, $j = 1, 2, \cdots, n-1$)가 되어

$$x \in B_n = A_n - (A_1 \cup A_2 \cup \cdots \cup A_{n-1})$$

이다. 그러므로 $\bigcup_{i=1}^{\infty} B_i \supset \bigcup_{i=1}^{\infty} A_i$가 된다. 따라서

$$\bigcup_{i=1}^{\infty} B_i = \bigcup_{i=1}^{\infty} A_i$$

가 성립한다. ■

정의 3 σ-**집합대수**

$\mathfrak{I}$가 X의 부분집합의 집합대수일 때, $\mathfrak{I}$가 다음 조건

$$A_i \in \mathfrak{I} \text{ (단, } i = 1, 2, \cdots \text{)이면 } \bigcup_{i=1}^{\infty} A_i \in \mathfrak{I}$$

을 만족하면, $\mathfrak{I}$를 σ - **집합대수**(σ - algebra of sets), 간단히 σ - **대수**(σ - algebra)라고 한다.

명백하게 $\mathfrak{I}$가 σ - 집합대수이면, $\mathfrak{I}$는 집합대수이다. 그러나 그 역은 성립하지 않는다.

예

집합족

$$\Omega = \{B \subset R \mid B\text{가 유한집합이거나 } B^c\text{가 유한집합}\}$$

은 집합대수이지만 σ - 집합대수는 아니다. 왜냐하면 가산개의 유한집합의 합집합은 유한집합이 아니기 때문이다.

■

$\mathfrak{R}$이 X의 부분집합의 한 집합족일 때, $\mathfrak{R}$을 포함하는 최소의 σ - 집합대수 $\mathfrak{I}$가 존재한다. 이때 $\mathfrak{I}$를 "$\mathfrak{R}$에 의하여 생성되는 σ - 집합대수(σ - algebra generated by $\mathfrak{R}$)"라 한다.

예

$X = \{1, 2, 3, 4\}$일 때, $\mathfrak{R} = \{\{1\}, \{2\}\}$라 하면 $\mathfrak{R}$에 의해 생성된 σ - 집합대수는

$$\{\varnothing, X, \{1\}, \{2\}, \{1, 2\}, \{3, 4\}, \{1, 3, 4\}, \{2, 3, 4\}\}$$

이다. 또한 집합족

$$\{B \subset R \mid B\text{가 가산집합이거나 } B^c\text{가 가산집합}\}$$

은 $\mathfrak{R} = \{A \subset R \mid A\text{는 가산집합}\}$을 포함하는 최소의 σ - 집합대수이다.

■

참고

임의의 집합 X (단, $X \neq \varnothing$)에 대하여, $\{\varnothing, X\}$와 $\wp(X)$는 모두 σ - 집합대수이다.

정의 4 보렐 σ - 집합대수와 보렐 집합

τ를 R의 보통위상이라고 할 때, τ로 생성되는 σ - 집합대수를 **보렐 σ - 집합대수**(Borel σ - algebra of sets) 또는 **보렐 σ-대수**(Borel σ - algebra), 간단히 **보렐 대수**(Borel algebra)라 하고 보렐 σ - 집합대수의 원소를 **보렐 집합**(Borel set)이라고 한다.

모든 열린집합을 포함하는 최소의 σ - 집합대수의 원소가 보렐 집합이다. 보렐 σ - 집합대수는 모든 닫힌집합을 포함하는 최소의 σ - 집합대수와 일치한다.

참고

보렐 σ - 집합대수는 모든 반열린구간 $(a, b]$ 또는 모든 무한열린구간 (a, ∞)들의 집합족에 의해 생성될 수 있다. 왜냐하면

$$(a, b] = \bigcap_{n=1}^{\infty}\left(a, b+\frac{1}{n}\right), \quad (a, \infty) = \bigcup_{n=1}^{\infty}(a, n]$$

이기 때문이다.

정의 5

$E \subset R$일 때, $E = \bigcup_{n=1}^{\infty} F_n$인 닫힌집합열 (F_n)이 존재할 때 집합 E를 F_σ - **집합**(F_σ - set), $E = \bigcap_{n=1}^{\infty} O_n$인 열린집합열 (O_n)이 존재할 때 집합 E를 G_δ - **집합**(G_δ - set)이라고 한다.

임의의 닫힌구간 $[a, b]$는

$$[a, b] = \bigcap_{n=1}^{\infty}\left(a-\frac{1}{n}, b+\frac{1}{n}\right)$$

로 나타낼 수 있으므로 G_δ - 집합이고, 임의의 열린구간 (a, b)는 부등식 $a+\frac{1}{k} < b-\frac{1}{k}$을 만족하는 적당한 $k \in N$에 대하여

$$(a, b) = \bigcup_{n=k}^{\infty}\left[a+\frac{1}{n}, b-\frac{1}{n}\right]$$

로 나타낼 수 있으므로 F_σ - 집합이다.

예

$[0, 1) = \bigcup_{n=1}^{\infty}\left[0, 1-\frac{1}{n+1}\right]$ **이므로,** $[0, 1)$**은** F_σ **- 집합이다.**

한편 $(0,\ 1]$은 $(0,\ 1] = \bigcap_{n=1}^{\infty}\left(0,\ 1+\dfrac{1}{n}\right)$이므로 G_δ - 집합이다.

■

열린집합과 닫힌집합, 그리고 F_σ - 집합과 G_δ - 집합은 모두 보렐 집합이다. 그러나 그 역은 성립하지 않는다.

예

$[0,\ 1) = \bigcap_{n=1}^{\infty}\left(-\dfrac{1}{n},\ 1\right)$은 보렐 집합이지만 열린집합은 아니다.

■

연습문제 3-1

Exercises

1. $\mathfrak{R}$이 X의 부분집합의 한 집합족일 때, $\mathfrak{R}$을 포함하는 최소의 집합대수 $\mathscr{F}$가 존재함을 보이시오.

2. 집합족

$$\mathfrak{I} = \{B \subset R \mid B\text{가 유한집합이거나 } B^c\text{가 유한집합}\}$$

은 $\mathfrak{R} = \{A \subset R \mid A\text{는 유한집합}\}$을 포함하는 집합대수임을 보이시오.

3. 닫힌구간 $X = [0,\ 1]$에 대하여 $\mathfrak{R} = \{\{0\},\ \{1\}\}$일 때, $\mathfrak{R}$에 의해 생성된 σ - 집합대수를 구하시오.

4. 함수 $f : R \to R$이 연속이면, R의 부분집합의 집합족

$$\mathfrak{I} = \{E \subset R \mid f^{-1}(E)\text{는 보렐 집합}\}$$

는 σ - 집합대수이고, $\mathfrak{I}$는 보렐 σ - 집합대수를 포함함을 보이시오.

5. $[a,\ b] = \bigcap_{n=1}^{\infty}\left(a-\dfrac{1}{n},\ b+\dfrac{1}{n}\right)$임을 보이시오.

3.2 르베그 측도

여기서는 길이의 개념을 일반화한 르베그 측도의 개념을 이해한다. R의 열린구간의 집합족을 이용하여 르베그 외측도를 정의하고, 르베그 외측도를 사용하여 르베그 가측집합을 도입한다. 이때 르베그 가측집합 전체의 σ - 집합대수로 르베그 외측도의 정의구역을 제한시켜서 얻은 축소함수를 르베그 측도로 정의한다.

1. 르베그 외측도

집합족 위에서 정의된 실수값(real - valued) 또는 확장실수값(extened real - valued)을 갖는 함수로써, 음수값을 갖지 않는 함수를 **양집합함수**(positive set function), 간단히 **집합함수**(set function)라고 한다.

예

실수의 구간 I의 길이 $\ell(I)$를 두 끝점의 차, 즉 두 끝점이 a, b일 때

$$\ell(I) = |a-b|$$

로써 정의하면, ℓ은 구간들의 모임 위에서의 집합함수이다. 또한 각 구간 I와 각 $a \in R$에 대하여 $\ell(I+a) = \ell(I)$가 성립한다. 여기서 $I+a = \{x+a \mid x \in I\}$이다. ■

이제 구간의 길이의 개념을 임의의 집합으로 확장한다. 르베그 외측도는 구간의 길이의 확장임에 유의한다.

$\gamma = \{I_1, I_2, \cdots, I_n, \cdots\}$가 임의의 열린구간 I_n (단, $n \in N$)에 의하여 주어진 가산 집합족일 때

$$\ell^*(\gamma) = \sum_{n=1}^{\infty} \ell(I_n)$$

이라 정의하고, 임의의 $E \subset R$에 대하여

$$\mathcal{E}(E) = \{\gamma \mid \gamma\text{는 } E\text{의 피복(덮개)}\}$$

으로 놓으면, $\mathcal{E}(E) \neq \varnothing$이고 확장된 실수

$$m^*(E) = \inf\{\ell^*(\gamma) \mid \gamma \in \mathcal{E}(E)\}$$

는 일의적으로 결정된다.

정의 1 르베그 외측도

각 집합 $E \in \wp(R)$에 대하여

$$m^*(E) = \inf\{\ell^*(\gamma) \mid \gamma \in \mathcal{E}(E)\}$$

로 정의되는 함수 $m^* : \wp(R) \to R^*$를 **르베그 외측도**(Lebesgue outer measure) 또는 특별히 언급이 없는 한, 간단히 **외측도**(outer measure)라고 한다.

르베그 외측도는 각 $E \in \wp(R)$에 확장된 실수 $m^*(E)$를 대응시키는 집합함수

$$m^* : \wp(R) \to R^*$$

이다. 이때 m^*의 정의역은 R의 부분집합 전체의 집합족이고 치역은 음이 아닌 실수와 ∞의 집합이다.

정리 2

르베그 외측도 m^*는 다음 성질을 갖는다.

(1) $m^*(\varnothing) = 0$

(2) $a \in R$일 때, $m^*(\{a\}) = 0$

(3) $A, B \in \wp(R)$이고 $A \subset B$이면 $m^*(A) \le m^*(B)$

증명 (1) 모든 $n \in N$에 대하여 $m^*(\varnothing) \le \ell\left(-\frac{1}{n}, \frac{1}{n}\right) = \frac{2}{n}$이므로, $m^*(\varnothing) = 0$이다.

(2) 모든 $n \in N$에 대하여 $m^*(\{a\}) \le \ell\left(a - \frac{1}{n}, a + \frac{1}{n}\right) = \frac{2}{n}$이므로, $m^*(\{a\}) = 0$이 된다.

(3) $A \subset B \subset \cup\{I \mid I \in \gamma\}$이므로, $\gamma \in \mathcal{E}(B)$이면 $\gamma \in \mathcal{E}(A)$이고, $\mathcal{E}(B) \subset \mathcal{E}(A)$이다. 그러므로

$$m^*(A) = \inf\{\ell^*(\gamma) \mid \gamma \in \mathcal{E}(A)\} \le \inf\{\ell^*(\gamma) \mid \gamma \in \mathcal{E}(B)\} = m^*(B)$$

가 성립한다. ■

임의의 $r \in R$에 대하여, $\tau_r(x) = x + r$로 주어진 함수 $\tau_r : R \to R$을 r에 의한 **평행이동**(translation)이라고 한다. 특히 집합 E가 r에 의하여 평행이동된 것을 $\tau_r(E) = \{x + r \mid x \in E\}$로 나타낸다.

정리 3 평행이동불변

르베그 외측도는 평행이동불변측도이다. 즉 임의의 $r \in R$과 임의의 $E \subset R$에 대하여

$$m^*[\tau_r(E)] = m^*(E)$$

를 만족한다.

증명 I가 a와 b를 두 끝점으로 하는 구간이면 $\tau_r(I)$는 $a+r$과 $b+r$을 끝점으로 하는 구간이므로

$$\ell[\tau_r(I)] = |(b+r) - (a+r)| = |b-a| = \ell(I)$$

가 된다. 따라서 구간의 길이는 평행이동불변이다.

이제 $\gamma \in \mathcal{E}(E)$에 대하여

$$\tau_r(\gamma) = \{\tau_r(I) \mid I \in \gamma\}$$

로 정의하면 $\tau_r(\gamma)$는 $\tau_r(E)$를 피복하고(덮고), $\tau_r(\gamma) \in \mathcal{E}(\tau_r(E))$가 된다. 그러므로 $\{\tau_r(\gamma) \mid \gamma \in \mathcal{E}(E)\} \subset \mathcal{E}(\tau_r(E))$이다. 그런데

$$\ell^*[\tau_r(\gamma)] = \sum_{I \in \gamma} \ell(\tau_r(I)) = \sum_{I \in \gamma} \ell(I) = \ell^*(\gamma)$$

이므로 $m^*[\tau_r(E)] \leq m^*(E)$이다.

한편 τ_{-r}은 τ_r의 역함수이므로 $\tau_{-r}(\tau_r(E)) = E$이다. 따라서 앞의 증명에서 E를 $\tau_r(E)$로, $\tau_r(E)$를 $\tau_{-r}(\tau_r(E)) = E$로 바꾸면 $m^*(E) \leq m^*[\tau_r(E)]$가 된다. 두 부등식으로부터

$$m^*[\tau_r(E)] = m^*(E)$$

가 성립한다. ■

정리 4

$I \subset R$가 구간이면 $m^*(I) = \ell(I)$이다.

증명 먼저 I가 유계인 닫힌구간 $[a, b]$라고 하자. 임의의 실수 $\epsilon > 0$에 대하여 열린구간 $(a-\epsilon, b+\epsilon)$은 I를 피복하므로

$$m^*(I) \leq b+\epsilon-(a-\epsilon)=b-a+2\epsilon$$

이 된다. 그런데 $\epsilon > 0$이 임의의 실수이므로

$$m^*(I) \leq b-a \tag{1}$$

이다. 한편 I의 임의의 열린덮개는 유한부분덮개를 가지므로 $\gamma \in \mathcal{E}(I)$이면, γ의 유한부분집합 $\gamma' \in \mathcal{E}(I)$가 존재한다. 따라서 γ'에 대하여 $\ell^*(\gamma') > b-a$ 임을 증명하면

$$\ell^*(\gamma) \geq \ell^*(\gamma') > b-a$$

임이 증명된다. 이제 $\gamma' = \{I_1, I_2, \cdots, I_n\}$으로 놓으면 $I \subset \bigcup_{i=1}^{\infty} I_i$이므로 γ'의 열린구간 중에서 점 a를 포함하는 열린구간 I_i가 존재한다. 편의상 이 구간을 $I_1=(a_1, b_1)$이라 하면, $a \in I_1$이므로 $a_1 < a < b_1$이 된다. $b_1 \leq b$이면 $b_1 \in [a, b]$이고, 따라서 b_1을 포함하는 γ'의 구간이 존재한다. 이 구간을 I_2라고 하면 $a_2 < b_1 < b_2$이다. 같은 방법으로 γ'에서 유한개의 구간

$$I_1, I_2, \cdots, I_k \ \ (\text{단, } I_i=(a_i, b_i))$$

를 $a_i < b_{i-1} < b_i$ (단, $i=2, 3, \cdots$), $a_1 < a < b_1$, $a_k < b < b_k$가 되도록 택하면

$$\begin{aligned}\ell^*(\gamma') &\geq \sum_{i=1}^{k} \ell(I_i)=(b_k-a_k)+ \cdots +(b_1-a_1)\\ &=b_k-(a_k-b_{k-1})- \cdots -(a_2-b_1)-a_1 > b_k-a_1 > b-a\end{aligned}$$

이므로

$$m^*(I)=\inf\{\ell^*(\gamma) \mid \gamma \in \mathcal{E}(I)\} \geq b-a \tag{2}$$

가 된다. 따라서 (1)과 (2)로부터 $m^*(I)=b-a$가 성립한다.

이제 I가 임의의 유계인 구간이라고 하자. 임의의 실수 $\epsilon > 0$에 대하여 $[a+\epsilon, b-\epsilon] \subset I \subset [a, b]$이므로

$$b-a-2\epsilon < m^*(I) \leq b-a$$

가 된다. 그런데 $\epsilon > 0$이 임의의 실수이므로

$$m^*(I)=b-a$$

가 성립한다.

마지막으로, I를 유계가 아닌 구간이라고 하면 임의의 실수 $M > 0$에 대하여 길이가 M인 구간 J를 포함하므로

$$m^*(I) \geq m^*(J) = M$$

이 된다. 그런데 $M > 0$이 임의의 실수이므로

$$m^*(I) = \infty = \ell(I)$$

가 성립한다.

■

정리 5 가산준가법성(countable subadditivity)

가산인 집합족 $\{E_n \subset R \mid n \in N\}$에 대하여

$$m^*\left(\bigcup_{n=1}^{\infty} E_n\right) \leq \sum_{n=1}^{\infty} m^*(E_n)$$

이 성립한다. 이 성질을 **가산 부분가법성**이라고도 부른다.

증명 집합 E_n 중에서 적어도 하나의 외측도가 ∞이면 부등식은 당연히 성립하므로, 모든 $n \in N$에 대하여 $m^*(E_n) < \infty$라 가정하자. m^*의 정의로부터, 임의의 실수 $\epsilon > 0$에 대하여

$$\ell^*(\gamma_n) \leq m^*(E_n) + \frac{\epsilon}{2^n} \quad (\text{단, } n \in N)$$

을 만족하는 E_n의 덮개 γ_n(단, $\gamma_n \in \mathcal{E}(E_n)$)이 존재한다. 이제 $\gamma = \bigcup_{n=1}^{\infty} \gamma_n$으로 놓으면, γ_n은 E_n의 덮개이므로 γ는 $\bigcup_{n=1}^{\infty} E_n$의 덮개이고, 또한 γ는 가산개의 열린구간의 집합이다. 따라서 $\gamma \in \mathcal{E}(E)$이고

$$\ell^*(\gamma) \leq \sum_{n=1}^{\infty} \ell^*(\gamma_n) \leq \sum_{n=1}^{\infty} m^*(E_n) + \epsilon$$

이므로

$$m^*(\bigcup_{n=1}^{\infty} E_n) \leq \ell^*(\gamma) \leq \sum_{n=1}^{\infty} m^*(E_n) + \epsilon$$

이다. $\epsilon > 0$이 임의의 실수이므로

$$m^*\left(\bigcup_{n=1}^{\infty} E_n\right) \leq \sum_{n=1}^{\infty} m^*(E_n)$$

이 성립한다.

■

따름정리

집합 $E \subset R$가 가산이면 $m^*(E) = 0$이다. 그러나 그 역은 성립하지 않는다.

증명 $E = \{x_n \mid n \in N\}$이라고 하자. 이때 $m^*(\{x_n\}) = 0$이고

$$m^*(E) \le \sum_{n=1}^{\infty} m^*(\{x_n\}) = 0$$

이므로, $m^*(E) = 0$이다. 한편 칸토어 집합 F는 $m^*(F) = 0$이지만 비가산집합이므로, 그 역은 성립하지 않는다.

■

예

실수의 구간 I에 대하여 $m^*(I) = \ell(I) > 0$이므로, 실수의 구간 I는 가산집합이 아니다.

■

정리 6

임의의 $E \subset R$와 임의의 실수 $\epsilon > 0$에 대하여

$$E \subset O,\ m^*(O) \le m^*(E) + \epsilon$$

을 만족하는 열린집합 O가 존재한다. 한편

$$E \subset G,\ m^*(E) = m^*(G)$$

를 만족하는 G_δ-집합 G가 존재한다.

2. 르베그 측도

다음 가측집합의 정의는 **카라테오도리**(Caratheodory)에 의한 것이다.

정의 7 르베그 가측집합

E가 R의 부분집합일 때, 임의의 $X \subset R$에 대하여

$$m^*(X) = m^*(X \cap E) + m^*(X \cap E^c)$$

가 성립하면 E를 **르베그 가측집합**(Lebesgue measurable set) 또는 특별히 언급이 없는 한, 간단히 **가측집합**(measurable set)이라고 한다.

$X = (X \cap E) \cup (X \cap E^c)$이므로

$$m^*(X) \leq m^*(X \cap E) + m^*(X \cap E^c)$$

가 된다. 따라서

$$m^*(X) \geq m^*(X \cap E) + m^*(X \cap E^c)$$

가 성립함을 보이면 E는 가측집합이 된다.

예

R과 $\varnothing$는 가측집합이다. 또한 가측집합의 정의가 E와 E^c에 관하여 대칭이므로, $E \subset R$가 가측이면 E^c도 가측이다.

■

예제

$E \subset R$일 때 $m^*(E) = 0$이면 집합 E는 가측이다.

증명 임의의 $X \subset R$에 대하여 $X \cap E \subset E$이므로

$$m^*(X \cap E) \geq m^*(E) = 0$$

즉 $m^*(X \cap E) = 0$이 된다. 그런데 $X \cap E^c \subset X$이므로

$$m^*(X) \geq m^*(X \cap E^c) = m^*(X \cap E) + m^*(X \cap E^c)$$

가 되어, E는 가측집합이 된다.

■

$E \subset R$일 때, $m^*(E) = 0$인 집합 E의 모든 부분집합은 가측이다. 그러므로R의 가산부분집합은 모두 가측이 된다. 따라서 유리수의 집합 Q는 가측이다. 가측이 아닌 집합을 **비가측집합**(nonmeasurable set)이라고 한다.

정리 8

R의 부분집합 E_1과 E_2가 가측이면

$$E_1 \cup E_2, \ \ E_1 \cap E_2$$

도 가측이다.

증명 임의의 집합 $X \subset R$에 대하여, E_2가 가측이므로

$$m^*(X) = m^*(X \cap E_2) + m^*(X \cap E_2{}^c)$$

이다. 또한 E_1이 가측이므로

$$m^*(X) = m^*(X \cap E_2) + m^*(X \cap E_2{}^c \cap E_1) + m^*(X \cap E_2{}^c \cap E_1{}^c) \tag{1}$$

가 된다. 그런데

$$X \cap (E_1 \cup E_2) = (X \cap E_2) \cup (X \cap E_1 \cap E_2{}^c)$$

이므로, m^*의 가산준가법성에 의하여

$$m^*(X \cap [E_1 \cup E_2]) \leq m^*(X \cap E_2) + m^*(X \cap E_1 \cap E_2{}^c) \tag{2}$$

이 성립한다. 따라서 (1)과 (2)로부터

$$\begin{aligned} m^*(X) &\geq m^*(X \cap [E_1 \cup E_2]) + m^*(X \cap E_1{}^c \cap E_2{}^c) \\ &= m^*(X \cap [E_1 \cup E_2]) + m^*(X \cap [E_1 \cup E_2]^c) \end{aligned}$$

이므로, $E_1 \cup E_2$는 가측집합이다. 한편 $E_1 \cap E_2 = (E_1{}^c \cup E_2{}^c)^c$로부터 $E_1 \cap E_2$ 도 가측이다.

■

정리 9

$E_1, E_2, \cdots, E_n$이 R에서 서로소인 유한개의 가측집합일 때, 임의의 집합 $X \subset R$에 대하여

$$m^*\left(X \cap \left[\bigcup_{i=1}^{n} E_i\right]\right) = \sum_{i=1}^{n} m^*(X \cap E_i)$$

가 성립한다.

증명 수학적 귀납법을 이용하여 증명한다. $n=1$이면 정리는 분명히 성립한다. 정리가 $n-1$일 때 성립한다고 가정하자. 이때 E_i는 서로소이므로

$$X \cap \left[\bigcup_{i=1}^{n} E_i\right] \cap E_n = X \cap E_n$$

$$X \cap \left[\bigcup_{i=1}^{n} E_i\right] \cap E_n{}^c = X \cap \left[\bigcup_{i=1}^{n-1} E_i\right]$$

가 된다. 그런데 E_n이 가측집합이므로

$$\begin{aligned} m^*\left(X \cap \left[\bigcup_{i=1}^{n} E_i\right]\right) &= m^*\left(X \cap \left[\bigcup_{i=1}^{n} E_i\right] \cap E_n\right) + m^*\left(X \cap \left[\bigcup_{i=1}^{n} E_i\right] \cap E_n{}^c\right) \\ &= m^*(X \cap E_n) + m^*\left(X \cap \left[\bigcup_{i=1}^{n-1} E_i\right]\right) \\ &= m^*(X \cap E_n) + \sum_{i=1}^{n-1} m^*(X \cap E_i) \\ &= \sum_{i=1}^{n} m^*(X \cap E_i) \end{aligned}$$

가 성립한다.

■

정리 10

R의 가측인 부분집합의 집합족 $\mathcal{J}$는 σ - 집합대수이다.

증명 R의 가측인 부분집합의 집합족 $\mathcal{J}$는 집합대수이므로, 가측집합의 집합열 (E_n)에 대하여 $E = \bigcup_{i=1}^{\infty} E_i$가 가측임을 보이면 증명은 끝난다. 먼저 $E = \bigcup_{i=1}^{\infty} F_i$를 만족하는 서로소인 가측집합의 집합열 (F_i)가 존재하므로 임의의 $n \in N$에 대하여 $G_n = \bigcup_{i=1}^{n} F_i$로 놓으면 G_n은 가측이다. 이제 X를 R의 임의의 부분집합이라고 하자. $E^c \subset G_n{}^c$이므로

$$\begin{aligned} m^*(X) &= m^*(X \cap G_n) + m^*(X \cap G_n{}^c) \\ &\geq m^*(X \cap G_n) + m^*(X \cap E^c) \qquad (1) \end{aligned}$$

가 된다. 한편 $G_n \cap F_n = F_n$, $G_n \cap F_n{}^c = G_{n-1}$이고, 또한 F_n이 가측이므로

$$\begin{aligned} m^*(X \cap G_n) &= m^*(X \cap G_n \cap F_n) + m^*(X \cap G_n \cap F_n{}^c) \\ &= m^*(X \cap F_n) + m^*(X \cap G_{n-1}) \qquad (2) \end{aligned}$$

이 성립한다. 같은 방법으로

$$m^*(X \cap G_{n-1}) = m^*(X \cap F_{n-1}) + m^*(X \cap G_{n-2})$$

를 얻는다. 이와 같은 과정을 $n-1$, $n-3$, $\cdots$, 1에 대하여 반복해서 얻는 등식을 순차적으로 (2)에 대입하면

$$m^*(X \cap G_n) = \sum_{i=1}^{n} m^*(X \cap F_i) \tag{3}$$

가 된다. (3)을 (1)에 대입하면

$$m^*(X) \geq \sum_{i=1}^{n} m^*(X \cap F_i) + m^*(X \cap E^c)$$

가 성립한다. 그런데 n이 임의의 자연수이므로

$$\begin{aligned} m^*(X) &\geq \sum_{i=1}^{\infty} m^*(X \cap F_i) + m^*(X \cap E^c) \\ &\geq \sum_{i=1}^{n} m^*(X \cap E) + m^*(X \cap E^c) \end{aligned}$$

가 된다. 따라서 합집합 $E = \bigcup_{i=1}^{\infty} E_i$는 가측이다.

■

정의 11 르베그 측도

르베그 외측도 m^*의 정의구역을 가측집합의 σ - 집합대수 $\mathcal{F}$로 제한한 축소함수를 **르베그 측도**(Lebesgue measure) 또는 특별히 언급이 없는 한, **측도**라 하고 m으로 나타낸다.

참고

르베그 측도는

$$m(E) = m^*(E) \ (\text{단}, E \in \mathcal{F})$$

에 의하여 정의되는 집합함수 $m : \mathcal{F} \to R^*$로써 다음을 만족한다.

(1) 임의의 $r \in R$과 임의의 $E \subset R$에 대하여

$$m^*[\tau_r(E)] = m^*(E)$$

(2) $I \subset R$가 구간이면 $m^*(I) = \ell(I)$이다.

(3) R에서 (E_i)가 서로소인 가측집합열일 때

$$m\left(\bigcup_{i=1}^{\infty} E_i\right) = \sum_{i=1}^{\infty} m(E_i) \quad (\text{단, } E_i \in \mathcal{I}) \quad \textbf{(가산가법성)}$$

정리 12 가산가법성(countable additivity)

R에서 (E_i)가 서로소인 가측집합의 집합열이면

$$m^*\left(\bigcup_{i=1}^{\infty} E_i\right) = \sum_{i=1}^{\infty} m^*(E_i)$$

가 성립한다. 이때 m^*를 **가산덧셈가능**(countably additive)이라고도 한다.

증명 $m^*\left(\bigcup_{i=1}^{\infty} E_i\right) \le \sum_{i=1}^{\infty} m^*(E_i)$이므로 $m^*\left(\bigcup_{i=1}^{\infty} E_i\right) \ge \sum_{i=1}^{\infty} m^*(E_i)$임을 보이면 된다.

정리 9에서 $X = R$로 놓으면 임의의 $n \in N$에 대하여 $m^*\left(\bigcup_{i=1}^{n} E_i\right) = \sum_{i=1}^{n} m^*(E_i)$를 얻는다. 또한 $\bigcup_{i=1}^{n} E_i \subset \bigcup_{i=1}^{\infty} E_i$이므로

$$m^*\left(\bigcup_{i=1}^{\infty} E_i\right) \ge m^*\left(\bigcup_{i=1}^{n} E_i\right) = \sum_{i=1}^{n} m^*(E_i)$$

이다. 이 부등식은 임의의 $n \in N$에 대하여 성립하므로

$$m^*\left(\bigcup_{i=1}^{\infty} E_i\right) \ge \sum_{i=1}^{\infty} m^*(E_i)$$

가 된다. ■

예

R에서 E_1, E_2(단, $E_2 \subset E_1$)가 가측집합일 때, $m(E_2) < \infty$이면

$$m(E_1 - E_2) = m(E_1) - m(E_2)$$

가 성립한다. ■

정리 13

R에서 가측집합의 집합열 (E_i)가 단조감소, 즉 $E_{i+1} \subset E_i$ (단, $i=1, 2, \cdots$)이고 $m(E_1) < \infty$ 이면

$$m\left(\bigcap_{i=1}^{\infty} E_i\right) = \lim_{n\to\infty} m(E_n)$$

이 된다. 단, $m(E_1) < \infty$ 인 조건은 반드시 필요하다.

증명 $E = \bigcap_{i=1}^{\infty} E_i$, $F_i = E_i - E_{i+1}$이라고 하면 $E_1 - E = \bigcup_{i=1}^{\infty} F_i$이다.

$F_i \cap F_j = \varnothing$ (단, $i \neq j$)이므로

$$m(E_1 - E) = m\left(\bigcup_{i=1}^{\infty} F_i\right) = \sum_{i=1}^{\infty} m(F_i) = \sum_{i=1}^{\infty} m(E_i - E_{i+1}) \tag{1}$$

이다. 그런데 $E \subset E_1$이고 $E_{i+1} \subset E_i$이므로

$$m(E_1) = m(E) + m(E_1 - E)$$
$$m(E_i) = m(E_{i+1}) + m(E_i - E_{i+1})$$

이고, $m(E_i) \leq m(E_1) < \infty$ 이므로

$$m(E_1 - E) = m(E_1) - m(E)$$
$$m(E_i - E_{i+1}) = m(E_i) - m(E_{i+1}) \tag{2}$$

로 된다. 따라서 (1)과 (2)로부터

$$\begin{aligned} m(E_1) - m(E) &= \sum_{i=1}^{\infty} [m(E_i) - m(E_{i+1})] \\ &= \lim_{n\to\infty} \sum_{i=1}^{\infty} [m(E_i) - m(E_{i+1})] \\ &= \lim_{n\to\infty} [m(E_1) - m(E_n)] \\ &= m(E_1) - \lim_{n\to\infty} m(E_n) \end{aligned}$$

이 된다. 그런데 $m(E_1) < \infty$ 이므로

$$m(E) = \lim_{n\to\infty} m(E_n)$$

이 성립한다. ■

정리 13에서 $m(E_1) < \infty$ 인 조건은 필수적이다.

예

각 $n \in N$에 대하여 $E_n = (n, \infty)$라 하면 E_n은 가측이고, $m(E_n) = \infty$이다. 그러나

$$m\left(\bigcap_{i=1}^{\infty} E_i\right) = m(\varnothing) = 0 \neq \infty = \lim_{n \to \infty} m(E_n)$$

이므로, $m(E_1) < \infty$인 조건은 반드시 필요하다.

■

참고

(E_i)를 R에서 가측집합의 단조증가 집합열이라 하면

$$m\left(\bigcup_{i=1}^{\infty} E_i\right) = \lim_{n \to \infty} m(E_n)$$

이 성립한다.

정리 14

임의의 $a \in R$에 대하여 무한 열린구간 (a, ∞)는 가측이다.

증명 임의의 집합 $X \subset R$에 대하여

$$X_1 = X \cap (a, \infty), \ \ X_2 = X \cap (-\infty, a]$$

라고 하자. (a, ∞)가 가측임을 보이기 위해서는

$$m^*(X_1) + m^*(X_2) \leq m^*(X)$$

임을 보이면 된다.

$m^*(X) = \infty$이면 위의 부등식이 성립하므로, $m^*(X) < \infty$인 경우를 증명한다. 외측도 $m^*(X)$의 정의로부터 임의의 실수 $\epsilon > 0$에 대하여 가산개의 열린구간의 집합족 $\{I_n\} \in \mathcal{E}(X)$가 존재하여

$$\sum_{n=1}^{\infty} \ell(I_n) \leq m^*(X) + \epsilon$$

이 된다. 이제 모든 $n \in N$에 대하여

$$J_n = I_n \cap (a, \infty), \ \ J_n' = I_n \cap (-\infty, a]$$

로 놓으면

$$\ell(I_n) = \ell(J_n) + \ell(J_n') = m^*(J_n) + m^*(J_n')$$

이다. 한편 X_1은 $\{J_n \mid n \in N\}$으로, X_2는 $\{J_n' \mid n \in N\}$으로 각각 피복되므로

$$m^*(X_1) \leq m^*\left(\bigcup_{n=1}^{\infty} J_n\right) \leq \sum_{n=1}^{\infty} m^*(J_n)$$

$$m^*(X_2) \leq m^*\left(\bigcup_{n=1}^{\infty} J_n'\right) \leq \sum_{n=1}^{\infty} m^*(J_n')$$

이다. 따라서

$$m^*(X_1) + m^*(X_2) \leq \sum_{n=1}^{\infty} [m^*(J_n) + m^*(J_n')] = \sum_{n=1}^{\infty} \ell(I_n) \leq m^*(X) + \epsilon$$

이 된다. 그런데 $\epsilon > 0$이 임의의 실수이므로

$$m^*(X_1) + m^*(X_2) \geq m^*(X)$$

가 성립한다.

■

모든 열린집합과 닫힌집합은 가측이다. 그러나 그 역은 성립하지 않는다. 예를 들어 $[0, 1)$은 가측이지만 열린집합도 닫힌집합도 아니다.

참고

보렐 집합은 모두 가측이다. 따라서 F_σ - 집합과 G_δ - 집합도 가측이다. 그러나 보렐 집합은 아니면서 가측인 집합이 존재한다.

정리 15

$E \subset R$일 때, 다음은 서로 동치이다.

(1) E는 가측집합이다.

(2) 임의의 실수 $\epsilon > 0$에 대하여 $E \subset O$, $m^*(O - E) < \epsilon$을 만족하는 열린집합 O가 존재한다.

(3) 임의의 실수 $\epsilon > 0$에 대하여 $F \subset E$, $m^*(E - F) < \epsilon$을 만족하는 닫힌집합 F가 존재한다.

(4) $E \subset G$, $m^*(G - E) = 0$을 만족하는 G_δ - 집합 G가 존재한다.

(5) $F \subset E$, $m^*(E - F) = 0$을 만족하는 F_σ - 집합 F가 존재한다.

증명 (1) ⇒ (2) ⇒ (4) ⇒ (1), (1) ⇒ (3) ⇒ (5) ⇒ (1)의 순으로 증명한다.

(1) ⇒ (2) : (i) $m^*(E) < \infty$라고 하자. m^*의 정의로부터 임의의 실수 $\epsilon > 0$에 대하여 가산개의 열린구간의 집합 $\{I_n \mid n \in N\}$이 존재하여

$$E \subset \bigcup_{n=1}^{\infty} I_n, \quad \sum_{n=1}^{\infty} \ell(I_n) \le m^*(E) + \epsilon$$

으로 된다. 이제 $O = \bigcup_{n=1}^{\infty} I_n$으로 놓으면 O는 열린집합이고, $E \subset O$이다. 그러므로

$$m^*(E) \le m^*(O) \le \sum_{n=1}^{\infty} \ell(I_n) \le m^*(E) + \epsilon$$

이 성립한다. 그런데 O와 E가 모두 가측집합이므로

$$m^*(O - E) = m^*(O) - m^*(E) < \epsilon$$

(ii) $m^*(E) = \infty$라고 하자.

$$X_n = [n, n+1] \cup [-n-1, -n] \ (\text{단}, \ n = 0, 1, 2, \cdots)$$

이라 하고 $E_n = E \cap X_n$으로 놓으면, $R = \bigcup_{n=1}^{\infty} X_n$이므로

$$E = \bigcup_{n=1}^{\infty} E_n, \quad m(E_n) < \infty$$

이다. $\epsilon > 0$을 임의의 실수라 하면, (i)에 의하여 임의의 $n \in N$에 대해 $E_n \subset O_n$인 열린집합 O_n이 존재해서

$$m^*(O_n - E_n) < \frac{\epsilon}{2^n}$$

으로 된다. 이제 $O = \bigcup_{n=1}^{\infty} O_n$으로 놓으면, O는 열린집합이고

$$E \subset O, \quad O - E \subset \bigcup_{n=1}^{\infty} (O_n - E_n)$$

이므로

$$m^*(O - E) \le \sum_{n=1}^{\infty} m^*(O_n - E_n) < \sum_{n=1}^{\infty} \frac{\epsilon}{2^n} = \epsilon$$

(2) ⇒ (4) : 모든 $n \in N$에 대하여

$$E \subset O_n, \quad m^*(O_n - E) < \frac{1}{n}$$

을 만족하는 열린집합 O_n이 존재한다. $G=\bigcap_{n=1}^{\infty} O_n$으로 놓으면, G는 G_δ - 집합이고

$$E \subset G,\ G-E \subset O_n - E\ (\text{단}, n \in N)$$

이므로 $m^*(G-E) \le m^*(O_n - E) < \frac{1}{n}$이다. 그런데 이 부등식은 임의의 $n \in N$에 대하여 성립하므로, $m^*(G-E)=0$이 된다.

(4) $\Rightarrow$ (1) : 집합 G를 $m^*(G-E)=0$을 만족하는 G_δ - 집합이라고 하자. G_δ - 집합은 가측이고 $m^*(G-E)=0$이므로, 집합 E를

$$E = G-(G-E) = G \cap (G-E)^c$$

로 놓으면 E는 가측이 된다.

(1) $\Rightarrow$ (3) : E를 가측집합이라고 하면 E^c도 가측이다. $D=E^c$라 하면 (1) $\Rightarrow$ (2)로부터, 임의의 실수 $\epsilon > 0$에 대하여

$$D \subset O,\ m^*(O-D) < \epsilon$$

으로 되는 열린집합 O가 존재한다. 이제 $F=O^c$로 놓으면 F는 닫힌집합이고, $F \subset D^c = E$로 된다. 그런데

$$O-D = O \cap D^c = O \cap E = F^c \cap E = E-F$$

이므로, $m^*(E-F) = m^*(O-D) < \epsilon$이 된다.

(3) $\Rightarrow$ (5) : 임의의 $n \in N$에 대하여

$$F_n \subset E,\ m^*(E-F_n) < \frac{1}{n}$$

으로 되는 닫힌집합 F_n이 존재한다. 이제 $F=\bigcup_{n=1}^{\infty} F_n$으로 놓으면, F는 F_σ-집합이고

$$m^*(E-F) \le m^*(E-F_n) < \frac{1}{n}$$

이다. 이 부등식은 모든 $n \in N$에 대하여 성립하므로

$$m^*(E-F)=0$$

(5) $\Rightarrow$ (1) : 집합 H를 $H \subset E,\ m^*(E-H)=0$을 만족하는 F_σ - 집합이라고 하자. 그러면 H와 $E-H$는 모두 가측이고

$$E = H \cup (E-H)$$

이므로, E는 가측집합이 된다.

■

R의 부분집합이 모두 가측인 것은 아니다. 이제 비가측집합이 존재함을 알아보자. 먼저 임의의 x, $y \in [0, 1)$에 대하여

$$x \dot{+} y = \begin{cases} x+y & , x+y < 1 \\ x+y-1 & , x+y \geq 1 \end{cases}$$

이라 하고, 집합 $E \subset [0, 1)$와 $y \in [0, 1)$에 대하여

$$E \dot{+} y = \{x \dot{+} y \mid x \in E\}$$

로 정의한다.

보조정리

$E \subset [0, 1)$에 대하여, E가 가측집합이면 각 $y \in [0, 1)$에 대하여 $E \dot{+} y$는 가측이고

$$m(E \dot{+} y) = m(E)$$

가 성립한다.

증명 $E_1 = E \cap [0, 1-y)$, $E_2 = E \cap [1-y, 1)$이라 하면, E_1과 E_2는 가측이며 $E_1 \cap E_2 = \varnothing$, $E_1 \cup E_2 = E$이다. 따라서

$$m(E) = m(E_1) + m(E_2)$$

가 된다. 또한 $E_1 \dot{+} y = E_1 + y$ 이고 $E_2 \dot{+} y = E_2 + (y-1)$이므로 $E_1 \dot{+} y$와 $E_2 \dot{+} y$는 가측이고

$$m(E_1 \dot{+} y) = m(E_1), \ m(E_2 \dot{+} y) = m(E_2)$$

이다. 그런데

$$E \dot{+} y = (E_1 \dot{+} y) \cup (E_2 \dot{+} y), \ (E_1 \dot{+} y) \cap (E_2 \dot{+} y) = \varnothing$$

이므로, 따라서 $E \dot{+} y$는 가측이고

$$\begin{aligned} m(E \dot{+} y) &= m(E_1 \dot{+} y) + m(E_2 \dot{+} y) \\ &= m(E_1) + m(E_2) \\ &= m(E) \end{aligned}$$

가 성립한다.

■

정리 16

비가측집합 $P \subset [0, 1)$가 존재한다.

증명 $x, y \in [0, 1)$에 대하여, $x - y$가 유리수이면 $x \sim y$로 표기하기로 한다. $\sim$ 은 동치관계이므로, $[0, 1)$을 동치류의 두 집합족, 즉 한 족에 속하는 임의의 두 원소의 차는 유리수이고, 다른 족의 두 원소의 차는 무리수인 족으로 나눈다. 그러면 선택공리에 의해 각 동치류의 집합족 각각에서 단 하나의 원소를 택하여 만든 집합 P가 존재한다. 이제 $(r_i)_{i=0}^{\infty}$를 $r_0 = 0$인 $[0, 1)$에 있는 유리수열이라 하고, $P_i = P \dot{+} r_i$로 정의하자. 그러면 $P_0 = P$이고, $x \in P_i \cap P_j$이면

$$x = p_i \dot{+} r_i = p_j \dot{+} r_j$$

를 만족하는 p_i, $p_j \in P$가 존재한다. 이때 $p_i - p_j = r_j - r_i \in Q$이므로, $p_i \sim p_j$이다. 따라서 $i = j$이다. 즉 $i \neq j$이면, $P_i \cap P_j = \varnothing$이 된다. 그러므로 (P_i)는 서로소인 집합열이다. 반면에 $[0, 1)$에 속하는 각 실수 x는 한 동치류의 집합족에 속하므로, P에 속하는 한 원소와 동치이다. 만일 x가 P에 속하는 한 원소와의 차가 유리수 r_i이면 $x \in P_i$이다. 따라서 $\bigcup_{i=1}^{\infty} P_i = [0, 1)$이 된다. 이때 P가 가측이면 P_i도 가측이다. 더욱이

$$m([0, 1)) = \sum_{i=1}^{\infty} m(P_i) = \sum_{i=1}^{\infty} m(P)$$

이다. 그런데 $m(P) = 0$이면 $\sum_{i=1}^{\infty} m(P) = 0$이고, $m(P) > 0$이면 $\sum_{i=1}^{\infty} m(P) = \infty$이다. 그러나 $m([0, 1)) = 1$이므로, 모순이 된다. 그러므로 P는 가측집합이 아니다.

■

참고

가산가법성을 만족하지 않는 서로소인 비가측집합의 집합열 (P_i)가 존재하여

$$m^*\left(\bigcup_{i=1}^{\infty} P_i\right) < \sum_{i=1}^{\infty} m^*(P_i)$$

로 됨을 보일 수 있다.

연습문제 3-2 Exercises

1. 다음을 증명하시오.

(1) 임의의 $E \subset R$과 임의의 실수 $\epsilon > 0$에 대하여

$$E \subset O,\ m^*(O) \leq m^*(E) + \epsilon$$

을 만족하는 열린집합 O가 존재한다.

(2) 임의의 $E \subset R$에 대하여

$$E \subset G,\ m^*(E) = m^*(G)$$

를 만족하는 G_δ - 집합 G가 존재한다.

2. (E_i)가 R에서 단조증가인 가측집합열일 때, 다음이 성립함을 보이시오.

$$m\left(\bigcup_{i=1}^{\infty} E_i\right) = \lim_{n \to \infty} m(E_n)$$

3. 모든 보렐 집합은 가측집합임을 보이시오.

4. E_1과 E_2가 가측집합일 때

$$m(E_1 \cup E_2) + m(E_1 \cap E_2) = m(E_1) + m(E_2)$$

임을 보이시오.

5. 칸토어 집합의 측도는 0임을 보이시오.

3.3 일반측도

R의 위상과 밀접한 관계가 있는 르베그 측도와는 달리, 위상과는 관계없이 집합의 σ - 집합대수 위에 일반적인 측도를 정의한다.

정의 1 가측공간과 가측집합

X가 주어진 집합이고 $\mathfrak{I}$는 X의 부분집합으로 이루어진 σ-집합대수일 때, 순서쌍 $(X, \mathfrak{I})$를 **가측공간**(measurable space)이라 하고, $E \in \mathfrak{I}$를 **가측집합**이라고 한다.

$(X, \mathfrak{I})$ 대신에 X를 가측공간으로 표현하기도 한다.

정의 2 측도

가측공간 $(X, \mathfrak{I})$에 대하여 집합함수 $\mu : \mathfrak{I} \to R^*$가 다음 두 조건을 만족할 때, μ를 가측공간 $(X, \mathfrak{I})$ 위의 **측도**(measure)라고 한다.

(1) 모든 $E \in \mathfrak{I}$에 대하여 $0 \le \mu(E) \le \infty$. 특히 $\mu(\varnothing) = 0$

(2) (E_i)가 서로 소인 가측집합, 즉 $E_i \in \mathfrak{I}$의 집합열일 때

$$\mu(\bigcup_{i=1}^{\infty} E_i) = \sum_{i=1}^{\infty} \mu(E_i)$$

예

X가 공집합이 아닌 임의의 집합이고, $\mathfrak{I} = \wp(X)$라 하자. 이때 $\mu_1 : \mathfrak{I} \to R^*$를 모든 $E \in \mathfrak{I}$에 대하여, $\mu_1(E) = 0$으로 정의하면 μ_1은 측도이다. 또한 $\mu_2 : \mathfrak{I} \to R^*$를

$$\mu_2(E) = \begin{cases} 0 & , E = \varnothing \\ \infty & , E \ne \varnothing \end{cases}$$

로 정의하면, μ_2도 측도가 된다.

■

예

$X = N$에 대하여

$$\mu(E) = \begin{cases} n(E), & E: \text{유한집합} \\ \infty & , E: \text{무한집합} \end{cases}$$

로 정의되는 집합함수 $\mu : \wp(X) \to R^*$는 측도가 된다. 여기서 $n(E)$는 E의 원소의 개수를 나타낸다. 일반적으로 X가 임의의 집합일 때, X 위에서 정의된 측도 μ를 **셈 측도**(counting measure)라고 한다.

■

정의 3 측도공간

가측공간 $(X, \mathfrak{I})$ 위에서 정의된 측도 μ를 가질 때, $(X, \mathfrak{I}, \mu)$를 **측도공간**(measure space)이라고 한다.

$(X, \mathfrak{I}, \mu)$ 대신에 X를 측도공간으로 표현하기도 한다.

참고

가측공간 $(X, \mathfrak{I})$ 위의 측도를 이용하여 적분을 정의함으로써 광범위한 적분론을 전개할 수 있음에 유의한다.

예

$X = R$, $\mathscr{I}$를 르베그 가측집합의 σ - 집합대수, $m : \mathscr{I} \to R^*$가 르베그 측도일 때, $(R, \mathscr{I}, m)$을 **르베그 측도공간**이라고 한다. 또한 $X = R$, $\mathfrak{I}$가 R에서 보렐 σ - 집합대수일 때, $\mathfrak{I}$ 위에 축소된 르베그 측도 $\mu : \mathfrak{I} \to R^*$를 **르베그 - 보렐 측도**(간단히 **보렐 - 측도**)라 하고, $(R, \mathfrak{I}, \mu)$를 **르베그 - 보렐 측도공간**(간단히 **보렐 - 측도공간**)이라고 한다. ■

정리 4

측도공간 $(X, \mathfrak{I}, \mu)$에 대하여, 다음이 성립한다.

(1) $A, B \in \mathfrak{I}$이고 $A \subset B$이면, $\mu(A) \le \mu(B)$ **(단조성)**

(2) (E_i)가 측도공간 $(X, \mathfrak{I}, \mu)$에서의 집합열이면

$$\mu\left(\bigcup_{i=1}^{\infty} E_i\right) \le \sum_{i=1}^{\infty} \mu(E_i) \quad \textbf{(가산준가법성)}$$

증명 (1) $B - A \in \mathscr{I}$이고 A와 $B - A$는 서로소이므로

$$\mu(B) = \mu(A) + \mu(B - A) \ge \mu(A)$$

이다.

(2) $D_1 = E_1$, $D_n = E_n - (E_1 \cup E_2 \cup \cdots \cup E_{n-1})$ (단, $n = 2, 3, \cdots$)로 놓으면

$D_n \subset E_n$이고 $\displaystyle\bigcup_{i=1}^{n} D_i = \bigcup_{i=1}^{n} E_i$이며, $D_i \cap D_j = \varnothing$ (단, $i \ne j$)이므로

$$\mu\left(\bigcup_{i=1}^{\infty} E_i\right) = \mu\left(\bigcup_{i=1}^{\infty} D_i\right) = \sum_{i=1}^{\infty} \mu(D_i) \le \sum_{i=1}^{\infty} \mu(E_i)$$

가 성립한다.

■

정리 5

측도공간 $(X, \mathfrak{J}, \mu)$에서, (E_i)가 $\mathfrak{J}$에 있는 단조증가 집합열이고, $E = \bigcup_{n=1}^{\infty} E_n$이면

$$\mu(E) = \lim_{n\to\infty} \mu(E_n), \text{ 즉 } \mu\left(\lim_{n\to\infty} E_n\right) = \lim_{n\to\infty} \mu(E_n)$$

이 성립한다.

증명 $\mu(E_n) = \infty$를 만족하는 $n \in N$이 존재하면

$$\mu\left(\bigcup_{i=1}^{\infty} E_i\right) = \infty = \lim_{n\to\infty} \mu(E_n)$$

이므로 정리가 성립한다. 이제 모든 $i \in N$에 대하여 $\mu(E_i) < \infty$라고 하자. 집합열 (A_n)을

$$A_1 = E_1, A_n = E_n - E_{n-1} (\text{단}, n \ge 2)$$

라 정의하면 A_n은 $\mathfrak{J}$에 있는 서로소인 집합이고

$$E = \bigcup_{n=1}^{\infty} A_n, \ E_n = \bigcup_{i=1}^{n} A_i$$

가 된다. 이때 $\mu(E_n) = \sum_{i=1}^{n} \mu(A_i)$이고 $\mu(E) = \sum_{n=1}^{\infty} \mu(A_n)$이므로, $\mu(E_n)$은 급수 $\sum_{n=1}^{\infty} \mu(A_n)$의 부분합으로

$$\mu(E) = \lim_{n\to\infty} \mu(E_n)$$

을 만족한다.

■

참고

측도공간 $(X, \mathfrak{I}, \mu)$에서, 집합열 (E_i)가 단조감소, 즉 $E_{i+1} \subset E_i$ (단, $i = 1, 2, \cdots$) 이고 $\mu(E_1) < \infty$ 이면

$$\mu\left(\bigcap_{i=1}^{\infty} E_i\right) = \lim_{n \to \infty} \mu(E_n), \text{ 즉 } \mu\left(\lim_{n \to \infty} E_n\right) = \lim_{n \to \infty} \mu(E_n)$$

이 성립한다.

정의 6 유한측도와 σ - 유한측도

측도공간 $(X, \mathfrak{I}, \mu)$에서, $\mu(X) < \infty$ 일 때 μ를 **유한측도**(finite measure)라고 하고, 가측집합의 집합열 (X_n)이 존재하여

$$X = \bigcup_{n=1}^{\infty} X_n, \ \mu(X_n) < \infty \text{ (단, } n \in N)$$

를 만족하면 μ를 σ - **유한**(σ - finite)**측도**라고 한다.

μ가 유한측도이면 μ는 σ - 유한측도가 된다. 르베그 측도와 르베그 - 보렐 측도는 σ - 유한인 측도의 예고, 셈측도는 X가 비가산집합일 때 σ - 유한이 아닌 측도의 예가 된다.

예

X를 임의의 비가산집합이라고 하고

$$\mathfrak{I} = \{A \subset X \mid A \text{가 가산집합이거나 } A^c \text{가 가산집합}\}$$

이라 할 때, $\mu : \mathfrak{I} \to R^*$를

$$\mu(A) = \begin{cases} 0, & A \ : \text{가산집합} \\ 1, & A^c : \text{가산집합} \end{cases}$$

으로 정의하면 μ는 유한측도가 된다. ■

예

$X = N$이고 $\mathfrak{I} = \wp(X)$일 때, $\mu : \mathfrak{I} \to R^*$가

$$\mu(E) = \begin{cases} n(E), & E: \text{유한집합} \\ \infty \quad, & E: \text{무한집합} \end{cases}$$

으로 정의된 셈측도 μ는 σ - 유한측도가 된다. ■

정의 7 유한집합과 σ - 유한집합

$\mu(E) < \infty$를 만족하는 가측집합 E를 **유한집합**이라고 하고, E가 가산개의 유한측도인 집합의 합집합일 때 σ - **유한집합**이라고 한다.

σ - 유한인 집합의 가측인 부분집합은 모두 σ - 유한이고, 가산개의 σ - 유한집합의 합집합도 역시 σ - 유한이 된다.

정의 8 완비측도

측도공간 $(X, \mathfrak{I}, \mu)$에 대하여

$$B \subset A,\ A \in \mathscr{I},\ \mu(A) = 0 \text{이면 } B \in \mathfrak{I}$$

를 만족하면, μ를 **완비측도**(complete measure)라고 한다.

예

$X = \{1, 2, 3\}$, $\mathfrak{I} = \{\varnothing, X, \{1\}, \{2, 3\}\}$이라 하고 $\mu : \mathfrak{I} \to R^*$를

$$\mu(E) = \begin{cases} 1, & 1 \in E \\ 0, & 1 \notin E \end{cases}$$

로 정의하면, μ는 측도이지만 완비측도는 아니다. ■

정의 9 완비측도 공간

측도 μ가 완비측도일 때, 측도공간 $(X, \mathfrak{I}, \mu)$를 **완비측도공간**(complete measure space)이라고 하고, 이때 $\mathfrak{I}$를 μ - **완비** σ - **집합대수**라고 한다.

예

르베그 측도공간 $(R, \mathscr{I}, m)$은 완비측도공간이지만, 르베그 - 보렐 측도공간 $(R, \mathfrak{I}, \mu)$는 완비측도공간이 아니다. ■

정리 10

측도공간 $(X, \mathfrak{I}, \mu)$에 대하여 $\Omega = \{ A \subset X \mid \exists E \in \mathfrak{I} ; A \subset E, \mu(E) = 0 \}$이라 하고 $\overline{\mathfrak{I}} = \{ E \cup A \mid E \in \mathfrak{I}, A \in \Omega \}$라 정의하면, 다음이 성립한다.

(1) 집합족 $\overline{\mathfrak{I}}$는 $\mathfrak{I}$를 포함하는 σ - 집합대수이다.

(2) $E_1, E_2 \in \mathfrak{I}$이고 $A_1, A_2 \in \Omega$일 때 $E_1 \cup A_1 = E_2 \cup A_2$이면 $\mu(E_1) = \mu(E_2)$가 된다.

(3) 함수 $\overline{\mu} : \overline{\mathfrak{I}} \to R^*$를

$$\overline{\mu}(E \cup A) = \overline{\mu}(E)$$

로 정의하면, $\overline{\mu}$는 $\overline{\mathfrak{I}}$ 위에서 완비측도이다.

참고

$\overline{\mu}$는 μ **의 최소확장**(a minimal extension of μ)이다.

측도공간 $(X, \overline{\mathfrak{I}}, \overline{\mu})$를 $(X, \mathfrak{I}, \mu)$의 **완비화**(completion)라고 하고, $\overline{\mathfrak{I}}$를 $\mathfrak{I}$의 μ - **완비화**(μ - completion)라 한다. 모든 측도공간은 완비화될 수 있음에 유의한다.

예제

르베그 측도공간 $(R, \mathscr{I}, m)$은 보렐 측도공간 $(R, \mathfrak{I}, \mu)$의 완비화이다.

증명 $\overline{\mathfrak{I}} = \{E \cup N \mid E \in \mathfrak{I}, E \cap N = \varnothing, N \subset M \in \mathfrak{I}, \mu(M) = 0\}$이며, $\overline{\mu}(E \cup N) = \mu(E)$이다. 이때 $\mathscr{I} = \overline{\mathfrak{I}}$임을 보이자. 먼저 $\overline{\mathfrak{I}} \subset \mathscr{I}$임을 보인다. $E \cup N \in \overline{\mathfrak{I}}$이면 $E \in \mathfrak{I} \subset \mathscr{I}$이다. 그런데

$$m^*(N) \leq m^*(M) = m(M) = \mu(M) = 0$$

이므로, $N \in \mathscr{I}$이다. 따라서 $E \cup N \in \mathscr{I}$이므로, $\overline{\mathfrak{I}} \subset \mathscr{I}$가 성립한다. 이제 $\mathscr{I} \subset \overline{\mathfrak{I}}$를 보이기 위해 $F \in \mathscr{I}$라 하면

$$E \subset F \subset G, \ m^*(F - E) = m^*(G - F) = 0$$

을 만족하는 $E, G \in \mathfrak{I}$가 존재한다. 여기서 $F = E \cup (F - E)$이다. 따라서 $\mathscr{I} \subset \overline{\mathfrak{I}}$가 성립한다.

■

참고

측도공간 $(X, \mathfrak{I}, \mu)$가 σ - 유한일 때, $(X, \mathfrak{I}, \mu)$의 완비화 $(X, \overline{\mathfrak{I}}, \overline{\mu})$도 σ - 유한측도공간이 된다.

정의 11 정칙측도공간

$\mathfrak{I}$가 보렐 σ - 집합대수를 포함하는 R에서의 σ - 집합대수이고, μ를 $\mathfrak{I}$ 위에서의 측도라 할 때, 측도공간 $(R, \mathfrak{I}, \mu)$에서 μ가 "임의의 $E \in \mathfrak{I}$와 임의의 실수 $\epsilon > 0$에 대하여

$$E \subset O,\ \mu(O - E) < \epsilon$$

이 되는 열린집합 O가 존재한다."를 만족하면 μ를 $\mathfrak{I}$ 위의 **정칙측도**(regular measure)라 하고 $(R, \mathfrak{I}, \mu)$를 **정칙측도공간**(regular measure space)이라 한다.

참고

정칙측도공간 $(R, \mathfrak{I}, \mu)$의 완비화 $(R, \overline{\mathfrak{I}}, \overline{\mu})$는 정칙측도공간이다.

르베그 측도공간 $(R, \mathscr{I}, m)$에서, 르베그 측도 m은 σ - 유한이고 완비이며 정칙이다.

연습문제 3-3 Exercises

1. 측도공간 $(X, \mathfrak{I}, \mu)$에서, 집합열 (E_i)가 단조감소이고 $\mu(E_1) < \infty$일 때

$$\mu\left(\bigcap_{i=1}^{\infty} E_i\right) = \lim_{n \to \infty} \mu(E_n),\ 즉\ \mu\left(\lim_{n \to \infty} E_n\right) = \lim_{n \to \infty} \mu(E_n)$$

이 성립함을 보이시오.

2. 르베그 측도공간 $(R, \mathscr{I}, m)$은 완비임을 보이시오.

3. 르베그 - 보렐 측도공간 $(R, \mathfrak{I}, \mu)$는 완비가 아님을 보이시오.

4. 측도공간 $(X, \mathfrak{J}, \mu)$가 σ - 유한일 때, $(X, \mathfrak{J}, \mu)$의 완비화 $(X, \overline{\mathfrak{J}}, \overline{\mu})$도 σ - 유한측도공간이 됨을 보이시오.

5. μ가 완비측도일 때, A가 가측집합이고 $\mu(A \triangle B) = 0$이면 B도 가측임을 보이시오.

6. X를 임의의 비가산집합이라고 하고

$$\mathfrak{J} = \{A \subset X \mid A\text{가 가산집합이거나 } A^c\text{가 가산집합}\}$$

이라 할 때, $\mu : \mathfrak{J} \to R^*$를

$$\mu(A) = \begin{cases} 0, & A \ : \text{가산집합} \\ 1, & A^c : \text{가산집합} \end{cases}$$

로 정의하면 μ는 측도가 됨을 보이시오.

3.4 부호측도

정의 1 부호측도

가측공간 $(X, \mathfrak{J})$에서 확장실가함수 $\nu : \mathfrak{J} \to R^*$가 다음 세 조건

(1) ν의 치역은 $+\infty$, $-\infty$를 동시에 갖지는 않는다.

(2) $\nu(\varnothing) = 0$

(3) (E_i)가 서로 소인 가측집합의 집합열일 때

$$\nu\left(\bigcup_{i=1}^{\infty} E_i\right) = \sum_{i=1}^{\infty} \nu(E_i)$$

을 만족하면 ν를 $(X, \mathfrak{J})$ 위에서 **부호측도**(signed measure)라고 한다.

ν가 $(X, \mathfrak{J})$ 위에서 부호측도이고 $\nu(\bigcup_{i=1}^{\infty} E_i) < \infty$이면, 급수 $\sum_{i=1}^{\infty} \nu(E_i)$는 절대수렴함을 뜻한다. 특히 $\nu(\bigcup_{i=1}^{\infty} E_i)$가 ∞ 또는 $-\infty$이면

$$\nu\left(\bigcup_{i=1}^{\infty} E_i\right) = \lim_{n \to \infty} \sum_{i=1}^{n} \nu(E_i)$$

를 의미한다. 측도는 부호측도이지만 그 역은 성립하지 않는다.

참고

가측공간 $(X, \mathfrak{I})$ 위에서 정의된 부호측도 μ가 $\mu(X) < \infty$를 만족할 때 μ를 유한이라고 하고, 가측집합의 집합열 (X_n)이 존재하여

$$X = \bigcup_{n=1}^{\infty} X_n, \ \mu(X_n) < \infty \ (\text{단}, n \in N)$$

를 만족할 때 μ를 σ - 유한이라고 한다.

정의 2

ν가 가측공간 $(X, \mathfrak{I})$ 위에서 정의된 부호측도일 때

(1) 모든 $E \in \mathfrak{I}$에 대하여 $\nu(E \cap A) \geq 0$(또는 $\nu(E \cap B) \leq 0$)을 만족하는 $A \in \mathfrak{I}$ (또는 $B \in \mathfrak{I}$)를 ν에 관해 각각 **양집합**(positive set) (또는 **음집합**(negative set))이라 한다.

(2) 모든 $E \in \mathfrak{I}$에 대하여 $\nu(E \cap C) = 0$을 만족하는 $C \in \mathfrak{I}$를 ν에 관해 **영집합**(null set)이라고 한다.

양집합의 가측인 부분집합은 양집합이고, 음집합의 가측인 부분집합은 음집합이다. 또한 (A_n)이 양집합열일 때 $\bigcup_{n=1}^{\infty} A_n$은 양집합이 된다.

참고

부호측도 ν에 대하여, E가 $0 < \nu(E) < \infty$인 가측집합이면, $\nu(A) > 0$을 만족하는 양집합 $A \subset E$가 존재한다.

정리 3 한 - 분해정리(Hahn - decomposition theorem)

$\nu : \mathfrak{I} \to R^*$가 가측공간 $(X, \mathfrak{I})$ 위에서 부호측도라면

$$X = A \cup B, \ A \cap B = \varnothing$$

을 만족하는 양집합 A와 음집합 B가 존재한다.

증명 부호측도는 ∞와 $-\infty$ 중에서 한 값만 취할 수 있으므로 ν는 ∞를 취하지 않는다고 하고 정리를 증명하자.

$$\lambda = \sup\{\nu(A) \mid A \subset X\text{는 양집합}\}$$

으로 놓으면 공집합도 양집합이므로 $\lambda \geq 0$이다. 또한 sup의 정의에 의하여 $\lambda = \lim_{i \to \infty} \nu(A_i)$로 되는 양집합의 집합열 (A_i)를 잡고 $A = \bigcup_{i=1}^{\infty} A_i$로 놓으면, A는 양집합이고 $\lambda \geq \nu(A)$이다. 한편 임의의 $i \in N$에 대하여 $A - A_i \subset A$이므로 $\nu(A - A_i) \geq 0$이다. 따라서 임의의 $i \in N$에 대하여

$$\nu(A) = \nu(A_1) + \nu(A \sim A_i) \geq u(A_i)$$

로 되어 $\nu(A) \geq \lambda$이다. 그러므로 $\lambda = \nu(A)$이고, ν 값에 대한 가정으로부터 $\lambda < \infty$이다.

이제 $B = A^c$라 놓고 E를 B의 양의 부분집합이라고 하자. 그러면 $E \cup A$는 양집합이고 $E \cap A = \varnothing$ 이므로

$$\lambda \geq \nu(E \cup A) = \nu(E) + \nu(A) \geq \nu(E) + \lambda$$

가 된다. 즉 $\nu(E) = 0$이다. 따라서 집합 B는 측도가 양수인 양의 부분집합을 포함하지 않으므로 B는 음집합이 된다.

■

한 - 분해정리에서A,B 를 ν에 관한 **한 - 분해**(Hahn - decomposition)라고 한다. 부호측도는 모두 한 - 분해를 갖지만, 한 - 분해는 유일하지 않다.

참고

한 - 분해는 영집합을 제외하고 유일하다.

정의 4 절대연속

μ를 가측공간 $(X, \mathfrak{I})$ 위에서 측도라 하고, ν를 $(X, \mathfrak{I})$ 위에서 측도 또는 부호측도라 하자. $\mu(E) = 0$을 만족하는 모든 $E \in \mathfrak{I}$에 대하여 $\nu(E) = 0$이 성립할 때, "ν는 μ에 관해 **절대연속**(absolutely continuous)"이라 하고 $\nu \ll \mu$로 표기한다.

μ_1, μ_2와 μ_3가 가측공간 $(X, \mathfrak{I})$ 위에서 측도일 때, $\mu_1 \ll \mu_1$이 성립한다. 또한 $\mu_1 \ll \mu_2$이고 $\mu_2 \ll \mu_3$이면 $\mu_1 \ll \mu_3$가 된다. 그러나 $\mu_1 \ll \mu_2$라고 해서 $\mu_2 \ll \mu_1$일 필요는 없다.

예

$X=[0,1]$, $\mathscr{F}=\{E \mid E \subset X$는 르베그 가측집합$\}$, ν를 $\mathscr{F}$ 위에 정의된 르베그 측도라고 하자. 이때 $\mu: \mathscr{F} \to R^*$를 셈측도라 하면

$$\mu(E)=0 \Rightarrow E=\varnothing \Rightarrow \nu(E)=0$$

이므로, $\nu \ll \mu$가 된다.

참고

μ를 가측공간 $(X, \mathfrak{I})$ 위에서 측도라 하고, ν, ν_1, ν_2를 $(X, \mathfrak{I})$ 위에서 측도 또는 부호측도라 할 때, 다음이 성립한다.

(1) $\nu_1 \ll \mu$이고 $\nu_2 \ll \mu$이면, $(\nu_1+\nu_2) \ll \mu$이다.

(2) $\nu \ll \mu$이면, $|\nu| \ll \mu$이다.

정의 5 집중과 특이

(1) ν를 가측공간 $(X, \mathfrak{I})$ 위에서 측도 또는 부호측도라 하자. 모든 $E \in \mathfrak{I}$에 대하여 $E \cap A=\varnothing$이면 $\nu(E)=0$을 만족하는 $A \in \mathfrak{I}$가 존재할 때, "ν는 A 위에 **집중**(concentrated)된다."고 한다.

(2) 가측공간 $(X, \mathfrak{I})$ 위의 두 측도 ν_1, ν_2에 대하여

$$X=A \cup B,\ A \cap B=\varnothing,\ \nu_1(A)=\nu_2(B)=0$$

을 만족하는 두 가측집합 A와 B가 존재할 때, 즉 서로 소인 가측집합 A와 B가 존재해서 ν_1은 A 위에 집중되고 ν_2는 B 위에 집중될 때 "ν_1과 ν_2는 **서로 특이**(mutually singular)하다."고 하고 $\nu_1 \perp \nu_2$로 표시한다.

참고

μ를 가측공간 $(X, \mathfrak{I})$ 위에서 측도라 하고, ν, ν_1, ν_2를 $(X, \mathfrak{I})$ 위에서 측도 또는 부호측도라 할 때, 다음이 성립한다.

(1) ν가 가측집합 E 위에 집중되면 $|\nu|$도 E 위에 집중된다.

(2) $\nu_1 \perp \nu_2$이면 $|\nu_1| \perp |\nu_2|$이다.

(3) $\nu_1 \perp \mu$이고 $\nu_2 \perp \mu$이면 $(\nu_1+\nu_2) \perp \mu$이다.

(4) $\nu_1 \ll \mu$이고 $\nu_2 \perp \mu$이면 $\nu_1 \perp \nu_2$이다.

(5) $\nu \ll \mu$이고 $\nu \perp \mu$이면 $\nu=0$이다.

예

μ_1, μ_2가 가측공간 $(X, \mathfrak{I})$ 위에서 두 측도일 때, $\mu_1 \perp \mu_2$일 필요충분조건은

$$\mu_1(E) = \mu_2(E^c) = 0$$

을 만족하는 $E \in \mathfrak{I}$가 존재하는 것이다.

■

$\{A, B\}$가 ν에 대한 X의 한-분해일 때, 임의의 가측집합 E에 대하여

$$\nu^+(E) = \nu(E \cap A), \quad \nu^-(E) = -\nu(E \cap B)$$

로 정의되는 집합함수 ν^+, ν^-는 $\mathfrak{I}$ 위의 서로 특이한 측도이다. 또한

$$\nu(E) = \nu(E \cap A) + \nu(E \cap B) = \nu^+(E) - \nu^-(E)$$

이므로, $\nu = \nu^+ - \nu^-$이고 $\nu^+(B) = 0 = \nu^-(A)$가 된다. 따라서 다음 정리를 얻는다.

정리 6 조르단-분해(Jordan-decomposition)

ν가 가측공간 $(X, \mathfrak{I})$ 위의 부호측도이면

$$\nu = \nu^+ - \nu^-$$

를 만족하는 $(X, \mathfrak{I})$ 위의 서로 특이한 측도 ν^+와 ν^-가 존재한다.

ν의 조르단-분해에서 ν^+와ν^-를 각각 ν의 양부분, 음부분이라고 한다. ν는 ∞와 $-\infty$ 중에서 한 값만 취할 수 있으므로 ν^+와 ν^- 중에서 하나는 유한측도이다. ν^+와 ν^-가 모두 유한측도이면 ν를 유한이라고 한다.

참고

ν가 가측공간 $(X, \mathfrak{I})$ 위의 부호측도일 때, 임의의 가측집합 E에 대하여

$$|\nu|(E) = \nu^+(E) + \nu^-(E)$$

로 정의하면 $|\nu|$도 $(X, \mathfrak{I})$ 위에서 측도가 된다.

정의 7 전변동

ν가 가측공간 $(X, \mathfrak{I})$ 위의 부호측도일 때, 임의의 가측집합 E에 대하여

$$|\nu|(E) = \nu^+(E) + \nu^-(E)$$

로 정의하자. 이때 함수 $|\nu|$를 ν의 **전변동**(total variation) 또는 **전변분**이라 하고, $|\nu|(E)$를 E 위에서 ν의 전변동 또는 전변분이라 한다.

참고

ν가 가측공간 $(X, \mathfrak{I})$ 위의 부호측도이면, $|\nu(E)| \leq |\nu|(E)$가 성립한다.

연습문제 3-4 Exercises

1. (A_n)이 양집합열일 때 $\bigcup_{n=1}^{\infty} A_n$은 양집합이 됨을 보이시오.

2. $(X, \mathfrak{I}, \mu)$를 측도공간이라 하고 $P, Q \in \mathfrak{I}$가 $P \cap Q = \varnothing$을 만족할 때, $\mu_1, \mu_2 : \mathfrak{I} \to [0, \infty)$를 각 $E \in \mathfrak{I}$에 대하여

$$\mu_1(E) = \mu(E \cap P), \ \mu_2(E) = \mu(E \cap Q)$$

로 정의하면 $\mu_1 \perp \mu_2$임을 보이시오.

3. ν가 가측공간 $(X, \mathfrak{I})$ 위의 부호측도일 때, 다음이 성립함을 보이시오.

(1) ν에 대한 X의 한-분해는 영집합의 범위에서 일의적으로 결정된다.

(2) ν의 조르단-분해는 일의적으로 결정된다.

4. ν_1과 ν_2가 유한측도이고 c_1과 c_2가 상수일 때 $\nu_1 \perp \mu$, $\nu_2 \perp \mu$이면, $c_1\nu_1 + c_2\nu_2 \perp \mu$가 성립함을 보이시오.

MEMO

제 4 장
적분

실함수론

4 적분

4.1 르베그 가측함수

이 책을 서술함에 있어서 앞으로 특별히 언급이 없는 한, "$X \subset R$에서 르베그 가측집합의 σ - 집합대수"를 $\mathcal{J}$로 표기하기로 한다.

1. 르베그 가측함수

정의 1 르베그 가측함수

$f : D \to R^*$가 $D \in \mathcal{J}$에서 정의된 확장실가함수일 때, 임의의 $\alpha \in R$에 대하여 집합 $\{x \in D \mid f(x) > \alpha\}$가 가측이면, f를 **르베그 가측함수**(Lebesgue measurable function)라고 한다.

참고

$(X, \mathfrak{I})$가 가측공간이고, $f : D \to R^*$가 가측집합 D(단, $D \in \mathfrak{I}$) 위에서 정의된 확장실가함수일 때, 임의의 $\alpha \in R$에 대하여 집합

$$\{x \in D \mid f(x) > \alpha\}$$

가 가측이면 f를 $\mathfrak{I}$ - **가측함수**(measurable function)라고 한다. 특히 르베그 가측집합의 σ - 대수 $\mathcal{J}$에 관하여 f가 가측일 때, 함수 f를 르베그 가측 또는 L - 가측으로 표기한다.

앞으로 특별히 언급이 없는한, 르베그 가측함수를 간단히 **가측함수**(measurable function)로 표기하기로 한다. 또한 가측이 아닌 함수를 **비가측함수**(nonmeasurable function)라고 한다.

정리 2

$D \in \mathscr{F}$ 일 때, 확장실가함수 $f : D \to R^*$ 에 대하여 다음 (1) ~ (4)는 서로 동치이다.

(1) f 는 가측함수이다.

(2) 집합 $\{x \mid f(x) \geq \alpha\}$는 임의의 $\alpha \in R$에 대하여, 가측이다.

(3) 집합 $\{x \mid f(x) < \alpha\}$는 임의의 $\alpha \in R$에 대하여, 가측이다.

(4) 집합 $\{x \mid f(x) \leq \alpha\}$는 임의의 $\alpha \in R$에 대하여, 가측이다.

증명 (1)⇒(4): $\{x \mid f(x) \leq \alpha\} = D - \{x \mid f(x) > \alpha\}$이고 D와 $\{x \mid f(x) > \alpha\}$가 모두 가측이므로, $\{x \mid f(x) \leq \alpha\}$는 가측이다.

(4)⇒(1): $\{x \mid f(x) > \alpha\} = D - \{x \mid f(x) \leq \alpha\}$이므로, $\{x \mid f(x) > \alpha\}$는 가측이다.

(2)⇒(3): (1)⇒(4)의 증명과 같은 방법으로 증명된다.

(1)⇒(2): $\{x \mid f(x) \geq \alpha\} = \bigcap_{n=1}^{\infty} \left\{x \mid f(x) > \alpha - \frac{1}{n}\right\}$이고, 가산개의 가측집합의 교집합은 가측이므로, $\{x \mid f(x) \geq \alpha\}$는 가측이다.

(2)⇒(1): $\{x \mid f(x) > \alpha\} = \bigcup_{n=1}^{\infty} \left\{x \mid f(x) \geq \alpha + \frac{1}{n}\right\}$이고, 가산개의 가측집합의 합집합은 가측이므로 $\{x \mid f(x) > \alpha\}$는 가측이다.

■

예

구간에서 상수인 계단함수는 가측함수이다.

■

$D \in \mathscr{F}$ 일 때, 함수 $f : D \to R$이 연속이면 f 는 가측이다. 그러나 그 역은 성립하지 않는다. 왜냐하면 임의의 $\alpha \in R$에 대하여

$$\{x \in D \mid f(x) > \alpha\} = f^{-1}((\alpha, \infty)) \cap D$$

이다. 이때 (α, ∞)가 열린집합이고 f가 연속이므로, $f^{-1}((\alpha, \infty))$도 열린집합이다. 그런데 열린집합은 가측이므로, $f^{-1}((\alpha, \infty)) \cap D$도 가측이다. 따라서 f 는 가측함수가 된다. 한편 함수 $f : R \to R$을

$$f(x)=\begin{cases} 1, & 0 \le x < 1 \\ -1, & \text{그렇지 않을 경우} \end{cases}$$

로 정의하면

$$\{x \in R \mid f(x) > \alpha\}=\begin{cases} \varnothing & , \ \alpha \ge 1 \\ [0, 1), & -1 \le \alpha < 1 \\ R & , \ \alpha < -1 \end{cases}$$

이므로, f는 가측이 된다. 그러나 이때 $f: R \to R$은 불연속이다.

참고

임의의 $\alpha \in R$에 대하여

$$\{x \mid |f(x)| < \alpha\} = \{x \mid f(x) < \alpha\} \cap \{x \mid f(x) > -\alpha\}$$

이기 때문에, 가측집합 D에서 정의된 함수 $f: D \to R$이 가측이면 $|f|$도 가측이 된다. 그러나 역은 성립하지 않는다.

예

$E \subset R$일 때, 함수 χ_E가 가측일 필요충분조건은 집합 E가 가측일 때이다.

■

예제

임의의 $r \in Q$에 대하여, 집합 $\{x \mid f(x) > r\}$을 가측이 되게 하는 함수 $f: R \to R^*$는 가측이다.

증명 임의의 $\alpha \in R$에 대하여 $\alpha + \frac{1}{n+1} < r_n < \alpha + \frac{1}{n}$을 만족하는 유리수 r_n이 존재한다. 이때 (r_n)은 α에 수렴하는 단조감소수열이므로

$$\{x \mid f(x) > \alpha\} = \bigcup_{n=1}^{\infty} \{x \mid f(x) > r_n\}, \ r_n \in Q$$

가 성립한다. 한편 $\{x \mid f(x) > r_n\}$이 가측이므로 $\{x \mid f(x) > a\}$도 가측이고, 따라서 함수 f는 가측이 된다.

■

따름정리

$D \in \mathscr{F}$일 때 $f : D \to R^*$가 가측이면, 임의의 확장된 실수 α에 대하여 집합 $\{x \mid f(x) = \alpha\}$는 가측이다. 그러나 그 역은 성립하지 않는다.

증명 $\alpha \in R$일 때는

$$\{x \mid f(x) = \alpha\} = \{x \mid f(x) \geq \alpha\} \cap \{x \mid f(x) \leq \alpha\}$$

이고, $\alpha = \infty$일 때는

$$\{x \mid f(x) = \infty\} = \bigcap_{n=1}^{\infty} \{x \mid f(x) \geq n\}$$

이며, $\alpha = -\infty$일 때는

$$\{x \mid f(x) = -\infty\} = \bigcap_{n=1}^{\infty} \{x \mid f(x) \leq -n\}$$

이므로, 임의의 확장된 실수 α에 대하여 집합 $\{x \mid f(x) = \alpha\}$는 가측이다. 한편 P를 $E = [0, 1)$에서 비가측집합이라 하고 함수 $f : E \to R^*$를

$$f(x) = \begin{cases} x^2, & x \in P \\ -x^2, & x \in E - P \end{cases}$$

로 정의하면, 각 $\alpha \in R^*$에 대하여 집합 $\{x \mid f(x) = \alpha\}$는 많아야 두 개의 원소를 가지므로 가측이다. 그러나 $\{x \mid f(x) > \alpha\} = P$이므로, f는 비가측함수이다.

■

예제

$D, E \in \mathscr{F}$이고 $f : D \cup E \to R^*$일 때, f가 가측함수일 필요충분조건은 $f|_D$와 $f|_E$가 가측함수일 때다.

증명 먼저 f를 가측함수라 하자. 그러면 임의의 $\alpha \in R$에 대하여

$$\{x \mid f|_D(x) > \alpha\} = D \cap \{x \in D \cup E \mid f(x) > \alpha\}$$

이므로, $f|_D$는 가측함수이다. 마찬가지로 $g|_D$도 가측함수이다. 역으로 $f|_D$와 $f|_E$가 가측함수라 하자. 그러면 임의의 $\alpha \in R$에 대하여

$$\begin{aligned} &\{x \in D \cup E \mid f(x) > \alpha\} \\ &= \{x \in D \mid f|_D(x) > \alpha\} \cup \{x \in E \mid f|_E(x) > \alpha\} \end{aligned}$$

이므로, f는 가측함수이다.

■

정리 3

$D \in \mathfrak{F}$ 일 때, 상수 c와 가측인 실가함수 $f, g : D \to R$에 대하여

$$f+c,\quad cf,\quad f+g,\quad f-g,\quad fg$$

는 모두 가측이다. 더욱이 $x \in D$에 대하여 $f(x) \neq 0$이면, $\frac{g}{f}$도 가측이다.

증명 α를 임의의 실수라 하자.

(1) $\{x \mid f(x)+c < \alpha\} = \{x \mid f(x) < \alpha - c\}$이므로, f가 가측이면 $f+c$도 가측이다.

(2) $c=0$이면 $cf=0$이므로 $\alpha > 0$일 때 $\{x \mid cf(x) < \alpha\} = D$가 되어 cf는 가측이고, $\alpha \leq 0$일 때 $\{x \mid cf(x) < \alpha\} = \varnothing$이 되어 cf는 가측이다. $c > 0$이면

$$\{x \mid cf(x) < \alpha\} = \left\{x \mid f(x) < \frac{\alpha}{c}\right\}$$

이므로, cf는 가측이다. $c < 0$인 경우도 같은 방법으로 증명된다.

(3) $f(x)+g(x) < \alpha$이면 $f(x) < \alpha - g(x)$이므로 $f(x) < r < \alpha - g(x)$를 만족하는 유리수 r이 존재한다. 그러므로 유리수 전체의 집합 Q에 대하여

$$\{x \mid f(x)+g(x) < \alpha\} = \bigcup_{r \in Q} [\{x \mid f(x) < r\} \cap \{x \mid g(x) < \alpha - r\}]$$

이 되고, Q는 가산집합이므로 $f+g$는 가측이다.

(4) $-g = (-1)g$이므로 $-g$는 가측이고, $f-g = f+(-1)g$도 가측이다.

(5) 먼저 f가 가측일 때 f^2이 가측임을 보이자. $\alpha \geq 0$이면

$$\{x \mid f^2(x) > \alpha\} = \{x \mid f(x) > \sqrt{\alpha}\} \cup \{x \mid f(x) < -\sqrt{\alpha}\}$$

이고, $\alpha < 0$이면 D는 f의 정의구역이라고 할 때

$$\{x \mid f^2(x) > \alpha\} = D$$

이므로, f^2은 가측이다. 따라서 두 함수 f와 g의 곱

$$fg = \frac{1}{2}[(f+g)^2 - f^2 - g^2]$$

은 가측이다. ■

예

$f, g : D \to R$이 가측인 실가함수일 때, 집합

$$\{x \mid f(x) < g(x)\}, \quad \{x \mid f(x) \leq g(x)\}, \quad \{x \mid f(x) = g(x)\}$$

는 모두 가측이다

■

참고

정리 3에서 확장실가함수로 확장하면, 함수 $f+g$는 정의되지 않는다. 그러나 $f+g$가 정의되지 않는 모든 x에 대하여 일정한 확장실수값을 택하여 $f(x)+g(x)$의 값으로 정의하면, $f+g$는 가측이 된다. 또한 cf, $f+c$, fg가 확장실가함수에 대하여 모든 점에서 정의되고 f와 g가 가측이면, 이들 함수도 가측이 된다.

정리 4

$D \in \mathcal{F}$ 에 대하여 (f_n)이 가측함수 $f_n : D \to R^*$의 함수열일 때

$$\max\{f_1, f_2, \cdots, f_n\}, \quad \min\{f_1, f_2, \cdots, f_n\}$$

$$\sup\{f_n \mid n \in N\}, \quad \inf\{f_n \mid n \in N\}, \quad \overline{\lim} f_n, \quad \underline{\lim} f_n$$

은 모두 가측이다.

증명 $h(x) = \max\{f_1(x), f_2(x), \cdots, f_n(x)\}$라고 하면, 임의의 $\alpha \in R$에 대하여

$$\{h(x) \mid h(x) > \alpha\} = \bigcup_{i=1}^{n} \{x \mid f_i(x) > \alpha\}$$

이므로 h는 가측이다. $\min\{f_1, f_2, \cdots, f_n\}$이 가측임도 같은 방법으로 증명된다.

$g(x) = \sup\{f_n \mid n \in N\}$이라고 하면

$$\{x \mid g(x) > \alpha\} = \bigcup_{i=1}^{\infty} \{x \mid f_n(x) > \alpha\}$$

이므로, f_n (단, $n \in N$)이 가측이면 g도 가측이다.

$\inf\{f_n \mid n \in N\}$이 가측임은 $k(x) = \inf\{f_n \mid n \in N\}$이라고 하면

$$\{x \mid k(x) > \alpha\} = \bigcap_{i=1}^{\infty} \{x \mid f_n(x) > \alpha\}$$

에서 알 수 있다. 정의에 의해서

$$\overline{\lim} f_n(x) = \inf_{n \geq 1} \sup_{k \geq n} f_k(x)$$
$$= \inf\{\sup\{f_k(x) \mid k \geq n\} \mid n \in N\}$$
$$\underline{\lim} f_n(x) = \sup_{n \geq 1} \inf_{k \geq n} f_k(x)$$
$$= \sup\{\inf\{f_k(x) \mid k \geq n\} \mid n \in N\}$$

이고 $\sup\{f_n \mid n \in N\}$과 $\inf\{f_n \mid n \in N\}$이 가측이므로, $\overline{\lim} f_n$과 $\underline{\lim} f_n$은 가측이다.

■

예

$D \in \mathscr{F}$일 때, (f_n)이 가측함수 $f_n : D \to R^*$의 함수열이고 모든 $x \in D$에 대하여 $\lim_{n \to \infty} f_n(x)$가 존재하면, 극한함수

$$f(x) - \lim_{n \to \infty} f_n(x)$$

는 가측이다.

■

정의 5

$E \in \mathscr{F}$에 대하여, $x \in X$에 관한 명제 $P(x)$가

$m(E_1) = 0$인 $E_1 \subset E$의 점들을 제외한 E의 모든 점에서 참

일 때, "E의 **거의 모든 곳**(almost everywhere)에서 $P(x)$는 참" 또는 "E의 **거의 모든 점**(almost all points)에서 $P(x)$는 참"이라고 하고 $P(x)$ a.e. 또는 $P(x)$ a.e. $[m]$로 표기한다.

정의 5는 측도공간 $(X, \mathfrak{I}, \mu)$로 확장된다. 즉 $E \in \mathfrak{I}$에 대하여, $x \in X$에 관한 명제 $P(x)$가

$$E_1 = \{x \in E \mid P(x) : \text{거짓}\}\text{이라 하면 } \mu(E_1) = 0$$

일 때, "$P(x)$는 E의 거의 모든 곳에서 참"이라고 하고 기호로는

$$P(x) \text{ a.e. 또는 } P(x) \text{ a.e. } [\mu]$$

로 표기한다.

참고

$D \in \mathscr{F}$ 에 대하여 두 함수 $f, g : D \to R^*$가

$$f(x) = g(x) \text{ a.e.}$$

일 때, f 가 가측이면 g도 가측이다.

예

함수 $f : R \to R$을 각 $x \in R$에 대하여

$$f(x) = \begin{cases} 0, & x \in Q \\ 1, & x \notin Q \end{cases}$$

로 정의하면 f는 가측이 된다. 왜냐하면 함수 $g : R \to R$을

$$g(x) = 1 \,(\text{단}, x \in R)$$

로 정의하면 g는 가측이고 $g(x) = f(x)$ a.e.이므로, 함수 f는 가측이 된다.

■

참고

$(X, \mathfrak{I}, \mu)$가 완비측도공간일 때, 두 함수 $f, g : D \to R^*$가 $D \in \mathfrak{I}$에서 $f(x) = g(x)$ a.e.이고 f가 가측이면 g도 가측이다.

정리 6

$D \in \mathscr{F}$ 일 때, 함수 $f : D \to R^*$가 거의 모든 곳에서 연속이면, f는 가측이다.

예

단조인 실가함수는 많아야 가산개의 불연속점을 가지므로, 가측이 된다.

■

일반적으로, $(X, \mathfrak{I})$가 가측공간이고 (Y, Ω)가 위상공간일 때, 함수 $f : X \to Y$가 $\mathfrak{I}$ - 가측이라는 것은 임의의 열린집합 $O \subset Y$에 대하여 $f^{-1}(O)$가 X에서의 가측집합일 때를 말한다. 특히, (Y, Ω)가 위상공간이고 $(X, \mathfrak{I})$가 보렐 - 가측공간일 때, 임의의 열린집합 $O \subset Y$에 대하여 $f^{-1}(O)$가 X에서의 보렐 집합이면 $f : X \to Y$를 **보렐 가측함수**(Borel measurable function)라 한다.

예

$(X, \mathfrak{I})$가 가측공간이고 $f: X \to R^*$일 때, 임의의 $\alpha \in R$에 대하여 $f^{-1}((\alpha, \infty]) \in \mathfrak{I}$이면 f는 가측이다.

■

참고

$D \in \mathcal{J}$ 위에서 정의된 보렐 가측함수 $f: D \to R^*$에 대하여 다음이 성립한다. (참고문헌 4 참조)

(1) $f: D \to R^*$가 보렐 가측함수이면, f는 가측함수이다.

(2) f가 보렐 가측함수이고 B가 보렐 집합이면, $f^{-1}(B)$도 보렐 집합이다.

(3) f가 보렐 가측함수이고 g가 가측함수이면, $f \circ g$도 가측함수이다.

정의 7 단순함수

$D \in \mathcal{J}$ 위에서 정의된 실가함수 $\varphi: D \to R$이 **단순함수**(simple function)라 함은, φ가 가측이고 φ의 치역 $\varphi(D)$가 R의 유한부분집합일 때를 말한다.

예

닫힌구간 $[a, b]$에서 정의된 계단함수와, 가측집합에서 정의된 상수함수는 단순함수이다. 또한

$$f(x) = \begin{cases} 1, & x : \text{유리수} \\ 0, & x : \text{무리수} \end{cases}$$

로 정의되는 특성함수 $f: R \to R$도 단순함수가 된다. 왜냐하면, 유리수 전체의 집합 Q가 가측이기 때문이다.

■

$D \in \mathcal{J}$일 때, 단순함수 $\varphi: D \to R$에 대하여 φ의 치역이 0이 아닌 원소의 집합 $\{\alpha_1, \alpha_2, \cdots, \alpha_n\}$이라 하자. 이때 $A_i = \{x \in D \mid \varphi(x) = \alpha_i\}$라 하면 φ는 $\varphi = \sum_{i=1}^{n} \alpha_i \chi_{A_i}$로 표시된다. 즉, 모든 단순함수는 유한개의 특성함수의 1차결합이다.

정리 8

$D \in \mathcal{F}$ 일 때, $f, g : D \to R$이 단순함수이고 $c \in R$이면

(1) $f+c$ (2) cf (3) $f+g$ (4) $f-g$ (5) fg (6) $|f|$

도 단순함수가 된다.

증명 여기서는 (2)와 (3)만을 증명하고, 나머지는 독자에게 남긴다.

$f = \sum_{i=1}^{n} \alpha_i \chi_{A_i}$, $g = \sum_{j=1}^{m} \beta_j \chi_{B_j}$라 하면

$$cf = \sum_{i=1}^{n} (c\alpha_i) \chi_{A_i}, \quad f+g = \sum_{i=1}^{n} \sum_{j=1}^{m} (\alpha_i + \beta_j) \chi_{A_i \cap B_j}$$

이므로, cf와 $f+g$는 단순함수이다. ■

임의의 가측함수에 수렴하는 단순함수의 함수열이 존재한다. 즉, 모든 가측함수를 단순함수로 근사화할 수 있다.

$D \in \mathcal{F}$에 대하여 함수 $f : D \to R$이 가측이면, 단순함수 $f_n : D \to R$의 함수열 (f_n)이 존재하여 D의 각 점에서 f에 수렴한다. 또한 $f \geq 0$이면, 함수열을

$$f_{n+1} \geq f_n \geq 0 \text{ (단, } n \in N)$$

이 되도록 택할 수 있다(참고문헌 4 참조). 특히 함수 f가 유계이면 함수열을 f에 균등수렴하도록 택할 수 있다.

참고

X가 가측공간이고 $f : X \to [0, \infty]$가 가측이면, 음이 아닌 단조증가인 단순함수 $f_n : D \to R$의 함수열 (f_n)이 존재하여 모든 $x \in X$에 대하여

$$\lim_{n \to \infty} f_n(x) = f(x)$$

가 성립한다.

정리 9

함수 $f : D \to R$를 $f \geq 0$인 가측함수라고 하자. 이때 $\{x \in D \mid f(x) > 0\}$이 σ-유한이면 모든 $x \in D$에 대하여

$$f(x) = \lim_{n \to \infty} f_n(x), \quad m(\{x \in D \mid f_n(x) > 0\}) < \infty \text{ (단, } n \in N)$$

를 만족하는 음이 아닌 단조증가인 단순함수 $f_n : D \to R$의 함수열 (f_n)이 존재한다.

2. 르베그 가측함수의 근사

정리 10

(f_n)을 $m(E) < \infty$인 가측집합 E 위에서 정의된 가측함수 $f_n : E \to R$ (단, $n \in N$)의 함수열이라고 하자. $f : E \to R$을 E에서

$$f_n(x) \to f(x) \quad {}^{\forall} x \in E$$

를 만족하는 가측함수라면, 임의의 실수 $\epsilon > 0$과 $\delta > 0$에 대하여 $m(A) < \delta$인 가측집합 $A \subset E$와 $K \in N$가 존재해서 $x \notin A$인 모든 x와 $n \geq K$인 모든 $n \in N$에 대하여

$$|f_n(x) - f(x)| < \epsilon$$

을 만족한다.

증명 임의의 $n \in N$에 대하여

$$G_n = \{x \in E \mid |f_n(x) - f(x)| \geq \epsilon\}$$

으로 놓고, 임의의 $K \in N$에 대하여

$$E_K = \bigcup_{n=K}^{\infty} G_n$$
$$= \{x \in E \mid n \geq K\text{인 } n \in N\text{이 존재해서 } |f_n(x) - f(x)| \geq \epsilon\}$$

이라고 하자. 그러면

$$E_{K+1} \subset E_K,\ f_n(x) \to f(x)$$

이므로 각 $x \in E$에 대하여 $x \notin E_K$를 만족하는 $K \in N$가 존재한다. 그러므로 $\bigcap_{K=1}^{\infty} G_K = \varnothing$이다. 그런데 $m(E) < \infty$이므로 $\lim_{K \to \infty} m(E_K) = 0$이 되어 주어진 $\delta > 0$에 대하여 $m(E_K) < \delta$인 $K \in N$가 존재한다. 따라서 E_K의 정의로부터

$$m(\{x \in E \mid n \geq K\text{인 } n \in N\text{이 존재해서 } |f_n(x) - f(x)| \geq \epsilon\}) < \delta$$

로 된다. 이 $K \in N$에 대하여 $A = E_K$로 놓으면 $m(A) < \delta$이고

$$E - A = \{x \in E \mid n \geq K\text{인 모든 } n \in N\text{에 대하여 } |f_n(x) - f(x)| < \epsilon\}$$

이다. 즉 $x \notin A$이고 $n \geq K$이면

$$|f_n(x) - f(x)| < \epsilon$$

을 만족한다. ■

위 정리의 가정에서 E의 모든 점 x에서 $f_n(x) \to f(x)$라고 가정하였으나 실제로 $f_n(x) \to f(x)$ a.e.로 가정을 약화시켜도 정리는 성립한다.

따름정리

(f_n)을 $m(E) < \infty$인 가측집합 E 위에서 정의된 가측함수 $f_n : E \to R$ (단, $n \in N$)의 함수열이라고 하자. $f : E \to R$을 E에서

$$f_n(x) \to f(x) \text{ a.e.}$$

를 만족하는 가측함수라면, 임의의 실수 $\epsilon > 0$과 $\delta > 0$에 대하여 $m(A) < \delta$인 가측집합 $A \subset E$와 $K \in N$가 존재해서 $x \not\in A$인 모든 x와 $n \geq K$인 모든 $n \in N$에 대하여

$$|f_n(x) - f(x)| < \epsilon$$

을 만족한다.

정리 10에서 조건 $m(E) < \infty$는 필수적이다.

예

임의의 $n \in N$에 대하여 함수 $f_n : R \to R$을

$$f_n(x) = \begin{cases} 1, & x \geq n \\ 0, & x < n \end{cases}$$

으로 정의하면, f_n은 가측이고

$$f_n(x) \to 0 \quad {}^{\forall} x \in R$$

이다. 이때 $f = 0$이라고 하면 모든 $n \in N$에 대하여

$$m(\{x \in R \mid |f_n(x) - f(x)| \geq 1\}) = m([n, \infty]) = \infty$$

이므로 정리 10은 성립하지 않는다. 이 결과는 주어진 함수의 정의구역의 측도가 ∞이기 때문이다. ■

정리 11 Egoroff 정리

(f_n)을 $m(E) < \infty$인 가측집합 E 위에서 정의된 가측함수 $f_n : E \to R$ (단, $n \in N$)의 함수열이라고 하자. $f : E \to R$이 가측함수이고 E에서

$$f_n(x) \to f(x) \text{ a.e.}$$

이면, 임의의 실수 $\eta > 0$에 대하여 $m(A) < \eta$인 가측집합 A가 존재해서 $E-A$ 위에서 (f_n)은 f에 균등수렴한다.

증명 $i \in N$에 대하여 $\epsilon_i = \frac{1}{i}$, $\delta_i = \frac{\eta}{2^i}$로 놓으면 따름정리에 의하여 $m(A_i) < \frac{\eta}{2^i}$를 만족하는 가측집합 A_i와 $N_i \in N$이 존재해서 $x \in E - A_i$이고 $n \geq N_i$이면

$$|f_n(x) - f(x)| < \frac{1}{i}$$

이 된다. $A = \bigcup_{i=1}^{\infty} A_i$로 놓으면, A는 가측이고

$$m(A) \leq \sum_{i=1}^{\infty} m(A_i) < \sum_{i=1}^{\infty} \frac{\eta}{2^i} = \eta$$

이다. 이제 (f_n)이 $E-A$에서 f에 균등수렴함을 보이자. 임의의 실수 $\epsilon > 0$에 대하여 $\frac{1}{k} < \epsilon$인 $k \in N$를 택하면

$$E - A = E - \left(\bigcup_{i=1}^{\infty} A_i \right) = \bigcap_{i=1}^{\infty} (E - A_i)$$

이므로, $x \in E - A$이면 $x \in E - A_k$이다. 따라서 $n \geq N_k$인 모든 $n \in N$과 임의의 $x \in E - A_k$에 대하여

$$|f_n(x) - f(x)| < \frac{1}{k} < \epsilon$$

이 된다. ■

정리 11에서 조건 $m(E) < \infty$는 필수적이다.

예

$m(E) = \infty$이면, 정리 11은 성립하지 않는다. 예를 들면 $E = R$, $f_n = \chi_{[n,\, n+1]}$이라 두면, $f = 0$이고 E에서 $f_n(x) \to f(x)$ a.e.이지만 $|f_n(x) - f(x)| = 1$이 된다. ■

가측집합 E 위에서 정의된 가측함수 $f_n : E \to R$ (단, $n \in N$)의 함수열 (f_n)이 $f : E \to R$에 **거의 균등수렴**(converge almost uniformly)하다는 것은 임의의 실수

$\eta > 0$에 대하여 $m(A) < \eta$를 만족하는 가측집합 $A \subset E$가 존재해서 $E - A$에서 (f_n)이 f에 균등수렴할 때를 말한다.

참고

거의 균등하게 $f_n \to f$라 하면, 각 $n \in N$에 대하여 E_n이 존재하여 $m(E_n) < \frac{1}{n}$이고 $E - E_n$ 위에서 균등하게 $f_n \to f$이다. 이때

$$A = \bigcup_{n=1}^{\infty} (E - E_n)$$

이라 하면, $m(E - A) = 0$이고 각 $x \in A$에 대하여 $f_n(x) \to f(x)$이다. 따라서 거의 균등수렴하면 거의 모든 곳에서 수렴한다.

다음 정리는 가측함수를 연속함수로 근사할 수 있음을 보인다. 그 역도 성립함에 유의한다.

정리 12 Lusin 정리

$E \in \mathfrak{F}$일 때 함수 f를 E 위에서 정의된 가측함수라 하면, 임의의 실수 $\delta > 0$에 대하여

$$m(E - F) < \delta$$

인 $F \subset E$(단, $F \in \mathfrak{F}$)가 존재하여 f는 F 위에서 연속이 된다.

참고

(Frechet 정리) $E \in \mathfrak{F}$일 때 함수 f가 E 위에서 정의된 가측함수이면, E에서 $f_n(x) \to f(x)$ a.e.를 만족하는 연속인 함수열 (f_n)이 존재한다.

연습문제 4-1

Exercises

1. $D \in \mathfrak{F}$에서 정의된 함수 $f: D \to R$이 가측이면 $|f|$도 가측이 되지만, 그 역은 성립하지 않음을 예를 들어 보시오.

2. $E \subset R$일 때, 함수 χ_E가 가측일 필요충분조건은 집합 E가 가측일 때임을 보이시오.

3. $D \in \mathcal{F}$에 대하여 두 함수 $f, g : D \to R^*$가

$$f(x) = g(x) \text{ a.e.}$$

일 때, f가 가측이면 g도 가측임을 보이시오.

4. $(X, \wp)$가 가측공간이고 $(Y, \mathfrak{J})$가 위상공간일 때, $f : X \to Y$가 연속함수이면 f는 보렐 가측임을 보이시오.

5. $(X, \mathfrak{J})$가 가측공간이고 Y가 위상공간일 때, 함수 $f : X \to Y$에 대하여

$$\Omega = \{A \subset Y \mid f^{-1}(A) \in \mathfrak{J}\}$$

라면, 다음이 성립함을 보이시오.

(1) Ω는 Y의 부분집합들의 σ-대수이다.

(2) f가 가측이고 E가 Y의 보렐 집합이면, $f^{-1}(E) \in \mathfrak{J}$이다.

6. $D \in \mathcal{F}$일 때, $f, g : D \to R$이 단순함수이고 $c \in R$이면 $|f|$도 단순함수가 됨을 보이시오.

7. 함수 $f : D \to R^*$를 $f \geq 0$인 가측함수라고 하자. 이때 $\{x \in D \mid f(x) > 0\}$이 σ-유한이면 모든 $x \in D$에 대하여

$$f(x) = \lim_{n \to \infty} f_n(x),\ m(\{x \in D \mid f_n(x) > 0\}) < \infty \ (\text{단, } n \in N)$$

를 만족하는 음이 아닌 단조증가인 단순함수 $f_n : D \to R$의 함수열 (f_n)이 존재함을 보이시오.

8. (f_n)을 $m(E) < \infty$인 가측집합 E 위에서 정의된 가측함수의 함수열이라고 하자. $f : E \to R$을 E에서 $f_n(x) \to f(x)$ a.e.를 만족하는 가측함수라면, 임의의 실수 $\epsilon > 0$과 $\delta > 0$에 대하여 $m(A) < \delta$인 가측집합 $A \subset E$와 $K \in N$가 존재해서 $x \not\in A$인 모든 x와 $n \geq K$인 모든 $n \in N$에 대하여 $|f_n(x) - f(x)| < \epsilon$을 만족함을 보이시오.

4.2 르베그 적분

리만 방법은 또 다른 적분론을 발견하게 했는 데, 그 중 가장 중요한 것이 **르베그 적분**(Lebesgue integral)이다. 이 절에서는 르베그 측도의 개념을 이용하여 르베그 적분론을 전개한다. 다만 르베그 적분에 대한 정리는 여러 다른 방법으로 전개될 수 있음에 유의한다.

이제 $D \in \mathcal{J}$ 에 대하여, 르베그 가측함수 $f : D \to R^*$ 의 적분을 다음 세 단계

(1) 유계인 가측함수의 적분

(2) 음이 아닌 가측함수의 적분

(3) 일반가측함수의 적분

로 정의해 나갈 것이다. 함수 f 의 적분이 존재하면, f 와 거의 모든 곳에서 (즉, a. e.) 일치되는 가측함수 g 의 적분값은 f 의 적분값과 같음에 유의한다.

앞으로 이 책을 서술함에 있어서 편의상

$$M(X, \mathcal{J}) = \{f : X \to R^* \mid f \text{는 르베그 가측함수}\}$$

$$M^+(X, \mathcal{J}) = \{f : X \to R^* \mid f \text{는 } f \geq 0 \text{ 이고 르베그 가측함수}\}$$

로 표시한다.

참고

측도공간 $(X, \mathfrak{I}, \mu)$를 고정하고 $\mathfrak{I}$ - 가측함수 $f : X \to R^*$ 의 μ에 관한 적분으로 일반화할 수 있다.

1. 리만 적분

$f : [a, b] \to R$이 유계함수일 때, 닫힌구간 $[a, b]$의 임의의 분할 P에 대한 f의 리만 상합과 리만 하합을 각각 $U(P)$, $L(P)$로 놓으면

$$\inf\{U(P) \mid P\text{는 } [a, b]\text{의 분할}\},\ \sup\{L(P) \mid P\text{는 } [a, b]\text{의 분할}\}$$

이 존재한다. 이 두 실수를 각각 리만 상적분, 리만 하적분이라 하고

$$R\overline{\int_a^b} f(x)\, dx,\ R\underline{\int_a^b} f(x)\, dx$$

로 나타낸다. 이때

$$R\overline{\int_a^b} f(x)\,dx = R\underline{\int_a^b} f(x)\,dx$$

를 만족하면, 함수 f는 닫힌구간 $[a, b]$에서 리만 적분가능(간단히 R-적분가능)하다고 하고, 리만 적분(간단히 R-적분)을

$$R\int_a^b f(x)\,dx$$

로 표시한다. 지금 $a = x_0 < x_1 < x_2 < \cdots < x_n = b$를 닫힌구간 $[a, b]$의 분할이라 하고 φ를

$$\varphi(x) = c_i,\ \ x_{i-1} \le x < x_i \ \ (\text{단},\ i = 1, 2, \cdots, n)$$

인 계단함수라고 하면 $[a, b]$에서 φ의 리만 적분은

$$R\int_a^b \varphi(x)\,dx = \sum_{i=1}^{n} c_i(x_i - x_{i-1})$$

로 정의된다. 그러므로 리만 합 $U(P)$, $L(P)$는 함수 f와 분할 P에 의하여 정의되는 계단함수의 적분이 된다. 따라서 함수 f가 $[a, b]$에서 유계일 때

$$R\overline{\int_a^b} f(x)\,dx = \inf\left\{R\int_a^b \psi(x)\,dx \mid \psi\text{는 } f(x) \le \psi(x)\text{인 계단함수}\right\}$$

$$R\underline{\int_a^b} f(x)\,dx = \sup\left\{R\int_a^b \varphi(x)\,dx \mid \varphi\text{는 } \varphi(x) \le f(x)\text{인 계단함수}\right\}$$

임을 알 수 있다. 이 적분의 정의에서 계단함수를 단순함수로 바꾸면 보다 일반적인 적분이 정의될 것으로 추측할 수 있음은 당연하다.

예

함수 $f : [a, b] \to R$을

$$f(x) = \begin{cases} 1, & x : [a, b]\text{에서 유리수} \\ 0, & x : [a, b]\text{에서 무리수} \end{cases}$$

로 정의하면, f는 단순함수가 된다. 그러나 f는 닫힌구간 $[a, b]$에서 R-적분가능하지 않다.

■

간단한 가측함수의 하나인 단순함수도 R-적분가능하지 않을 수 있음을 보았다. 따라서 리만 적분보다 더욱 일반적인 적분, 즉 르베그 적분(간단히 L-적분)을 도입할

필요성이 대두된다. 앞으로 이 책을 서술함에 있어서 특별히 언급이 없을 경우, 가측함수의 르베그 적분을 간단히 적분이라고 표기하여 르베그 적분과 혼용할 것이다.

참고

리만 적분에서는 분할을 정의역의 가까움을 기준으로 하여 정한 반면 르베그 적분에서는 치역의 가까움을 기준으로 하고 있는데, 르베그 접근 방법은 넓은 범위의 함수에 적분개념을 도입할 수 있다. 한편 르베그 적분이라 하더라도 측도를 르베그 측도 m으로 제한하지 않을 수 있음에 유의하여야 한다. 이 책에서는 르베그 측도에 관한 적분만을 르베그 적분이라 하기로 한다.

2. 유한측도집합 위에서 유계인 가측함수의 르베그 적분

① 단순함수의 르베그 적분

$A_1, A_2, \cdots, A_n$을 가측집합이라 하고 χ_{A_i}를 집합 A_i의 특성함수라고 할 때, 이들의 1차결합으로 이루어진 함수

$$\varphi(x) = \sum_{i=1}^{n} a_i \chi_{A_i}(x)$$

는 단순함수가 된다. 그러나 1차결합 표시는 일반적으로 유일하지 않다.

정의 1 표준표현(canonical representation)

$\varphi : X \to R$이 단순함수일 때, $a_1, a_2, \cdots, a_n$을 0이 아닌 서로 다른 φ의 치역의 원소라 하고, 각 a_i에 대하여

$$A_i = \{x \in X \mid \varphi(x) = a_i\}$$

라고 하자. 그러면 $A_i \cap A_j = \varnothing$ (단, $i \neq j$)이고, φ는 유한개의 특성함수의 1차결합

$$\varphi(x) = \sum_{i=1}^{n} a_i \chi_{A_i}(x)$$

로 유일하게 표시된다. 이 1차결합 표시를 φ의 **표준표현**이라고 한다.

단순함수 $\varphi : X \to R$에 대하여, 유한측도집합 밖에서는 함수값이 0인

$$\varphi(x) = \sum_{i=1}^{n} a_i \chi_{A_i}(x)$$

를 φ에 대한 표준표현이라 할 때

$$\int_X \varphi\, dm = \sum_{i=1}^{n} a_i\, m(A_i)$$

를 X에서 측도 m에 관한 φ의 **르베그 적분**이라고 한다. 혼동의 염려가 없을 때는 $\int_X \varphi\, dm$을 간단히 $\int_X \varphi$로 표기한다. 특히 $E \in \mathfrak{F}$이면, E에서 m에 관한 φ의 르베그 적분을

$$\int_E \varphi\, dm = \int_X \varphi\, \chi_E\, dm$$

으로 정의하고, $E = [a, b]$이면 $\int_E \varphi\, dm$ 대신에 $\int_a^b \varphi\, dm$으로 표현하기도 한다.

예

$m(E) < \infty$이면 $\int_X \chi_E\, dm = m(E)$이다. 왜냐하면, $\chi_E = 1 \cdot \chi_E$이므로

$$\int_X \chi_E\, dm = 1 \cdot m(E) = m(E)$$

이기 때문이다. ■

예제

$c \in R$일 때, 단순함수 φ에 대하여

$$\int_{a+c}^{b+c} \varphi\, dm = \int_a^b \varphi(x+c)\, dm$$

이 성립한다.

증명 $\varphi(x) = \sum_{i=1}^{n} a_i\, \chi_{A_i}(x)$라 하면

$$\int_{a+c}^{b+c} \varphi\, dm = \sum_{i=1}^{n} a_i\, m(A_i \cap [a+c,\ b+c])$$

$$= \sum_{i=1}^{n} a_i\, m((A_i - c) \cap [a, b]) = \int_a^b \varphi(x+c)\, dm$$

■

보조정리

단순함수 $\varphi : X \to R$에 대하여

$$\varphi(x) = \sum_{i=1}^{n} a_i \chi_{A_i}(x),\ \ A_i \cap A_j = \varnothing \ (\text{단},\ i \neq j)$$

일 때, $m(A_i) < \infty$ (단, $i = 1, 2, \cdots, n$)이면

$$\int_X \varphi\, dm = \sum_{i=1}^{n} a_i\, m(A_i)$$

가 성립한다.

증명 $E_a = \{x \mid \varphi(x) = a\}$라 하면, $E_a = \bigcup_{a_i = a} A_i$이므로

$$a\, m(E_a) = \sum_{a_i = a} a_i\, m(A_i)$$

이다. 따라서 $\int_X \varphi\, dm = \sum a\, m(E_a) = \sum_{i=1}^{n} a_i\, m(A_i)$이다.

■

예

$A_1 = [-2, -1),\ A_2 = [-1, 0),\ A_3 = [0, 1),\ A_4 = [1, 2),\ A_5 = [2, 3),\ A_6 = [3, 4]$이고, $a_1 = 0,\ a_2 = 1,\ a_3 = 0,\ a_4 = 2,\ a_5 = 3,\ a_6 = 0$일 때, $\varphi : [-2, 4] \to R$을 $\varphi(x) = \sum_{i=1}^{6} a_i \chi_{A_i}(x)$로 정의하면

$$\int_X \varphi\, dm = \sum_{i=1}^{6} a_i\, m(A_i) = 6$$

을 얻는다.

■

정리 2

유한측도집합 밖에서는 함수값이 0인 두 단순함수 $\varphi, \psi \in M(X, \mathscr{F})$와 $a, b \in R$에 대하여, 다음이 성립한다.

$$\int_X (a\varphi + b\psi)\, dm = a\int_X \varphi\, dm + b\int_X \psi\, dm$$

증명 $\{E_i\}$와 $\{F_j\}$를 각각 함수 φ와 ψ의 표준표현으로부터 나타난 집합이라 하고, E_0와 F_0를 각각 φ의 함수값과 ψ의 함수값이 0인 집합이라 하자. 그러면 교집합 $E_i \cap F_j$로 구성된 집합 A_k는 유한개의 서로소인 가측집합이며

$$\varphi = \sum_{k=1}^{N} a_k \chi_{A_k}, \ \psi = \sum_{k=1}^{N} b_k \chi_{A_k}$$

로 쓸 수 있고, 따라서

$$a\varphi + b\psi = \sum_{k=1}^{N} (a a_k + b b_k) \chi_{A_k}$$

이므로 보조정리에 의하여

$$\begin{aligned}\int_X (a\varphi + b\psi)\, dm &= \sum_{k=1}^{N} (a a_k + b b_k) m(A_k) \\ &= \sum_{k=1}^{N} a a_k m(A_k) + \sum_{k=1}^{N} b b_k m(A_k) \\ &= a \sum_{k=1}^{N} a_k m(A_k) + b \sum_{k=1}^{N} b_k m(A_k) \\ &= a \int_X \varphi\, dm + b \int_X \psi\, dm\end{aligned}$$

■

정리 3

유한측도집합 밖에서는 함수값이 0인 단순함수 $\varphi \in M(X, \mathcal{F})$에 대하여, 다음이 성립한다.

(1) $\varphi \geq 0$ a.e.이면, $\int_X \varphi\, dm \geq 0$

(2) $\varphi \geq 0$ a.e.이고 $\int_X \varphi\, dm = 0$이면, $\varphi = 0$ a.e.

증명 (1) 단순함수 φ에 대한 표준표현을 $\varphi(x) = \sum_{i=1}^{n} a_i \chi_{A_i}(x)$로 놓고, $\varphi \geq 0$ a.e. 라 하자. 이때 $a_i < 0$이면 $m(A_i) = 0$이 된다. 따라서 모든 i에 대하여 $a_i m(A_i) \geq 0$이므로

$$\int_X \varphi\, dm = \sum_{i=1}^{n} a_i m(A_i) \geq 0$$

이 성립한다.

(2) (1)에서 $\int_X \varphi\, dm = 0$ 이면, 모든 i 에 대하여 $a_i\, m(A_i) = 0$ 이다. 따라서 $\varphi = 0$ a.e. 이다.

■

예

유한측도집합 밖에서는 함수값이 0인 두 단순함수 $\varphi, \psi \in M(X, \mathcal{F})$에 대하여, $\varphi \geq \psi$ a.e. 이면

$$\int_X \varphi\, dm = \int_X \psi\, dm + \int_X (\varphi - \psi)\, dm \geq \int_X \psi\, dm$$

이므로, $\int_X \varphi\, dm \geq \int_X \psi\, dm$ 이 성립한다.

■

참고

정리 3(2)에서 조건 $\varphi \geq 0$ a.e.는 필수적이다.

② 유계인 가측함수의 르베그 적분

정리 4

$m(E) < \infty$ 인 가측집합 E에 대하여, 유계함수 $f : E \to R$이 가측일 필요충분조건은

$$\inf_{f \leq \psi} \int_E \psi\, dm = \sup_{f \geq \varphi} \int_E \varphi\, dm$$

이다. 여기서 ψ와 φ는 각각 $f \leq \psi$와 $f \geq \varphi$를 만족하는 임의의 단순함수이다.

증명 먼저 $\inf_{f \leq \psi} \int_E \psi\, dm = \sup_{f \geq \varphi} \int_E \varphi\, dm$ 을 만족한다고 하자. 그러면 임의의 $n \in N$ 에 대하여

$$\varphi_n(x) \leq f(x) \leq \varphi_n(x), \quad \int_E \psi_n\, dm - \int_E \varphi_n\, dm < \frac{1}{n}$$

인 단순함수 φ_n과 ψ_n을 택할 수 있다. 함수열 (φ_n)과 (ψ_n)에 대하여 두 함수 φ^*와 ψ^*를

$$\varphi^* = \sup\{\varphi_n \mid n \in N\}, \quad \psi^* = \inf\{\psi_n \mid n \in N\}$$

으로 정의하면, 두 함수는 모두 가측이고

$$\varphi^*(x) \le f(x) \le \psi^*(x)$$

가 된다. 이제 $D = \{x \in E \mid \varphi^*(x) < \psi^*(x)\}$로 놓고 $m(D) = 0$임을 보이자. 임의의 $k \in N$에 대하여

$$D_k = \left\{x \in E \mid \varphi^*(x) < \psi^*(x) - \frac{1}{k}\right\}$$

로 놓으면, $D = \bigcup_{k=1}^{\infty} D_k$가 된다. 임의의 $n \in N$에 대하여 $\varphi_n \le \varphi^*$, $\psi^* \le \psi_n$이므로

$$D_k \subset \left\{x \in E \mid \varphi_n(x) < \psi_n(x) - \frac{1}{k}\right\}$$

이 성립한다. $A = \left\{x \in E \mid \varphi_n(x) < \psi_n(x) - \frac{1}{k}\right\}$로 놓고 적분하면

$$\int_A \varphi_n \, dm \le \int_A \left(\psi_n - \frac{1}{k}\right) dm = \int_A \psi_n \, dm - \frac{1}{k} m(A)$$

가 된다. 이 부등식을 정리하면

$$\frac{1}{k} m(A) \le \int_A \varphi_n \, dm - \int_A \psi_n \, dm \le \frac{1}{n}$$

이다. $D_k \subset A$이므로 $m(D_k) \le m(A) < \dfrac{k}{n}$이고, 이 부등식은 임의의 $n \in N$에 대하여 성립하므로 $m(D_k) = 0$ (단, $k \in N$)이다. m의 가산가법성에 의하여

$$m(D) \le \sum_{k=1}^{\infty} m(D_k) = 0, \text{ 즉 } m(D) = 0$$

이 된다. 따라서 $f(x) = \varphi^*(x) = \psi^*(x)$ a.e.이므로, 함수 f는 가측이 된다.

역으로 유계함수 $f: E \to R$이 가측함수라고 가정하자. 그러면

$$E_k = \left\{x \in E \mid \frac{kM}{n} \ge f(x) > \frac{(k-1)M}{n}\right\} (\text{단, } -n \le k \le n)$$

은 서로소인 가측집합이고, $E = \bigcup_{k=-n}^{n} E_k$가 된다. 따라서

$$\sum_{k=-n}^{n} m(E_k) = m(E)$$

이다. 또한

$$\psi_n(x) = \frac{M}{n} \sum_{k=-n}^{n} k \, \chi_{E_k}(x), \quad \varphi_n(x) = \frac{M}{n} \sum_{k=-n}^{n} (k-1) \, \chi_{E_k}(x)$$

로 정의된 단순함수는 $\varphi_n \le f \le \psi_n$을 만족한다. 따라서

$$\inf_{f \le \psi} \int_E \psi\, dm \le \int_E \psi_n\, dm = \frac{M}{n} \sum_{k=-n}^{n} k\, m(E_k)$$

$$\sup_{f \ge \varphi} \int_E \varphi\, dm \ge \int_E \varphi_n\, dm = \frac{M}{n} \sum_{k=-n}^{n} (k-1)\, m(E_k)$$

이므로

$$0 \le \inf_{f \le \psi} \int_E \psi\, dm - \sup_{f \ge \varphi} \int_E \varphi\, dm \le \frac{M}{n} \sum_{k=-n}^{n} m(E_k) = \frac{M}{n} m(E)$$

가 성립한다. 임의의 $n \in N$에 대하여

$$\inf_{f \le \psi} \int_E \psi\, dm - \sup_{f \ge \varphi} \int_E \varphi\, dm = 0$$

이므로, $\inf_{f \le \psi} \int_E \psi\, dm = \sup_{f \ge \varphi} \int_E \varphi\, dm$이 성립한다.

■

예

P가 $E=[0, 1)$의 비가측인 부분집합일 때, 함수 $f: E \to R$을

$$f(x) = \begin{cases} 1, & x \in P \\ -1, & x \in E-P \end{cases}$$

로 정의하면 f는 비가측함수이다. 이때

$$\inf_{f \le \psi} \int_E \psi\, dm \ne \sup_{f \ge \varphi} \int_E \varphi\, dm$$

이 성립한다.

■

정의 5 유계인 가측함수의 르베그 적분

유한측도집합 X 위에서 정의된 유계함수 $f \in M(X, \mathscr{F})$에 대하여, $f: X \to R^*$의 m에 관한 르베그 적분은 확장실수

$$\int_X f\, dm = \sup_{f \ge \varphi} \int_X \varphi\, dm$$

으로 정의한다. 여기서 sup는 $\varphi \ge f$인 단순함수 φ 전체의 집합에서 취한다.

유한측도집합 X 위에서 정의된 유계함수 $f \in M(X, \mathscr{F})$에 대하여 $E \in \mathscr{F}$이면, E에서 m에 관한 f의 르베그 적분을

$$\int_E f\,dm = \int_X f\chi_E\,dm$$

으로 정의한다. 이때 적분값이 ∞도 될 수 있다.

참고

르베그 적분은 리만 적분의 일반화이다.

정리 6

유계함수 $f:[a,b]\to R$이 리만 적분가능하면 f는 가측이고, f의 리만 적분과 르베그 적분은 일치한다. 즉 $E=[a,b]$일 때

$$\int_E f\,dm = R\int_a^b f(x)\,dx$$

가 성립한다.

증명 모든 계단함수는 단순함수이므로

$$R\underline{\int_a^b} f(x)\,dx \le \sup_{f\ge\varphi}\int_E \varphi\,dm \le \inf_{f\le\psi}\int_E \psi\,dm \le R\overline{\int_a^b} f(x)\,dx$$

가 된다. 그런데 f가 리만 적분가능하므로

$$\inf_{f\le\psi}\int_E \psi\,dm = \sup_{f\ge\varphi}\int_E \varphi\,dm$$

이다. 따라서 함수 f는 가측이고

$$\int_E f\,dm = R\int_a^b f(x)\,dx$$

가 성립한다. ■

예

함수 $f:[a,b]\to R$을

$$f(x)=\begin{cases}1, & x\in[a,b]\cap Q\\ 0, & x\in[a,b]\cap Q^c\end{cases}$$

로 정의하면, f는 닫힌구간 $[a,b]$에서 르베그 적분가능하고 $\int_a^b f\,dm = 0$이 된다. ■

정리 7

유한측도집합 X에서 정의된 유계함수 $f,\ g \in M(X,\ \mathscr{I}\ )$와 $c \in R$에 대하여 다음이 성립한다.

(1) $\int_X cf\, dm = c\int_X f\, dm$

(2) $\int_X (f+g)\, dm = \int_X f\, dm + \int_X g\, dm$

(3) $f=g$ a.e.이면, $\int_X f\, dm = \int_X g\, dm$

(4) $f \le g$ a.e.이면, $\int_X f\, dm \le \int_X g\, dm$. 또한

$$\left|\int_X f\, dm\right| \le \int_X |f|\, dm$$

증명 여기서는 (1)과 (2)만을 증명하고, 나머지는 독자에게 남긴다.

(1) $c=0$이면, 분명하다. 따라서 $c \ne 0$이라 가정하자. φ가 단순함수이면 $c\varphi$도 단순함수이므로, $c>0$이면

$$\int_X cf\, dm = \sup_{\varphi \le f}\int_X c\varphi\, dm = c\sup_{\varphi \le f}\int_X \varphi\, dm = c\int_X f\, dm$$

이고, $c<0$이면

$$\int_X cf\, dm = \sup_{\varphi \ge f}\int_X c\varphi\, dm = c\inf_{\varphi \ge f}\int_X \varphi\, dm$$
$$= c\sup_{\varphi \le f}\int_X \varphi\, dm = c\int_X f\, dm$$

(2) φ_1과 φ_2를 $\varphi_1 \le f$이고 $\varphi_2 \le g$인 단순함수라 하면, $\varphi_1+\varphi_2$는 $\varphi_1+\varphi_2 \le f+g$를 만족하는 단순함수이고

$$\int_X (f+g)\, dm \ge \int_X (\varphi_1+\varphi_2)\, dm = \int_X \varphi_1\, dm + \int_X \varphi_2\, dm$$

이므로

$$\int_X (f+g)\, dm \ge \sup_{\varphi_1 \le f}\int_X \varphi_1\, dm + \sup_{\varphi_2 \le g}\int_X \varphi_2\, dm$$
$$= \int_X f\, dm + \int_X g\, dm$$

이다. 한편 φ_1과 φ_2를 $\varphi_1 \ge f$이고 $\varphi_2 \ge g$인 단순함수라 하면, $\varphi_1+\varphi_2$는 $\varphi_1+\varphi_2 \ge f+g$를 만족하는 단순함수이므로

$$\int_X (f+g)\, dm \le \inf_{\varphi_1 \ge f}\int_X \varphi_1\, dm + \inf_{\varphi_2 \ge g}\int_X \varphi_2\, dm$$
$$= \int_X f\, dm + \int_X g\, dm$$

이다. 따라서

$$\int_X (f+g)\, dm = \int_X f\, dm + \int_X g\, dm$$

이 성립한다.

■

유한측도집합 X 위에서 정의된 유계함수 $f \in M(X, \mathscr{F})$에 대하여 $X_1, X_2 \in \mathscr{F}$가 서로소일 때

$$\int_{X_1 \cup X_2} f\, dm = \int_{X_1} f\, dm + \int_{X_2} f\, dm$$

이 성립한다.

3. 음이 아닌 가측함수의 르베그 적분

음이 아닌 단순함수의 르베그 적분을 이용하여, 음이 아닌 가측함수의 르베그 적분을 정의한다. 이때 단순함수의 르베그 적분이 확장실수이므로, 음이 아닌 가측함수의 르베그 적분도 ∞일 수 있다.

정의 8 음이 아닌 가측함수의 르베그 적분

$f \in M^+(X, \mathscr{F})$일 때, $f : X \to R^*$의 m에 관한 르베그 적분은 확장실수

$$\int_X f\, dm = \sup_{0 \le \varphi \le f} \int_X \varphi\, dm$$

으로 정의한다. 여기서 sup는 $0 \le \varphi \le f$를 만족하는 단순함수 φ 전체의 집합에서 취한다. 또한 $E \in \mathscr{F}$이면, E에서 m에 관한 f의 르베그 적분을

$$\int_E f\, dm = \int_X f \chi_E\, dm$$

으로 정의한다. 적분값이 ∞도 될 수 있음에 유의한다.

예

$E \in \mathscr{F}$이고 $m(E) = 0$이면 $M^+(X, \mathscr{F})$의 모든 함수 f에 대하여

$$\int_E f\,dm = 0$$

이 된다.

■

참고

$f \in M^+(X, \mathscr{F})$이면, 음이 아닌 단조증가인 단순함수열 (φ_n)이 존재하여 $\left(\int_X \varphi_n\,dm\right)$은 단조증가수열이 된다. 따라서 f의 르베그 적분을

$$\int_X f\,dm = \lim_{n\to\infty}\int_X \varphi_n\,dm$$

으로 정의할 수 있다. 이때 f의 르베그 적분은 f에 수렴하는 단순함수열을 잡는 방법에는 관계없이 일의적으로 존재한다.

정리 9

$f, g \in M^+(X, \mathscr{F})$이고 $E, F \in \mathscr{F}$일 때, 다음이 성립한다.

(1) $f \le g$이면, $\int_E f\,dm \le \int_E g\,dm$

(2) $E \subset F$이면, $\int_E f\,dm \le \int_F f\,dm$

증명 (1) φ가 $0 \le \varphi \le f$를 만족하는 단순함수이면 $0 \le \varphi \le g$이므로, $M^+(X, \mathscr{F})$에 있는 함수의 적분의 정의에 의하여

$$\int_X f\,dm \le \int_X g\,dm$$

이 된다. 그런데 $E \in \mathscr{F}$이면, $f \cdot \chi_E \le g \cdot \chi_E$이므로

$$\int_E f\,dm = \int_X f\,\chi_E\,dm \le \int_X g\,\chi_E\,dm = \int_E g\,dm$$

이 성립한다.

(2) $E \subset F$이므로 $\chi_E \le \chi_F$이고, 또한 $f \ge 0$이므로 $f\chi_E \le f\chi_F$이다. 따라서 (1)에 의하여

$$\int_E f\,dm = \int_X f\,\chi_E\,dm \le \int_X f\,\chi_F\,dm = \int_F f\,dm$$

이 성립한다.

■

정리 10

$f \in M^{+}(X, \mathcal{F})$이고 $E \in \mathcal{F}$일 때, 서로소인 $\mathcal{F}$에서의 집합열 (E_n)이 $\bigcup_{n=1}^{\infty} E_n = E$를 만족하면

$$\int_E f\, dm = \sum_{n=1}^{\infty} \int_{E_n} f\, dm$$

이 성립한다.

증명 $0 \le \varphi \le f$인 모든 단순함수 φ에 대하여

$$\int_E \varphi\, dm = \sum_{n=1}^{\infty} \int_{E_n} \varphi\, dm \le \sum_{n=1}^{\infty} \int_{E_n} f\, dm$$

이므로, 정의에 의하여

$$\int_E f\, dm < \sum_{n=1}^{\infty} \int_{E_n} f\, dm$$

이 성립한다.

어떤 $n \in N$에 대하여 $\int_{E_n} f\, dm = \infty$이면 $\int_{E_n} f\, dm \le \int_E f\, dm$이므로, $\int_E f\, dm = \sum_{n=1}^{\infty} \int_{E_n} f\, dm$이 된다.

이제 모든 $n \in N$에 대하여 $\int_{E_n} f\, dm < \infty$라 가정하자. 그러면 임의의 $\epsilon > 0$에 대하여

$$\int_{E_1} \varphi\, dm \ge \int_{E_1} f\, dm - \epsilon, \quad \int_{E_2} \varphi \ge \int_{E_2} f\, dm - \epsilon$$

을 만족하는 단순함수 φ(단, $0 \le \varphi \le f$)가 존재한다. 따라서

$$\begin{aligned}\int_{E_1 \cup E_2} f\, dm &\ge \int_{E_1 \cup E_2} \varphi\, dm = \int_{E_1} \varphi\, dm + \int_{E_2} \varphi\, dm \\ &= \int_{E_1} f\, dm + \int_{E_2} f\, dm - 2\epsilon\end{aligned}$$

이다. 그런데 $\epsilon > 0$이 임의의 실수이므로

$$\int_{E_1} f\, dm + \int_{E_2} f\, dm \le \int_{E_1 \cup E_2} f\, dm$$

이 된다. 그러므로 모든 $n \in N$에 대하여

$$\sum_{k=1}^{n} \int_{E_k} f\, dm \le \int_{\bigcup_{k=1}^{n} E_k} f\, dm$$

이고, 한편 $\bigcup_{k=1}^{n} E_k \subset E$이므로, $\sum_{k=1}^{n} \int_{E_k} f\, dm \le \int_E f\, dm$이다. 따라서 $\sum_{n=1}^{\infty} \int_{E_n} f\, dm \le \int_E f\, dm$이므로

$$\int_E f\, dm = \sum_{n=1}^{\infty} \int_{E_n} f\, dm$$

이 성립한다.

■

따름정리

$f \in M^+(X, \mathscr{X})$이고 $E \in \mathscr{X}$ 일 때, 다음이 성립한다.

(1) $E_1 \subset E$이고 $m(E_1) = 0$이면, $\int_E f\, dm = \int_{E-E_1} f\, dm$

(2) $\int_E f\, dm = 0$이면, $f = 0$ a.e.

증명 (1) $\int_E f\, dm = \int_{E_1 \cup (E-E_1)} f\, dm = \int_{E_1} f\, dm + \int_{E-E_1} f\, dm = \int_{E-E_1} f\, dm$

(2) $A = \{x \in E \mid f(x) > 0\}$라 놓고, $m(A) = 0$임을 보이기 위해 $m(A) > 0$라 가정하자. 먼저 모든 $n \in N$에 대하여

$$A_n = \left\{x \in A \mid f(x) > \frac{1}{n}\right\}$$

라 하면, f가 가측이므로 A_n은 가측집합이고, 따라서 $A = \bigcup_{n=1}^{\infty} A_n$도 가측집합이다. 그런데 각 $n \in N$에 대하여

$$\frac{1}{n} \cdot m(A_n) \le \int_{A_n} f\, dm \le \int_E f\, dm = 0$$

이므로, 모든 $n \in N$에 대하여 $m(A_n) = 0$이다. 그러므로 $m(A) = 0$이다. 이것은 가정에 모순이다. 따라서 $f = 0$ a.e.이 된다.

■

참고

E를 $m(E) < \infty$인 가측집합이라고 하자. 음이 아닌 유계함수 $f: E \rightarrow R$이 가측함수일 필요충분조건은

$$\inf_{f \leq \psi} \int_E \psi \, dm = \sup_{f \geq \varphi} \int_E \varphi \, dm$$

이다. 여기서 ψ와 φ는 각각 $f \leq \psi$와 $f \geq \varphi$를 만족하는 임의의 단순함수를 나타낸다.

정리 11

음이 아닌 유계함수 $f: [a, b] \rightarrow R$이 리만 적분가능하면 f는 가측이고, f의 리만 적분과 르베그 적분은 일치한다. 즉

$$\int_E f \, dm = R\int_a^b f(x) \, dx$$

가 성립한다.

르베그가 주장한 다음 **단조수렴정리**는 르베그 적분의 중요성과 유용성을 함께 보여준다.

정리 12 단조수렴정리(monotone convergence theorem)

$M^+(X, \mathscr{F})$의 함수로 이루어진 단조증가함수열 (f_n)이 함수 $f: X \rightarrow R^*$에 수렴하면, $f \in M^+(X, \mathscr{F})$이고

$$\int_X f \, dm = \lim_{n \rightarrow \infty} \int_X f_n \, dm$$

이 된다.

증명 $\lim_{n \rightarrow \infty} f_n(x) = f(x)$이므로 f는 가측이고, $f_n \geq 0$이므로 $f \geq 0$이다. 또한 $f_n \leq f_{n+1} \leq f$이므로, 모든 $n \in N$에 대하여

$$\int_X f_n \, dm \leq \int_X f_{n+1} \, dm \leq \int_X f \, dm$$

이 된다. 따라서

$$\lim_{n \rightarrow \infty} \int_X f_n \, dm \leq \int_X f \, dm \tag{1}$$

이다. 이제 α를 $0 < \alpha < 1$을 만족하는 임의의 실수라 하고 φ를 $0 \le \varphi \le f$인 단순함수라 하자. 지금 임의의 $n \in N$에 대하여

$$A_n = \{x \in X \mid \alpha\varphi(x) \le f_n(x)\}$$

라고 하면, $A_n \in \mathcal{F}$, $A_n \subset A_{n+1}$이고 $X = \bigcup_{n=1}^{\infty} A_n$이다. 따라서

$$\int_{A_n} \alpha\varphi\, dm \le \int_{A_n} f_n\, dm \le \int_X f_n\, dm \tag{2}$$

이 된다. 그런데 집합열 (A_n)이 단조증가이고 $X = \bigcup_{n=1}^{\infty} A_n$이므로

$$\int_X \varphi\, dm = \lambda(X) = \lim_{n\to\infty} \lambda(A_n) = \lim_{n\to\infty} \int_{A_n} \varphi\, dm$$

이다. (2)의 양변에 극한을 취하면

$$\alpha \int_X \varphi\, dm \le \lim_{n\to\infty} \int_X f_n\, dm$$

이 성립한다. 그런데 α가 $0 < \alpha < 1$인 임의의 실수이므로

$$\int_X \varphi\, dm \le \lim_{n\to\infty} \int_X f_n\, dm$$

이다. 한편 φ가 $0 \le \varphi < f$인 임의의 단순함수이므로

$$\int_X f\, dm = \int_X \varphi\, dm \le \lim_{n\to\infty} \int_X f_n\, dm \tag{3}$$

이다. 여기서 sup는 $0 \le \varphi \le f$인 단순함수 φ 전체의 집합에서 취한다. (1)과 (3)에 의하여

$$\int_X f\, dm = \lim_{n\to\infty} \int_X f_n\, dm$$

이 성립한다.

■

예

함수 $f_n : [0, 1] \to R$을

$$f_n(x) = \begin{cases} \dfrac{1}{\sqrt{x}}, & \dfrac{1}{n} \le x \le 1 \\ 0, & 0 \le x < \dfrac{1}{n} \end{cases}$$

로 정의하고, 함수 $f:[0,1]\to R$을

$$f(x)=\begin{cases}\dfrac{1}{\sqrt{x}}, & 0<x\le 1\\ 0, & x=0\end{cases}$$

로 정의하면, 함수열 (f_n)은 단조증가이고 $\lim_{n\to\infty} f_n(x)=f(x)$이다. 따라서 단조수렴정리에 의해 $\int_0^1 f\,dm$을 구하면

$$\int_0^1 f\,dm=\int_0^1 \lim_{n\to\infty} f_n\,dm=\lim_{n\to\infty}\int_0^1 f_n\,dm$$
$$=\lim_{n\to\infty}\left[2\sqrt{x}\,\right]_{\frac{1}{n}}^{1}=\lim_{n\to\infty}\left(2-2\sqrt{\frac{1}{n}}\right)=2$$

가 된다.

■

측도가 0인 집합 위에서 가측함수의 적분은 0이므로, 정리 12에서

$$\lim_{n\to\infty} f_n(x)=f(x)\text{를 }\lim_{n\to\infty} f_n(x)=f(x)\text{ a.e.}$$

로 바꾸어도 결론이 성립한다.

참고

(**Beppo Levi 정리**) $f_n\in M^+(X,\mathscr{F})$인 함수열 (f_n)에 대하여, $E\in\mathscr{F}$일 때

$$\int_E\left(\sum_{n=1}^{\infty} f_n\right)dm=\sum_{n=1}^{\infty}\int_E f_n\,dm$$

이 성립한다(참고문헌 4 참조).

단조수렴정리는 가측함수열 (f_n)을 단조감소하는 함수열로 바꾸면 성립하지 않음에 유의한다.

예

각 $n\in N$에 대하여 함수 $f_n: R\to R^*$를

$$f_n(x)=\begin{cases}1, & x \geq n \\ 0, & x < n\end{cases}$$

으로 정의하면, $f_n \in M^+(R, \mathcal{F})$이고 모든 $x \in R$에 대하여

$$\lim_{n\to\infty} f_n(x) = 0 = f(x)$$

이다. 그러나 $f_{n+1} \leq f_n$이지만 $\int_X f_n\,dm = \infty$ (단, $n \in N$)이므로

$$\lim_{n\to\infty}\int_X f_n\,dm = \infty \neq 0 = \int_X f\,dm$$

이 된다.

■

정리 13

$f, g \in M^+(X, \mathcal{F})$이고 $c \geq 0$일 때, 다음이 성립한다.

(1) $\int_X cf\,dm = c\int_X f\,dm$

(2) $\int_X (f+g)\,dm = \int_X f\,dm + \int_E g\,dm$

증명 (1) $c=0$이면, 분명히 성립한다. 이제 $c>0$라 하고 (φ_n)을

$$\lim_{n\to\infty}\varphi_n(x) = f(x)\ (\text{단, } \varphi_n \geq 0)$$

인 단순함수의 단조증가함수열이라고 하자. 그러면 $(c\varphi_n)$이

$$\lim_{n\to\infty} c\varphi_n(x) = cf(x)\ (\text{단, } c\varphi_n \geq 0)$$

를 만족하는 단조증가함수열이므로, 단조수렴정리에 의하여

$$\int_X cf\,dm = \lim_{n\to\infty}\int_X c\varphi_n\,dm = c\lim_{n\to\infty}\int_X \varphi_n\,dm = c\int_X f\,dm$$

(2) $f, g \in M^+(X, \mathcal{F})$이므로

$$\lim_{n\to\infty}\varphi_n(x) = f(x)\ (\text{단, } \varphi_n \geq 0),\ \lim\psi_n(x) = f(x)\ (\text{단, } \psi_n \geq 0)$$

인 단순함수의 단조증가함수열 (φ_n)과 (ψ_n)을 택할 수 있다. 따라서 함수열 $(\varphi_n+\psi_n)$은

$$\lim_{n\to\infty}[\varphi_n(x)+\psi_n(x)] = f(x)+g(x)\ (\text{단, } \varphi_n+\psi_n \geq 0)$$

을 만족하는 단조증가이므로

$$\int_X (f+g)\,dm = \lim_{n\to\infty} \int_X (\varphi_n + \psi_n)\,dm$$
$$= \lim_{n\to\infty} \int_X \varphi_n\,dm + \lim \int_X \psi_n\,dm$$
$$= \int_X f\,dm + \int_X g\,dm$$

이 된다.

■

예

$f,\ g \in M^+(X,\ \mathscr{F})$에 대하여 $f \geq g$이면

$$\int_X f\,dm \geq \int_X g\,dm$$

이 된다.

■

다음 **파토우 보조정리**는 단조수렴정리로부터 증명된다.

정리 14 파토우 보조정리(Fatou's lemma)

$f_n \in M^+(X,\ \mathscr{F})$인 함수열 (f_n)에 대하여

$$\int_X \underline{\lim}\, f_n\,dm \leq \underline{\lim} \int_X f_n\,dm$$

이 성립한다.

증명 임의의 $m \in N$에 대하여

$$g_m = \inf\{f_m,\ f_{m+1},\ \cdots\}$$

라고 하면, $m \leq n$일 때 $g_m \leq f_n$이므로

$$\int_X g_m\,dm \leq \int_X f_n\,dm \ (\text{단},\ m \leq n)$$

이 된다. 그러므로 임의의 $m \in N$에 대하여

$$\int_X g_m\,dm \leq \underline{\lim} \int_X f_n\,dm$$

이다. 그런데 $g_m \leq g_{m+1}$이고

$$\lim_{m \to \infty} g_m(x) = \underline{\lim} f_n(x) \text{ (단, } x \in X)$$

이므로, 단조수렴정리에 의하여

$$\int_X \underline{\lim} f_n \, dm = \lim_{m \to \infty} \int_X g_m \, dm \le \underline{\lim} \int_X f_n \, dm$$

이 된다.

■

예

각 $n \in N$에 대하여 함수 $f_n : [0, 1] \to R^*$를

$$f_n(x) = \begin{cases} n, & 0 < x < \dfrac{1}{n} \\ 0, & \text{그렇지 않을 경우} \end{cases}$$

로 정의하고, 모든 $x \in [0, 1]$에 대하여 $f(x) = 0$으로 두면, 함수열 (f_n)은 $[0, 1]$ 위에서 f로 점별수렴하며

$$\int_0^1 f \, dm = 0 < 1 = \lim_{n \to \infty} \int_0^1 f_n \, dm$$

을 만족한다.

■

참고

파토우 보조정리에서 조건 $f_n \ge 0$은 필수적이다.

예

$f_n : R \to R$을 $f_n(x) = -\dfrac{1}{n} \chi_{[0, n]}(x)$로 정의하면, 함수열 (f_n)은 함수 $f = 0$에 균등수렴하지만, 파토우 보조정리가 적용되지 않음에 유의한다. 왜냐하면

$$\int f_n \, d\mu = -1, \quad \int f \, d\mu = 0$$

이므로

$$\underline{\lim} \int f_n \, d\mu < \int f \, d\mu$$

이기 때문이다.

■

정리 15 단조수렴정리의 일반화

$f_n \in M^+(X, \mathscr{F})$인 함수열 (f_n)에 대하여, $0 \le f_n \le f$이고 X에서 $\lim_{n \to \infty} f_n(x) = f(x)$ a.e.이면

$$\int_X f\, dm = \lim_{n \to \infty} \int_X f_n\, dm$$

이 된다.

증명 모든 $n \in N$에 대하여 $0 \le f_n \le f$이므로

$$\int_X f_n\, dm \le \int_X f\, dm$$

이다. 따라서 $\overline{\lim} \int_X f_n\, dm \le \int_X f\, dm$이 된다. 한편

$$m(E) = 0, \quad \lim_{n \to \infty} f_n(x) = f(x) \quad \forall x \in D = X - E$$

를 만족하는 집합을 $E \in \mathscr{F}$라 하면 파토우 보조정리에 의하여

$$\int_D f\, dm \le \underline{\lim} \int_D f_n\, dm$$

이다. 그런데 $m(E) = 0$으로부터 $\int_E f\, dm = 0$이므로

$$\int_X f\, dm = \int_D f\, dm + \int_E f\, dm = \int_D f\, dm$$

$$\int_X f_n\, dm = \int_D f_n\, dm + \int_E f_n\, dm = \int_D f_n\, dm$$

이 된다. 따라서 $\int_X f\, dm \le \underline{\lim} \int_X f_n\, dm$이다. 그러므로

$$\overline{\lim} \int_X f_n\, dm \le \int_X f\, dm \le \underline{\lim} \int_X f_n\, dm$$

으로 되어 $\int_X f\, dm = \lim_{n \to \infty} \int_X f_n\, dm$이 성립한다. ■

예

$g_n \in M^+(X, \mathscr{F})$인 함수열 (g_n)에 대하여

$$\int_X \left(\sum_{i=1}^{\infty} g_i \right) dm = \sum_{i=1}^{\infty} \int_X g_i \, dm$$

이 성립한다.

■

정의 16 적분가능성

가측집합 E와 $M^+(X, \mathcal{F})$의 함수 $f : X \to R^*$에 대하여

$$\int_E f \, dm < \infty$$

일 때, f는 E에서 m**에 관하여 적분가능** 또는 E에서 **르베그 적분가능**(Lebesgue integrable), 간단히 적분가능하다고 한다.

예

$f, g \in M^+(X, \mathcal{F})$인 함수 $f, g : X \to R^*$에 대하여, f가 $E \in \mathcal{F}$에서 적분가능하고 $g(x) < f(x)$이면 g도 E에서 적분가능하고

$$\int_E (f-g) \, dm = \int_E f \, dm - \int_E g \, dm$$

이 성립한다.

■

예제

$M^+(X, \mathcal{F})$의 함수 $f : X \to R^*$가 가측집합 E에서 적분가능하면

$$m(\{x \in X \mid f(x) = \infty\}) = 0$$

증명 $M^+(X, \mathcal{F})$의 함수 $f : X \to R^*$가 가측집합 E에서 적분가능하다고 하자. 이때 $A = \{x \in X \mid f(x) = \infty\}$라 하고, $m(A) > 0$라 하면

$$\int_E f \, dm = \int_A f \, dm + \int_{E-A} f \, dm \geq \int_A f \, dm = \infty \cdot m(A) = \infty$$

이므로, f는 적분가능하지 않다. 따라서 모순이 된다.

■

참고

닫힌구간 $[a, b]$에서 적분가능한 함수열 (f_n)이 $[a, b]$에서 극한함수 f로 점별수렴하면, f의 적분가능성은 보장되지 않는다.

정리 17

$f \in M^+(X, \mathcal{F})$인 함수 $f : X \to R^*$가 가측집합 E에서 적분가능하면, $\epsilon > 0$이 임의의 실수일 때 $m(A) < \delta$를 만족하는 가측집합 $A \subset E$에 대하여

$$\int_A f\, dm < \epsilon$$

이 성립하는 $\delta > 0$가 존재한다.

증명 임의의 $n \in N$에 대하여 함수 $f_n : X \to R^*$를

$$f_n(x) = \begin{cases} f(x), & f(x) \leq n \\ n, & f(x) > n \end{cases}$$

으로 놓으면 $f_n \leq f_{n+1}$이고 $\lim_{n\to\infty} f_n(x) = f(x)$이다. 그러므로 단조수렴정리에 의하여 $\lim_{n\to\infty}\int_E f_n\, dm = \int_E f\, dm$이 된다. 따라서 $K \in N$가 존재해서

$$\int_E (f - f_K)\, dm = \left|\int_E f\, dm - \int_E f_K\, dm\right| < \frac{\epsilon}{2}$$

이 성립한다. 그런데 $0 \leq f_K \leq f$이므로

$$\int_E (f - f_K)\, dm = \left|\int_E f\, dm - \int_E f_K\, dm\right| < \frac{\epsilon}{2}$$

을 만족한다. 이제 $0 < \delta < \frac{\epsilon}{2K}$을 만족하는 $\delta \in R$에 대하여 가측집합 $A \subset E$가 $m(A) < \delta$를 만족하면

$$\begin{aligned}\int_A f\, dm &= \int_A (f - f_K)\, dm + \int_A f_K\, dm \\ &< \int_E (f - f_K)\, dm + Km(A) < \frac{\epsilon}{2} + \frac{\epsilon}{2} = \epsilon\end{aligned}$$

이 된다. ■

참고

적분가능한 음이 아닌 두 가측함수 f, g의 합성함수 $g \circ f$는 일반적으로 적분가능하지 않다.

4. 일반가측함수의 적분

$M(X, \mathcal{F})$는 X에서 정의된 르베그 가측함수 전체의 집합이다. 이제 가측함수의 적분에 대하여 생각한다.

함수 $f: X \to R^*$에 대하여

$$f^+(x) = \max\{f(x), 0\}, \quad f^-(x) = -\min\{f(x), 0\}$$

으로 정의된 두 음이 아닌 함수 f^+와 f^-를 각각 f의 **양의 부분**(positive part of f), f의 **음의 부분**(negative part of f)이라 하고

$$f = f^+ - f^-, \quad |f| = f^+ + f^-$$

로 표시된다. 따라서 함수 $f: X \to R^*$가 가측이면, $f^+, f^-, |f|$도 가측이 된다.

참고

f가 복소수값 함수일 때 f의 실수부와 허수부를 각각 f_1, f_2라 하면 $f = f_1 + i f_2$가 된다. 이때 복소수값 함수의 가측성이나 적분에 관한 이론은 모두 실수값 함수에 관한 이론으로 귀착된다.

정의 18 적분가능성

$f \in M(X, \mathcal{F})$인 함수 $f: X \to R^*$에 대하여 f^+와 f^-가 모두 $E \in \mathcal{F}$에서 (m에 관하여) 적분가능할 때, f는 E에서 (m에 관하여) **적분가능하다**라고 하고

$$\int_E f\, dm = \int_E f^+\, dm - \int_E f^-\, dm$$

으로 정의한다.

참고

$m(X) < \infty$이면, 모든 유계인 가측함수 $f: X \to R$은 적분가능하다.

$f \in M(X, \mathscr{F})$인 함수 $f: X \to R^*$에 대하여, f_1과 f_2가 모두 $M^+(X, \mathscr{F})$의 함수로서 $f = f_1 - f_2$이고 적분가능한 함수이면

$$\int_E f\,dm = \int_E f_1\,dm - \int_E f_2\,dm \ (\text{단, } E \in \mathscr{F})$$

으로 주어진다. 왜냐하면 $f^+ - f^- = f = f_1 - f_2$로부터 $f^+ + f_2 = f_1 + f^-$이므로, 양변을 적분하면

$$\int_E f^+\,dm + \int_E f_2\,dm = \int_E f_1\,dm + \int_E f^-\,dm$$

인데, 모든 적분이 유한이므로

$$\int_E f\,dm = \int_E f^+\,dm - \int_E f^-\,dm = \int_E f_1\,dm - \int_E f_2\,dm$$

이 성립한다.

예

$M(X, \mathscr{F})$에서 f가 가측이고 g가 적분가능할 때, $|f| \le |g|$이면 f도 적분가능하고

$$\int_E |f|\,dm \le \int_E |g|\,dm \ (\text{단, } E \in \mathscr{F})$$

이 성립한다. ■

정리 19

$f \in M(X, \mathscr{F})$인 함수 $f: X \to R^*$가 적분가능하면, $|f|$도 적분가능하고 역도 성립한다. 이때 $E \in \mathscr{F}$이면

$$\left|\int_E f\,dm\right| \le \int_E |f|\,dm$$

이 성립한다.

증명 함수 f가 적분가능하면, f^+와 f^-가 모두 적분가능하다. 따라서 $|f| = f^+ + f^-$도 적분가능하다. 즉

$$\int_X |f|\,dm = \int_X (f^+ + f^-)\,dm = \int_X f^+\,dm + \int_X f^-\,dm < \infty$$

이다. 또한

$$\left|\int_E f\,dm\right| = \left|\int_E f^+\,dm - \int_E f^-\,dm\right|$$
$$\le \int_E f^+\,dm + \int_E f^-\,dm = \int_E |f|\,dm$$

이 성립한다. 역으로 $|f|$이 적분가능한 함수이면

$$f^+ \le |f|,\ f^- \le |f|$$

이므로, f^+와 f^-는 적분가능하다. 따라서 함수 f는 적분가능하다.

■

정리 19의 역은 리만 적분의 경우에는 성립하지 않는다.

예

함수 $f : [0, 1] \to R$을

$$f(x) = \begin{cases} 1, & x \in [0, 1] \cap Q \\ -1, & x \in [0, 1] \cap Q^c \end{cases}$$

으로 정의하면, $|f|$은 리만 적분가능하지만 f는 리만 적분가능하지 않다.

■

정리 20

$f, g \in M(X, \mathscr{F})$가 적분가능할 때, 다음이 성립한다.

(1) $m(E) = 0$이면, $\int_E f\,dm = 0$

(2) $f \ge g$ a.e.이면, $\int_X f\,dm \ge \int_X g\,dm$

(3) $f = g$ a.e.이면, $\int_X f\,dm = \int_X g\,dm$

예

$f, g \in M(X, \mathscr{F})$일 때, $|f| \le g$ a.e.이고 g가 적분가능하면 f도 적분가능하다. 또한 모든 $E \in \mathscr{F}$에 대하여 $\int_E |f|\,dm = 0$이기 위한 필요충분조건은 $f = 0$ a.e.이다.

■

참고

(체비셰프 부등식) $f \in M(X, \mathscr{F})$가 적분가능할 때, $\epsilon > 0$, $p > 0$이면

$$m(\{x \mid |f(x)| \geq \epsilon\}) \leq \frac{1}{\epsilon^p} \int_X |f|^p \, dm$$

이 성립한다.

정리 21

α가 상수이고 $f, g \in M(X, \mathscr{F})$가 적분가능하면 αf와 $f+g$는 적분가능하고, 또한 $E \in \mathscr{F}$ 에 대하여, 다음이 성립한다.

(1) $\displaystyle\int_E \alpha f \, dm = \alpha \int_E f \, dm$

(2) $\displaystyle\int_E (f+g) \, dm = \int_E f \, dm + \int_E g \, dm$

증명 여기서는 (2)만 증명하고, (1)의 증명은 독자에게 남긴다(참고문헌 7 참조). f와 g가 적분가능하면, $|f|$와 $|g|$도 적분가능하다. 따라서

$$|f+g| \leq |f| + |g|$$

로부터 $|f+g|$이 적분가능하므로, $f+g$는 적분가능하다. 또한

$$f+g = (f^+ - f^-) + (g^+ - g^-) = (f^+ + g^+) - (f^- + g^-)$$

이고, $f^+ + g^+$와 $f^- + g^-$는 음이 아닌 적분가능한 함수이므로

$$\begin{aligned}
\int_E (f+g) \, dm &= \int_E (f^+ + g^+) \, dm - \int_E (f^- + g^-) \, dm \\
&= \int_E f^+ \, dm + \int_E g^+ \, dm - \int_E f^- \, dm - \int_E g^- \, dm \\
&= \int_E (f^+ - f^-) \, dm + \int_E (g^+ - g^-) \, dm \\
&= \int_E f \, dm + \int_E g \, dm
\end{aligned}$$

이 된다.

■

참고

정리 21에서 $f(x)=\infty$ 이고 $g(x)=-\infty$ 이거나, $f(x)=-\infty$ 이고 $g(x)=\infty$ 이면 $f(x)+g(x)$는 정의되지 않는다. 그러나 f, g가 적분가능하므로

$$A=\{x\in X \mid f(x)=\infty \text{이고 } g(x)=-\infty\}$$
$$B=\{x\in X \mid f(x)=-\infty \text{이고 } g(x)=\infty\}$$

는 모두 측도가 0인 집합이다. 따라서 $A\cup B$에서 $f(x)+g(x)$의 값을 어떠한 실수로 정의하여도 $f+g$의 적분은 0이므로, $\int_E (f+g)\,dm$의 값에는 변화가 없다.

이제 르베그 적분 이론에서 매우 중요한 **르베그 지배수렴정리**(Lebesgue dominated convergence theorem)를 증명한다.

정리 22 르베그 지배수렴정리

함수 $g\in M(X, \mathscr{F})$가 $E\in\mathscr{F}$ 에서 적분가능할 때, 가측함수의 함수열 (f_n)이 E에서 $|f_n|\le g$ a.e.이고 $\lim_{n\to\infty} f_n(x)=f(x)$ a.e.이면

$$\int_E f\,dm=\lim_{n\to\infty}\int_E f_n\,dm$$

이 성립한다.

증명 $A=\left\{x\in E \mid \lim_{n\to\infty} f_n(x)\neq f(x)\right\}$라고 하면, $m(A)=0$이므로 집합 A는 함수 f_n과 f의 적분값에 영향을 주지 않는다. $|f|\le g$ a.e.이고 g가 적분가능하므로, f도 적분가능하다. 또한 $|f_n-f|\le 2g$ a.e.이다. 따라서 파토우 보조정리에 의하여

$$\begin{aligned}\int_E 2g\,dm &\le \underline{\lim}\int_E (2g-|f_n-f|)\,dm\\ &=\int_E 2g\,dm+\underline{\lim}\left(-\int_E |f_n-f|\right)dm\\ &=\int_E 2g\,dm-\overline{\lim}\int_E |f_n-f|\,dm\end{aligned}$$

을 얻는다. 그런데 $\int_E 2g\,dm<\infty$이므로, $\overline{\lim}\int_E |f_n-f|\,dm\le 0$이다. 그러므로

$$\lim_{n\to\infty}\int_E |f_n - f|\, dm = 0$$

이 된다. 따라서 $\left|\int_E f_n - \int_E f\right| \le \int_E |f_n - f|$이므로

$$\int_E f\, dm = \lim_{n\to\infty}\int_E f_n\, dm$$

이 성립한다.

■

참고

가측집합 E에서 정의된 적분가능한 함수열 (f_n)에 대하여 $\sum_{n=1}^{\infty} f_n$이 E의 거의 모든 곳에서 존재하고, g가 E에서 적분가능한 함수로서 각 n에 대하여 $\left|\sum_{i=1}^{n} f_i\right| \le g$ a.e.를 만족하면, $\sum_{n=1}^{\infty} f_n$은 E에서 적분가능하고

$$\int_E \left(\sum_{n=1}^{\infty} f_n\right) dm = \sum_{n=1}^{\infty}\int_E f_n\, dm$$

이 된다.

따름정리

$f \in M(X, \mathcal{F})$가 $E \in \mathcal{F}$에서 적분가능하고 (E_n)을 $\bigcup_{n=1}^{\infty} E_n = E$를 만족하는 서로소인 가측인 집합열이라 하면

$$\int_E f\, dm = \sum_{n=1}^{\infty}\int_{E_n} f\, dm$$

이 성립한다.

증명 (E_n)이 서로소이므로, $f = \sum_{n=1}^{\infty} f\chi_{E_n}$이다. $|f\chi_{E_n}| \le |f|$이고 $|f|$가 E에서 적분가능하므로, $f\chi_{E_n}$은 E에서 적분가능하다. 또한 각 $n \in N$에 대하여

$$\left|\sum_{i=1}^{n} f\chi_{E_i}\right| \le |f|$$

이므로

$$\int_E f\,dm = \int_E \left(\sum_{n=1}^{\infty} f\chi_{E_n}\right) dm = \sum_{n=1}^{\infty}\int_E f\chi_{E_n}\,dm = \sum_{n=1}^{\infty}\int_{E_n} f\,dm$$

이 성립한다.

■

참고

따름정리에서 조건 "함수 f 가 $E \in \mathcal{F}$ 에서 적분가능"은 필수적이다.

예

$E_n = \left[n - \dfrac{1}{n},\ n\right]$ 이고, $E = \bigcup_{n=1}^{\infty} E_n$ 이라 하자. 이때 $f : E \to R^*$ 를 각 $n \in N$ 에 대하여

$$f(x) = (-1)^n n \text{(단, } x \in E_n\text{)}$$

으로 정의하면, 각 $n \in N$ 에 대하여

$$\int_{E_n} f\,dm = \int_E f \cdot \chi_{E_n}\,dm = (-1)^n n \cdot m(E_n) = (-1)^n$$

이므로

$$\sum_{n=1}^{\infty}\int_{E_n} f\,dm = \sum_{n=1}^{\infty}(-1)^n$$

이 된다. 한편 $\int_E |f|\,dm = \infty$ 이므로, f 는 적분가능하지 않다.

■

정리 23 유계수렴 정리

(f_n)을 $m(E) < \infty$ 인 가측집합 E 위에서 정의된 가측인 함수열이라 하자. 이때 $|f_n(x)| \leq M$ a.e. (단, $n = 1, 2, \cdots$)를 만족하는 상수 $M > 0$이 존재하면, $\lim_{n\to\infty} f_n(x) = f(x)$ a.e.일 때 f 는 적분가능하고

$$\int_E f\,dm = \lim_{n\to\infty}\int_E f_n\,dm$$

이 성립한다.

증명 르베그 지배수렴정리(정리 22)에서 $g = M\chi_E$라 두면 된다. ■

예

함수 $f_n : [0, 1] \to R^*$를 $f_n(x) = nx^n$(단, $0 \le x \le 1$)으로 정의하면, $[0, 1]$ 위에서 $f(x) = \lim_{n\to\infty} f_n(x) = 0$ a.e.이고

$$\lim_{n\to\infty}\int_0^1 f_n\,dm = \lim_{n\to\infty}\frac{n}{n+1} = 1$$

이므로

$$\lim_{n\to\infty}\int_0^1 f_n\,dm \neq \int_0^1 \lim_{n\to\infty} f_n\,dm$$

이 된다. ■

리만 적분의 경우에는 유계수렴정리가 성립하지 않는다.

예

$\{r_n \mid n \in N\}$이 닫힌구간 $[0, 1]$에 있는 유리수의 집합일 때, 각 $n \in N$에 대하여 $f_n : [0, 1] \to R^*$를

$$f_n(x) = \begin{cases} 1, & x \in \{r_1, r_2, \cdots, r_n\} \\ 0, & \text{그렇지 않을 경우} \end{cases}$$

으로 정의하면, $f_n \to f = \chi_{[0,1]\cap Q}$이다. 이때 f_n은 리만 적분가능하지만, f는 리만 적분가능하지 않다. ■

리만 적분에서는 다음이 성립한다.

정리 24

모든 $n \in N$과 $x \in [a, b]$에 대하여 $|f_n(x)| \le M$을 만족하는 리만 적분가능한 함수

열 (f_n)이 닫힌구간 $[a, b]$에서 정의된 리만 적분가능한 함수 f에 거의 모든 곳에서 수렴하면

$$R\int_a^b f = \lim_{n\to\infty} R\int_a^b f_n$$

이 성립한다.

참고

(르베그 정리) 함수 $f : [a, b] \to R$이 유계이고

$$A = \{x \in [a, b] \mid f\text{는 } x\text{에서 불연속}\}$$

일 때, f가 리만 적분가능할 필요충분조건은 $m(A) = 0$이다.

예

함수 f가

$$f(x) = \begin{cases} 1, & x \in [0, 1] \cap Q \\ 0, & x \in [0, 1] \cap Q^c \end{cases}$$

이면, $m([0, 1]) = 1 \neq 0$이므로 f는 리만 적분가능하지 않다.

■

5. 이상적분

함수 f가 유계인 닫힌구간에서 리만 적분가능하면 르베그 적분가능하고 두 적분값은 같다. 그러나 이 사실은 **이상적분**(improper integral)의 경우에는 성립하지 않는다.

예

함수 $f : [0, \infty) \to R^*$를

$$f(x) = \begin{cases} \dfrac{\sin x}{x}, & x \neq 0 \\ 0, & x = 0 \end{cases}$$

으로 정의하면, $R\int_0^\infty f = \frac{\pi}{2}$이지만 f는 $[0, \infty)$ 위에서 르베그적분가능하지 않다.

왜냐하면

$$\int_0^{n\pi} \frac{|\sin x|}{x}\,dm = \sum_{k=1}^{n} \int_{(k-1)\pi}^{k\pi} \frac{|\sin x|}{x}\,dm \geq \sum_{k=1}^{n} \frac{2}{k\pi}$$

이므로

$$\lim_{n\to\infty} \int_0^{n\pi} \frac{|\sin x|}{x}\,dm \geq \sum_{k=1}^{\infty} \frac{2}{k\pi} = \infty$$

이고, 따라서 $\int_0^{\infty} |f|\,dm = \infty$ 이기 때문이다.

■

예

함수 $f : [0, 1] \to R^*$를

$$f(x) = \begin{cases} \infty, & x \in [0, 1] \cap Q \\ 1, & \text{그렇지 않을 경우} \end{cases}$$

로 정의하면, $\int_0^1 f\,dm = 1$이지만 $R\int_0^1 f$는 존재하지 않는다.

■

예

함수 $f : [0, \infty) \to R^*$를

$$f(x) = \begin{cases} 0, & x \in [0, \infty) \cap Q \\ 1, & \text{그렇지 않을 경우} \end{cases}$$

로 정의하면, f는 르베그 적분가능하지 않다. 또한 f는 리만 이상적분가능하지 않다.

■

정리 25

$[a, b]$ 위에서 정의된 함수 f (단, $f \geq 0$)가 각 $\epsilon > 0$에 대하여 $[a+\epsilon, b]$에서 리만 적분가능할 때, 리만 이상적분

$$\lim_{\epsilon\to 0} R\int_{a+\epsilon}^{b} f$$

가 존재하여 유한값을 갖는다면, f는 $[a, b]$에서 르베그 적분가능하고

$$\int_a^b f\,dm = \lim_{\epsilon \to 0} R\int_{a+\epsilon}^b f$$

가 된다.

증명 유계함수 $f:[a, b] \to R$이 리만 적분가능하면 f는 르베그 가측이고, $\int_E f\,dm = R\int_a^b f$가 된다. 따라서 임의의 $\epsilon > 0$에 대하여 $\int_{a+\epsilon}^b f = R\int_{a+\epsilon}^b f$ 이므로, 단조수렴정리에 의하여

$$\int_a^b f = \lim_{\epsilon \to 0} R\int_{a+\epsilon}^b f$$

가 성립한다. ■

참고

f가 어떤 구간 위에서 정의된 함수일 때, $|f|$의 리만 이상적분이 존재하면 f의 리만 이상적분과 르베그 적분은 동시에 존재하고 두 적분값은 같다.

연습문제 4-2 Exercises

1. 유한측도집합 밖에서는 함수값이 0인 단순함수 $\varphi \in M(X, \mathscr{X})$에 대하여 $\varphi \geq 0$ a.e.이고 $\int_X \varphi\,dm = 0$이면, $\varphi = 0$ a.e.이다. 이때 조건 $\varphi \geq 0$ a.e.는 필수적임을 보이시오.

2. 유한측도집합 X에서 정의된 유계함수 $f, g \in M(X, \mathscr{X})$와 $c \in R$에 대하여 다음이 성립함을 보이시오.

(1) $f = g$ a.e.이면, $\int_X f\,dm = \int_X g\,dm$

(2) X_1과 X_2가 X의 서로소인 가측부분집합이면

$$\int_{X_1 \cup X_2} f\,dm = \int_{X_1} f\,dm + \int_{X_2} f\,dm$$

3. 음이 아닌 유계함수 $f:[a,b]\to R$이 리만 적분가능하면 f는 가측이고

$$\int_E f\,dm = R\int_a^b f(x)\,dx$$

가 성립함을 보이시오.

4. $f, g \in M^+(X, \mathscr{F})$에 대하여 $f \geq g$이면

$$\int_X f\,dm \geq \int_X g\,dm$$

이 됨을 보이시오.

5. $f \in M^+(X, \mathscr{F})$일 때, $\int_X f\,dm = 0$이기 위한 필요충분조건은 X에서 $f(x) = 0$ a.e. $[m]$인 것임을 보이시오.

6. $f \in M^+(X, \mathscr{F})$일 때, 집합함수 $\nu: \mathscr{F} \to R^+$를

$$\nu(E) = \int_E f\,dm \text{ (단, } E \in \mathscr{F}\text{)}$$

으로 정의하면 ν는 m에 관하여 절대연속임을 보이시오.

7. $g_n \in M^+(X, \mathscr{F})$인 함수열 (g_n)에 대하여

$$\int_X \left(\sum_{i=1}^{\infty} g_i\right) dm = \sum_{i=1}^{\infty}\int_X g_i\,dm$$

이 성립함을 보이시오.

8. 적분가능한 음이 아닌 가측함수 f, g의 합성함수 $g \circ f$는 적분가능하지 않음을 보이시오.

9. $f, g \in M(X, \mathscr{F})$일 때, 다음이 성립함을 보이시오.

(1) f가 적분가능하면, $|f| < \infty$ a.e.이다.

(2) f가 적분가능하면, $\{x \mid f(x) \neq 0\}$은 측도가 유한인 가산개의 가측집합의 합집합이다.

10. $f \in M(X, \mathscr{F})$에 대하여, $E \in \mathscr{F}$일 때 f가 E 위에서 적분가능하고 $f = 0$ a.e.이면

$$\int_a^b f\, dm = 0$$

임을 보이시오.

4.3 측도공간 $(X, \mathfrak{I}, \mu)$ 위에서의 적분

σ - 집합대수 위의 일반적인 측도, 즉 가측공간 $(X, \mathfrak{I})$ 위의 측도를 이용하여 적분을 도입한다.

1. 측도공간 $(X, \mathfrak{I}, \mu)$ 위에서의 적분

$(X, \mathfrak{I}, \mu)$를 측도공간이라 하자. 이 절에서는 편의상

$$M(X, \mathfrak{I}) = \{f : X \to R^* \mid f \text{는 } \mathfrak{I}\text{ - 가측함수}\}$$

$$M^+(X, \mathfrak{I}) = \{f : X \to R^* \mid f \text{는 } f \geq 0 \text{이고 } \mathfrak{I}\text{ - 가측함수}\}$$

로 표시한다.

정의 1

$\varphi \in M^+(X, \mathfrak{I})$가 $\varphi(x) = \sum_{i=1}^{n} a_i \chi_{A_i}(x)$로 표현된 단순함수라 하자. 여기서 $a_1, a_2, \cdots, a_n$은 0이 아닌 서로 다른 φ의 치역의 원소이고, a_i에 대하여

$$A_i = \{x \in X \mid \varphi(x) = a_i\}$$

이다. 이때 $E \in \mathfrak{I}$라 하면 φ의 E 위에서 적분을

$$\int_E \varphi\, d\mu = \sum_{i=1}^{n} a_i\, \mu(A_i \cap E)$$

로 정의한다.

음이 아닌 단순함수의 적분을 이용하여, 음이 아닌 $\mathfrak{J}$ - 가측함수의 적분을 정의한다.

정의 2 음이 아닌 $\mathfrak{J}$ - 가측함수의 적분

$f \in M^+(X, \mathfrak{J})$이고 $E \in \mathfrak{J}$라면 E 위에서 f의 적분을 확장실수

$$\int_E f\, d\mu = \sup_{0 \le \varphi \le f} \int_E \varphi\, d\mu$$

로 정의한다. 여기서 sup는 $0 \le \varphi \le f$를 만족하는 단순함수 φ 전체의 집합에서 취한다.

집합 $E \in \mathfrak{J}$와 함수 $f \in M^+(X, \mathfrak{J})$ 대하여

$$\int_E f\, d\mu < \infty$$

일 때, f는 E에서 μ에 관하여 **적분가능**(integrable), 간단히 E에서 적분가능하다고 한다.

참고

$f, g \in M^+(X, \mathfrak{J})$이고 $E, F \in \mathfrak{J}$ 일 때, 다음이 성립한다.

(1) $f \le g$이면, $\int_E f\, d\mu \le \int_E g\, d\mu$

(2) $E \subset F$이면, $\int_E f\, d\mu \le \int_F f\, d\mu$

(3) $\int_E c\, d\mu = c \int_E f\, d\mu$ (단, $c \ge 0$)

(4) 모든 $x \in E$에 대하여 $f(x) = 0$이면, $\int_E f\, d\mu = 0$

정리 3 단조수렴정리(monotone convergence theorem)

(f_n)이 $M^+(X, \mathfrak{J})$의 함수로 이루어진 단조증가함수열이고, 모든 $x \in X$에 대하여 $\lim_{n \to \infty} f_n(x) = f(x)$라면, $f \in M^+(X, \mathfrak{J})$이고

$$\int_X f\, d\mu = \lim_{n \to \infty} \int_X f_n\, d\mu$$

가 된다.

참고

$f_n \in M^+(X, \mathfrak{I})$인 함수열 (f_n)에 대하여

$$\int_X \left(\sum_{i=1}^{\infty} f_i \right) d\mu = \sum_{i=1}^{\infty} \int_X f_i \, d\mu$$

가 성립한다.

예제

$f \in M^+(X, \mathfrak{I})$일 때, 집합함수 $\nu : \mathfrak{I} \to [0, \infty]$를

$$\nu(E) = \int_E f \, d\mu \ (\text{단, } E \in \mathfrak{I})$$

로 정의하면 ν는 $\mathfrak{I}$ 위의 측도이고, 모든 $g \in M^+(X, \mathfrak{I})$에 대하여 $\int_X g \, d\nu = \int_X g f \, d\mu$ 가 성립한다.

증명 (i) $f \geq 0$이므로, $\nu(E) \geq 0$이다. (ii) $E = \varnothing$ 이면 $f \chi_E = 0$이므로 $\nu(\varnothing) \geq 0$이다. (iii) ν의 가산가법성을 보이기 위하여 (E_k)를 서로소인 $\mathfrak{I}$의 집합열이라고 하자. 임의의 $n \in N$에 대하여

$$f_n = \sum_{k=1}^{n} f \chi_{E_k}$$

로 놓으면

$$\int_E f_n \, d\mu = \sum_{k=1}^{n} \int_E f \chi_{E_k} \, d\mu = \sum_{k=1}^{n} \int_{E_k} f \, d\mu = \sum_{k=1}^{n} \nu(E_k)$$

이다. 그런데 $E = \bigcup_{k=1}^{\infty} E_k$라 하면 (f_n)은 $\lim_{n \to \infty} f_n(x) = f \chi_E(x)$를 만족하는 단조증가함수열이므로, 단조수렴정리에 의하여

$$\nu(E) = \int_X f \chi_E \, d\mu = \lim_{n \to \infty} \int_E f_n \, d\mu$$

$$= \lim_{n \to \infty} \sum_{k=1}^{n} \nu(E_k) = \sum_{k=1}^{\infty} \nu(E_k)$$

가 된다. 따라서 ν는 $\mathfrak{I}$ 위의 측도이다. 이제 가측집합 E에 대하여 $g = \chi_E$라 놓으면

$$\int_X \chi_E \, d\nu = \nu(E) = \int_E f \, d\mu = \int_X f \chi_E \, d\mu = \int_X g f \, d\mu$$

이므로, 모든 단순가측함수 g에 대하여 $\int_X g\, d\nu = \int_X gf\, d\mu$가 되고, 단조수렴정리에 의하여 일반적인 경우에도 성립한다.

■

정리 4 파토우 보조정리(Fatou's lemma)

$f_n \in M^+(X, \mathfrak{I})$인 함수열 (f_n)에 대하여

$$\int_X \underline{\lim} f_n\, d\mu \le \underline{\lim} \int_X f_n\, d\mu$$

가 성립한다.

함수 $f \in M(X, \mathfrak{I})$에 대하여

$$f^+(x) = \max\{f(x), 0\}, \quad f^-(x) = -\min\{f(x), 0\}$$

으로 정의된 두 음이 아닌 함수 f^+와 f^-를 각각 f의 **양의 부분**(positive part of f), f의 **음의 부분**(negative part of f)이라 하고

$$f = f^+ - f^-, \quad |f| = f^+ + f^-$$

로 표시된다. 따라서 함수 $f: X \to R^*$가 가측이면, $f^+, f^-, |f|$도 가측이 된다.

정의 5 적분가능성

$f \in M(X, \mathfrak{I})$인 함수 $f: X \to R^*$에 대하여 f^+와 f^-가 모두 가측집합 E에서 (μ에 관하여) 적분가능할 때, f는 E에서 (μ에 관하여) **적분가능하다**고 하고

$$\int_E f\, d\mu = \int_E f^+\, d\mu - \int_E f^-\, d\mu$$

로 정의한다.

참고

α, β가 상수이고 $f, g \in M(X, \mathfrak{I})$가 적분가능하면 $\alpha f + \beta g$도 적분가능하고

$$\int_X (\alpha f + \beta g)\, d\mu = \int_X \alpha f\, d\mu + \int_X \beta g\, d\mu$$

가 성립한다.

정리 6 르베그 지배수렴정리

함수 $g \in M(X, \mathfrak{I})$가 적분가능할 때, $f_n \in M(X, \mathfrak{I})$인 함수열 (f_n)이 모든 $x \in X$에 대하여 $|f_n| \leq g$ a.e.이고

$$\lim_{n \to \infty} f_n(x) = f(x) \text{ a.e.}$$

이면, f는 적분가능하고

$$\int_E f\, d\mu = \lim_{n \to \infty} \int_E f_n\, d\mu$$

가 성립한다.

참고

(유계수렴정리) (f_n)을 $\mu(E) < \infty$인 $E \in \mathfrak{I}$ 위에서 정의된 $\mathfrak{I}$ - 가측인 함수열이라 하자. 이때 $|f_n(x)| \leq M$ a.e. (단, $n = 1, 2, \cdots$)를 만족하는 상수 $M > 0$이 존재하고 $\lim_{n \to \infty} f_n(x) = f(x)$ a.e.이면, f는 적분가능하고

$$\int_E f\, d\mu = \lim_{n \to \infty} \int_E f_n\, d\mu$$

가 성립한다.

2. 라돈 - 니코딤 정리

측도공간 $(X, \mathfrak{I}, \mu)$와 μ에 관하여 적분가능한 함수 $f : X \to R^*$에 대하여 함수 $\nu : \mathfrak{I} \to R^*$를

$$\nu(E) = \int_E f\, d\mu \text{ (단, } E \in \mathfrak{I})$$

로 정의하면 ν는 부호측도가 된다. 이때

$$\nu^+(E) = \int_E f^+\, d\mu,\ \nu^-(E) = \int_E f^-\, d\mu,\ |\nu|(E) = \int_E |f|\, d\mu$$

가 성립한다.

참고

측도공간 $(X, \mathfrak{I}, \mu)$에서 정의된 음이 아닌 두 가측함수 f와 g에 대하여 $f(x) = g(x)$ a.e. 이면, $E \in \mathfrak{I}$일 때 $\int_E f\, d\mu = \int_E g\, d\mu$가 성립한다. 그러나 그 역은 성립하지 않는다.

이제 측도 μ가 σ-유한이면 역이 성립함을 보인다.

보조정리

가측공간 $(X, \mathfrak{I})$에서 유한측도 μ가 주어졌을 때 음이 아닌 두 가측함수 f와 g가

$$\int_E f\, d\mu = \int_E g\, d\mu \quad (\text{단, } E \in \mathfrak{I})$$

를 만족하면 $f(x) = g(x)$ a.e. 이다.

증명 여기서는 적분가능할 경우만 증명하고, 음이 아닌 임의의 가측함수일 경우의 증명은 독자에게 남긴다. 임의의 $n \in N$에 대하여

$$A_n = \left\{ x \in X \mid f(x) - g(x) > \frac{1}{n} \right\}$$

$$B_n = \left\{ x \in X \mid g(x) - f(x) > \frac{1}{n} \right\}$$

로 놓으면, f와 g가 가측집합 A_n에서 적분가능하므로

$$\frac{1}{n}\mu(A_n) \leq \int_{A_n} (f-g)\, d\mu = \int_{A_n} f\, d\mu - \int_{A_n} g\, d\mu = 0$$

이 된다. 따라서 $\mu(A_n) = 0$이다. 마찬가지로 $\mu(B_n) = 0$이 된다. 그런데

$$D = \{x \in X \mid f(x) \neq g(x)\} = \bigcup_{n=1}^{\infty} (A_n \cup B_n)$$

이므로 $\mu(D) = 0$이 된다. 그러므로 $f(x) = g(x)$ a.e.이다.

■

정리 7

가측공간 $(X, \mathfrak{I})$에서 σ-유한측도 μ가 주어졌을 때 음이 아닌 두 가측함수 f와 g가

$$\int_E f\,d\mu = \int_E g\,d\mu \ (\text{단, } E \in \mathfrak{I})$$

를 만족하면, $f(x) = g(x)$ a.e.이다.

증명 μ가 σ - 유한이므로 $X = \bigcup_{n=1}^{\infty} X_n$이고 $\mu(X_n) < \infty$ (단, $n \in N$)를 만족하는 가측집합의 집합열 (X_n)이 존재한다. 이제

$$Y_n = \bigcup_{k=1}^{n} X_k \ (\text{단, } n \in N)$$

으로 놓으면

$$X = \bigcup_{n=1}^{\infty} Y_n,\ \mu(Y_n) < \infty,\ Y_n \subset Y_{n+1} \ (\text{단, } n \in N)$$

이 성립한다. 따라서 각 Y_n에서 $f(x) = g(x)$ a.e., 즉

$$\mu(A_n) = 0,\ \{x \in Y_n \mid f(x) \neq g(x)\} \subset A_n$$

을 만족하는 가측집합 A_n이 존재한다. 그런데

$$D = \{x \in X \mid f(x) \neq g(x)\} = \bigcup_{n=1}^{\infty} \{x \in Y_n \mid f(x) \neq g(x)\} \subset \bigcup_{n=1}^{\infty} A_n$$

이므로 $\mu(D) = 0$, 즉 $f(x) = g(x)$ a.e.가 된다. ■

정리 8 라돈 - 니코딤 정리(Radon - Nikodym Theorem)

측도공간 $(X, \mathfrak{I}, \mu)$가 σ - 유한이고 ν가 μ에 관하여 절대연속인 $(X, \mathfrak{I})$ 위에서 정의된 측도이면, $E \in \mathfrak{I}$일 때

$$\nu(E) = \int_E f\,d\mu$$

를 만족하는 음이 아닌 가측함수 $f : X \to R^*$가 존재한다. 이때 $g : X \to R^*$가 위와 같은 성질을 갖는 가측함수이면

$$f(x) = g(x) \text{ a.e.}$$

가 성립한다.

증명 μ가 유한측도일 때, 구하는 음이 아닌 가측함수가 존재하는 것은 독자에게 남기고 여기서는 μ가 σ - 유한일 경우만 증명한다.

측도 μ가 σ - 유한이면

$$\mu(X_n) < \infty \text{ (단, } n \in N), \ X = \bigcup_{n=1}^{\infty} X_n$$

을 만족하는 서로소인 가측집합의 집합열 (X_n)이 존재한다.

여기서 $\mathfrak{I}_n = \{E \mid E \subset X_n, E \in \mathfrak{I}\}$로 놓으면, 각 $\mathfrak{I}_n$에 대하여 음이 아닌 가측함수 $f_n : X_n \to R^*$가 존재해서, $E \in \mathfrak{I}_n$일 때

$$\nu(E) = \int_E f_n \, d\mu$$

로 된다. 함수 $f : X \to R^*$를

$$x \in X_n \text{일 때, } f(x) = f_n(x)$$

로 정의하면, f는 음이 아닌 $\mathfrak{I}$ - 가측함수이고, 또한 임의의 가측집합 $E \subset X$에 대하여

$$\nu(E) = \sum_{n=1}^{\infty} \nu(E \cap X_n) = \sum_{n=1}^{\infty} \int_{E \cap X_n} f \, d\mu - \int_E f \, d\mu$$

즉, $E \in \mathfrak{I}$일 때

$$\nu(E) = \int_E f \, d\mu$$

로 된다. 이제 함수 $g : X \to R^*$가 $E \in \mathfrak{I}$일 때

$$\nu(E) = \int_E g \, d\mu$$

를 만족하는 임의의 음이 아닌 가측함수이면, 정리 7에 의하여 $f(x) = g(x)$ a.e.가 성립한다.

■

참고

ν가 μ에 관하여 절대연속인 $(X, \mathfrak{I})$ 위에서 정의된 부호측도일 때도 라돈 - 리코딤 정리는 성립한다.

라돈 - 니코딤 정리의 가설에서 μ가 σ - 유한이라는 조건을 삭제하면, 라돈 - 니코딤 정리는 성립하지 않는다.

예

$X=[0,1]$, $\mathscr{F}=\{E \mid E\subset X$는 르베그 가측집합$\}$, ν를 $\mathscr{F}$ 위에서 정의된 르베그 측도라 하고, $\mu: \mathscr{F}\to R^*$를 셈측도라 하면, $\nu \ll \mu$가 된다. 이제 $f: X\to R^*$를 임의의 음이 아닌 가측함수라고 하자. 그러면 $\nu\neq 0$이므로, $f\neq 0$이라 하면 $f(x)>0$를 만족하는 $x\in X$가 존재한다. 이때 단집합 $E=\{x\}$는 르베그 가측이고, $\nu(E)=0$이다. 그런데 $\int_E f\,d\mu = f(x) > 0$이므로

$$\nu(E)\neq \int_E f\,d\mu$$

로 주어진다. 여기서 셈측도 μ가 σ-유한이 아님에 유의한다.

■

정의 9 라돈-니코딤 도함수

라돈-니코딤 정리의 가측함수 f를 μ에 관한 ν의 **라돈-니코딤 도함수**(Radon-Nikodym derivative)라 하고, $\dfrac{d\nu}{d\mu}$로 나타낸다.

μ에 관한 ν의 라돈-니코딤 도함수는 음이 아닌 함수이지만, 항상 적분가능한 함수는 아니다. 실제로 함수 f가 적분가능하기 위한 필요충분조건은 ν가 유한측도인 것이다.

정리 10

두 측도 μ, λ가 가측공간 $(X, \mathfrak{I})$ 위에서 정의된 σ-유한이고 ν가 $(X, \mathfrak{I})$ 위에서 정의된 측도일 때, 다음이 성립한다.

(1) $\nu \ll \mu$이고 g가 음이 아닌 가측함수이면, $E\in\mathfrak{I}$일 때

$$\int_E g\,d\nu = \int_E g\frac{d\nu}{d\mu}\,d\mu$$

(2) $\nu\ll\lambda$이고 $\lambda\ll\mu$이면

$$\nu\ll\mu\text{이고 } \frac{d\nu}{d\mu}=\frac{d\nu}{d\lambda}\frac{d\lambda}{d\mu}\ \text{a.e. } [\mu]$$

(3) $\nu\ll\mu$이고 $\lambda\ll\mu$이면

$$\frac{d(\nu+\lambda)}{d\mu}=\frac{d\nu}{d\mu}+\frac{d\lambda}{d\mu} \text{ a.e. } [\mu]$$

(4) $\nu \ll \mu$이고 $\mu \ll \nu$이면, $\dfrac{d\nu}{d\mu}=\left(\dfrac{d\mu}{d\nu}\right)^{-1}$ a.e. $[\mu]$

증명 여기서는 (3)만 증명하고 나머지는 독자에게 남긴다. $\nu \ll \mu$이고 $\lambda \ll \mu$이므로 $\nu+\lambda \ll \mu$이다. 따라서 μ에 관한 $\nu+\lambda$의 라돈-니코딤 도함수 $\dfrac{d(\nu+\lambda)}{d\mu}$가 존재한다. 따라서 $E \in \mathfrak{I}$이면

$$\begin{aligned}\int_E \frac{d(\nu+\lambda)}{d\mu}\,d\mu &= \int_E d(\nu+\lambda) = \nu(E)+\lambda(E) \\ &= \int_E \frac{d\nu}{d\mu}\,d\mu + \int_E \frac{d\lambda}{d\mu}\,d\mu \\ &= \int_E \left(\frac{d\nu}{d\mu}+\frac{d\lambda}{d\mu}\right) d\mu\end{aligned}$$

가 된다. 따라서

$$\frac{d(\nu+\lambda)}{d\mu}=\frac{d\nu}{d\mu}+\frac{d\lambda}{d\mu} \text{ a.e. } [\mu]$$

가 성립한다.

■

측도는 부호측도의 특별한 경우이지만, 부호측도는 측도가 아님에 유의하여 다음 정리를 얻는다(참고문헌 4 참조).

정리 11 르베그 분해정리(Lebesgue decomposition theorem)

측도공간 $(X, \mathfrak{I}, \mu)$가 σ-유한이고, ν가 $(X, \mathfrak{I})$ 위에서 정의된 σ-유한 부호측도일 때

$$\nu = \nu_0 + \nu_1,\ \ \nu_0 \perp \mu,\ \ \nu_1 \ll \mu$$

를 만족하는 $(X, \mathfrak{I})$ 위에서 정의된 두 σ-유한 부호측도 ν_0와 ν_1이 일의적으로 존재한다.

르베그 분해정리에서 ν_0, ν_1을 μ에 관한 ν의 **르베그 분해**(Lebesgue decomposition)라고 한다.

연습문제 4-3 Exercises

1. 측도공간 $(X, \mathfrak{J}, \mu)$와 μ에 관하여 적분가능한 함수 $f : X \to R^*$에 대하여 함수 $\nu : \mathfrak{J} \to R^*$를

$$\nu(E) = \int_E f \, d\mu \quad (\text{단}, \; E \in \mathfrak{J})$$

로 정의할 때, ν는 부호측도가 된다. 이때 다음이 성립함을 보이시오.

$$\nu^+(E) = \int_E f^+ \, d\mu, \;\; \nu^-(E) = \int_E f^- \, d\mu, \;\; |\nu|(E) = \int_E |f| \, d\mu$$

2. $X = [-1, 1]$이고 $\mathfrak{J}$가 X의 보렐 집합의 σ - 대수일 때, 함수 $f : X \to R$을

$$f(x) = \begin{cases} 1, & 0 \le x \le 1 \\ -1, & -1 \le x < 0 \end{cases}$$

이라 하고, 각 $E \in \mathfrak{J}$에 대하여 $\nu(E) = \int_E f \, d\mu$로 정의하면 ν는 부호측도가 된다.

이때 다음 물음에 답하시오.

(1) 양집합과 음집합을 구하시오.

(2) $|\nu|([-1, 1])$, $|\nu|\left(\left[-\frac{1}{2}, \frac{1}{2}\right]\right)$, $|\nu|\left(\left[-\frac{1}{2}, 0\right]\right)$, $|\nu|\left(\left(0, \frac{1}{2}\right]\right)$을 구하시오.

3. $X = [0, \infty]$이고 $\mathfrak{J}$가 X의 보렐 집합의 σ - 대수일 때, 함수 $f : X \to R$을

$$f(x) = \begin{cases} 1, & x \le 1 \\ -1, & 0 \le x < 1 \end{cases}$$

로 정의하자. 이 경우 각 $E \in \mathfrak{J}$에 대하여 $\nu(E) = \int_E f \, d\mu$로 정의할 때

$$\nu^+([0, 1]), \;\; \nu^-([0, 1]), \;\; \nu([0, 1])$$

을 구하시오.

4. μ_1, μ_2가 가측공간 $(X, \mathfrak{J})$ 위에서 정의된 측도일 때, $\mu_1 \ll \mu_2$라고 해서 $\mu_2 \ll \mu_1$일 필요는 없음을 보이시오.

5. 두 측도 μ와 λ가 가측공간 $(X, \mathfrak{I})$ 위에서 정의된 σ - 유한이고 ν가 $(X, \mathfrak{I})$ 위에서 정의된 측도일 때, $\nu \ll \mu$이고 $\mu \ll \nu$이면

$$\frac{d\nu}{d\mu} = \left(\frac{d\mu}{d\nu}\right)^{-1} \text{ a.e. } [\mu]$$

가 성립함을 보이시오.

6. $(R, \mathcal{J}, m)$이 르베그 측도공간일 때, 두 함수 $f, g : R \to [0, \infty)$를 각 $x \in R$에 대하여

$$f(x) = \begin{cases} -x, & x \le 0 \\ 0, & x > 0 \end{cases}, \quad g(x) = \begin{cases} x, & x \ge 0 \\ 0, & x < 0 \end{cases}$$

으로 정의한다. 이때 $\mathcal{J}$ 위의 측도 $\nu, \mu : \mathcal{J} \to R^*$를 각 $E \in \mathcal{J}$에 대하여

$$\nu(E) = \int_E f\, dm, \quad \mu(E) = \int_E g\, dm$$

으로 정의하고, $\nu_1, \nu_2 : \mathcal{J} \to R^*$를 각 $E \in \mathcal{J}$에 대하여

$$\nu_1(E) = \nu\{E \cap (-\infty, 0]\}, \quad \nu_2(E) = \nu\{E \cap (0, \infty)\}$$

로 정의하면 $\{\nu_1, \nu_2\}$는 μ에 관한 ν의 르베그 분해임을 보이시오.

4.4 L_p - 공간과 $L_p(\mu)$ - 공간

1. L_p - 공간

(1) 르베그 공간 L_p

① $1 \le p < \infty$일 경우

$1 \le p < \infty$일 때, $\mathcal{L}_p$를

$$\mathcal{L}_p = \left\{ f : X \to R^* \mid f \text{는 르베그 가측함수이고 } \int_X |f|^p\, dm < \infty \right\}$$

로 정의한다. 이때 임의의 $f, g \in \mathcal{L}_p$에 대하여

$$\text{“} f \sim g \Leftrightarrow f(x) = g(x) \text{ a.e. } [m] \ {}^\forall x \in X \text{”}$$

로 정의하면, μ - 동등관계 $\sim$는 $\mathcal{L}_p$ 위에서 동치관계가 된다. 이 동치관계에 의하여 생기는 동치류를 $[f]$, 즉

$$[f] = \{g \in \mathcal{L}_p \mid g(x) = f(x) \text{ a.e. } [m]\}$$

로 나타내면, $g \in [f]$일 때 $|f|^p = |g|^p$ a.e. $[m]$이므로

$$\int_X |f|^p \, dm = \int_X |g|^p \, dm$$

이 성립한다. 따라서

$$\| [f] \|_p = \left(\int_X |f|^p \, dm\right)^{\frac{1}{p}}$$

은 동치류 $[f]$에 의하여 일의적으로 정해지는 실수가 된다.

정의 1 L_p - **공간**

$1 \leq p < \infty$일 때, 동치류 $[f]$ (단, $f \in \mathcal{L}_p$) 전체의 공간, 즉 르베그 공간 L_p를

$$L_p = \{[f] \mid f \in \mathcal{L}_p\}$$

로 정의하고, L_p - **공간**(L_p - space)이라 한다. 보통 L_p - 공간에서는 $X = [0, 1]$로 표기한다.

예

르베그 공간 L_1은 $[0, 1]$ 위에서 르베그 적분가능한 함수들의 모든 동치류들로 이루어진 집합이다.

■

참고

$f, g \in \mathcal{L}_p$이고 $\alpha \in R$이면, $f + g \in \mathcal{L}_p$이고 $\alpha f \in \mathcal{L}_p$가 된다. 따라서 L_p - 공간에 덧셈과 스칼라곱을

$$[f] + [g] = [f + g] \text{ (단, } [f], [g] \in L_p)$$
$$\alpha [f] = [\alpha f] \, (\alpha \in R, [f] \in L_p)$$

로 정의하면 벡터공간이 된다.

일반적으로, L_p - 공간(단, $1 \leq p < \infty$)에서 동치류 $[f]$는 L_p의 원소 f로 나타내고, 이때 f는 L_p - 공간의 함수라 한다. 또한 $\| [f] \|_p$ 대신에 $\| f \|_p$로 쓰기로 한다. L_p - 공간을 간단히 L_p로 표기하기도 한다.

정리 2

a, b가 음이 아닌 실수일 때

$$a^{\alpha}b^{1-\alpha} \le \alpha a + (1-\alpha)b \quad (\text{단}, 0 < \alpha < 1) \qquad (*)$$

가 성립한다.

증명 $t \ge 0$일 때 함수 φ를 $\varphi(t) = \alpha t - t^{\alpha}$으로 정의하면

$$\varphi'(t) = \alpha - \frac{\alpha}{t^{1-\alpha}}$$

가 된다. 그러므로 $0 < t < 1$이면 $\varphi'(t) < 0$이고, $t > 1$이면 $\varphi'(t) > 0$이므로 $\varphi(t) \ge \varphi(1)$이다. 그런데 $\varphi(1) = \alpha - 1$이므로

$$\alpha - 1 = \varphi(1) \le \varphi(t) = \alpha t - t^{\alpha} \quad (\text{단}, t \ge 0)$$

을 얻는다. 따라서 $t \ge 0$일 때

$$t^{\alpha} \le \alpha t + (1-\alpha)$$

가 성립한다. 이 부등식에 $t = \dfrac{a}{b}$ (단, $b \ne 0$)를 대입하고, 양변에 b를 곱하면

$$a^{\alpha}b^{1-\alpha} \le \alpha a + (1-\alpha)b$$

가 된다. 이 부등식은 $t = 1$일 때, 그리고 그때에만 등호가 성립하므로 $a = b$일 때, 그리고 그때에만 등호가 성립한다. ■

정리 3 휄더(Hölder) 부등식

$1 < p < \infty$이고 $\dfrac{1}{p} + \dfrac{1}{q} = 1$을 만족하는 두 실수 p, q에 대하여 $f \in L_p$이고 $g \in L_q$이면 $fg \in L_1$이고

$$\| fg \|_1 \le \| f \|_p \, \| g \|_q$$

가 성립한다.

증명 $1 < p < \infty$이고 $\dfrac{1}{p} + \dfrac{1}{q} = 1$이면 $1 < q < \infty$이다. A와 B를 음이 아닌 실수라 하고 정리 2의 부등식 (*)에

$$\alpha = \frac{1}{p}, \ a = A^p, \ b = B^q$$

을 대입하면

$$AB \le \frac{A^p}{p} + \frac{B^q}{q} \qquad (*)$$

이 되고, $A^p = B^q$일 때, 그리고 그때에만 등호가 성립한다. 먼저 $\| f \|_p = 0$ 또는 $\| g \|_q = 0$이면 $f = 0$ a. e. 또는 $g = 0$ a. e.이므로 부등호를 만족한다.

이제 $\| f \|_p \neq 0$이고 $\| g \|_q \neq 0$이라고 하자. 부등식 (*)에

$$A = \frac{|f(x)|}{\| f \|_p}, \quad B = \frac{|g(x)|}{\| g \|_q}$$

를 대입하면

$$\frac{|f(x)g(x)|}{\| f \|_p \| g \|_q} \le \frac{1}{p}\frac{|f(x)|^p}{(\| f \|_p)^p} + \frac{1}{q}\frac{|g(x)|^q}{(\| g \|_q)^q}$$

이 된다. 따라서 양변을 적분하면

$$\frac{1}{\| f \|_p \| g \|_q}\int_0^1 |fg|\, dm \le \frac{1}{p}\frac{1}{(\| f \|_p)^p}\int_0^1 |f|^p\, dm$$

$$+ \frac{1}{q}\frac{1}{(\| g \|_q)^q}\int_0^1 |g|^q\, dm = \frac{1}{p} + \frac{1}{q} = 1$$

이므로, $fg \in L_1$이고 $\| fg \|_1 \le \| f \|_p \| g \|_q$가 성립한다. ■

정리 3에서 $\| fg \|_1 = \| f \|_p \| g \|_q$가 성립하기 위한 필요충분조건은

$$\alpha = \frac{1}{\| f \|_p{}^p}, \quad \beta = \frac{1}{\| g \|_q{}^q}$$

일 때 $\alpha |f|^p = \beta |g|^q$ a.e.이다. 따라서 정리 3에서 등식이 성립할 때는

$$\alpha |f|^p = \beta |g|^q \text{ a.e.}$$

를 만족하는 0이 아닌 두 상수 α, β가 존재하는 경우이다.

예제

(코시 - 슈바르츠 부등식) $f, g \in L_2$일 때, 두 함수의 곱 fg는 적분가능하고

$$\left| \int_0^1 fg\, dm \right| \le \int_0^1 |fg|\, dm \le \| f \|_2 \| g \|_2$$

증명 $p = 2$일 때 $q = 2$임에 유의하면 휄더 부등식의 특수한 경우이다. ■

참고

정리 3(휄더 부등식)은 $p = 1$ 또는 $q = 1$일 때도 성립한다.

$1 < p < \infty$일 때 $\frac{1}{p} + \frac{1}{q} = 1$, 즉 $p + q = pq$를 만족하는 두 실수 p와 q를 **공액첨수**(conjugate indices)라고 한다.

정리 4 민코스키(Minkowski) 부등식

$f, g \in L_p$ (단, $1 \leq p < \infty$)일 때 두 함수의 합 $f + g$도 L_p의 함수이고

$$\| f + g \|_p \leq \| f \|_p + \| g \|_p \tag{1}$$

가 성립한다.

증명 $p = 1$인 경우는 분명하다. 따라서 $1 < p < \infty$라 가정하자.

$$| f + g |^p \leq (2\max\{| f |, | g |\})^p \leq 2^p (| f |^p + | g |^q)$$

이므로

$$\int_0^1 | f + g |^p \, dm \leq 2^p \int_0^1 | f |^p \, dm + 2^p \int_0^1 | g |^p \, dm < \infty$$

가 된다. 따라서 $f + g \in L_p$이다. 한편

$$\begin{aligned} | f + g |^p &= | f + g | \, | f + g |^{p-1} \leq (| f | + | g |) | f + g |^{p-1} \\ &= | f | \, | f + g |^{p-1} + | g | \, | f + g |^{p-1} \end{aligned} \tag{2}$$

이다. 또 $f + g \in L_p$이므로 $| f + g |^p \in L_1$이고, $p = (p-1)q$이므로

$$\int_0^1 (| f + g |^{p-1})^q \, dm = \int_0^1 | f + g |^p \, dm < \infty$$

이다. 따라서 $| f + g |^{p-1} \in L_q$가 된다. 휄더 부등식을 이용하면

$$\begin{aligned} \int_0^1 | f | \, | f + g |^{p-1} \, dm &\leq \| f \|_p \left\{ \int_0^1 | f + g |^{(p-1)q} \, dm \right\}^{\frac{1}{q}} \\ &= \| f \|_p \, \| f + g \|_p^{\frac{p}{q}} \end{aligned} \tag{3}$$

을 얻는다. 같은 방법으로

$$\int_0^1 |g||f+g|^{p-1}\,dm \le \|g\|_p \|f+g\|_p^{\frac{p}{q}} \tag{4}$$

을 얻는다. 따라서 (2), (3), (4)로부터

$$\begin{aligned}\int_0^1 |f+g|^p\,dm &\le \int_0^1 |f||f+g|^{p-1}\,dm + \int_0^1 |g||f+g|^{p-1}\,dm \\ &\le \|f\|_p \|f+g\|_p^{\frac{p}{q}} + \|g\|_p \|f+g\|_p^{\frac{p}{q}} \\ &= \|f+g\|_p^{\frac{p}{q}} (\|f\|_p + \|g\|_p)\end{aligned}$$

가 된다. $\|f+g\|_p \neq 0$이면 이 부등식의 양변을 $\|f+g\|_p^{\frac{p}{q}}$로 나누어서

$$\|f+g\|_p^{p-\frac{p}{q}} \le \|f\|_p + \|g\|_p$$

를 얻는다. 그런데 $p-\dfrac{p}{q}=p\left(1-\dfrac{1}{q}\right)=1$이므로

$$\|f+g\|_p \le \|f\|_p + \|g\|_p$$

가 성립한다. 한편 $\|f+g\|_p = 0$이면 부등식 (1)은 분명하다. ■

정리 4에서 등식이 성립할 필요충분조건은 f가 g의 상수배일 때다.

참고

정리 4는 $p=\infty$ 일 때도 성립한다.

정리 5

L_p - 공간 (단, $1 \le p < \infty$)은

$$\|f\|_p = \|[f]\|_p = \left(\int_0^1 |f|^p\,dm\right)^{\frac{1}{p}}$$

을 노름으로 하는 노름선형공간이다.

② $p=\infty$ 일 경우

정의 6 본질적으로 유계

측도가 0인 집합을 제외한 나머지 집합에서 유계인 함수, 즉 거의 모든 곳에서 유계인 함수를 **본질적으로 유계**(essentially bounded)라고 한다.

$\mathcal{L}_\infty = \{f : X \to R^* \mid f$ 는 르베그 가측인 본질적 유계함수$\}$라 하고 $f, g \in \mathcal{L}_\infty$에 대하여

$$f \sim g \Leftrightarrow f(x) = g(x) \text{ a.e. } [m] \quad \forall x \in X$$

으로 정의하면, 관계 $\sim$는 $\mathcal{L}_\infty$ 위에서 동치관계가 된다. 이 동치관계에 의하여 생기는 동치류를

$$[f] = \{g \in \mathcal{L}_\infty \mid g(x) = f(x) \text{ a.e. } [m]\}$$

로 나타내자.

정의 7 L_∞-공간

동치류 $[f]$ (단, $f \in \mathcal{L}_\infty$) 전체의 공간, 즉 L_∞를

$$L_\infty = \{[f] \mid f \in \mathcal{L}_\infty\}$$

로 정의하고, L_∞-**공간** (L_∞-space)이라 한다. 보통 L_∞-공간에서는 $X=[0, 1]$로 표기한다.

$[f] \in L_\infty$이면 $[f]$는 유계함수를 적어도 하나 포함하고 있으므로, L_∞-공간을 **유계인 가측함수의 공간**이라 부르기도 한다. L_∞-공간을 간단히 L_∞로 표기하기도 한다.

참고

L_∞-공간에 덧셈과 스칼라곱을

$$[f] + [g] = [f+g], \ (\text{단}, \ f, g \in \mathcal{L}_\infty)$$

$$\alpha[f] = [\alpha f] \ (\text{단}, \ \alpha \in R, f \in \mathcal{L}_\infty)$$

로 정의하면 벡터공간이 된다.

$f \in \mathcal{L}_\infty$에 대하여

$$\text{ess sup} f(x) = \inf\{M \mid m(\{x \mid f(x) > M\}) = 0\}$$

으로 정의하면, $[f]$의 임의의 함수 g에 대하여

$$\operatorname{ess\,sup} f(x) = \operatorname{ess\,sup} g(x)$$

이다. 그러므로 $[f] \in L_\infty$에 대하여

$$\| [f] \|_\infty = \| f \|_\infty = \operatorname{ess\,sup} | f(x) |$$

로 정의하면, $\| [f] \|_\infty$는 일의적으로 정의된다. L_p - 공간에서와 마찬가지로 $[f]$를 f로 나타내기로 한다. $f \in L_\infty$이면

$$\| f \|_\infty = \inf\{M : m(\{x \mid |f(x)| > M\}) = 0\}$$

이고, $|f(x)| \le \| f \|_\infty$ a.e. 임에 유의한다.

예

$f = \chi_{[0, \frac{1}{2}]} - 2\chi_{(\frac{1}{2}, 1]}$과 $f = \chi_{Q \cap [0, \frac{1}{2}]}$에 대하여, 각각 $\| f \|_\infty = 2$와 $\| f \|_\infty = 1$로 주어진다.

■

참고

$\| f \|_\infty > \alpha$이면, $m(E) > 0$인 가측집합 E가 존재하여 $x \in E$이면 $|f(x)| \ge \alpha$이다.

정리 8

L_∞ - 공간은

$$\| [f] \|_\infty = \| f \|_\infty = \operatorname{ess\,sup} | f(t) |$$

를 노름으로 하는 노름선형공간이다.

예제

(휄더 부등식) $f \in L_1$, $g \in L_\infty$**이면,** $fg \in L_1$**이고**

$$\int_0^1 |fg|\, dm \le \| f \|_1 \| g \|_\infty$$

증명 $f \in L_1$, $g \in L_\infty$이므로 $A = \{x \in [0, 1] \mid |g(x)| > \| g \|_\infty\}$로 놓으면

$m(A)=0$이 된다. 따라서

$$\int_0^1 |fg|\,dm = \int_{[0,1]-A} |fg|\,dm$$
$$\le \|g\|_\infty \int_{[0,1]-A} |f|\,dm \le \|f\|_1 \|g\|_\infty$$

■

예제

(민코스키 부등식) $f, g \in L_\infty$일 때, 두 함수의 합 $f+g$도 L_∞의 함수이고

$$\|f+g\|_\infty \leqq \|f\|_\infty + \|g\|_\infty$$

증명 $|f(x)| \le \|f\|_\infty$ a.e.이고 $|g(x)| \le \|g\|_\infty$ a.e.이므로

$$|f(x)|+|g(x)| \le \|f\|_\infty + \|g\|_\infty \text{ a.e.}$$

이다. 따라서

$$|f(x)+g(x)| \le |f(x)|+|g(x)| \le \|f\|_\infty + \|g\|_\infty \text{ a.e.}$$

이므로, $m(\{x \mid |f(x)+g(x)| > \|f\|_\infty + \|g\|_\infty\})=0$이고

$$\|f+g\|_\infty \le \|f\|_\infty + \|g\|_\infty$$

가 된다.

■

(2) 르베그 공간 L_p의 완비성

① $1 \le p < \infty$일 경우

(f_n)이 L_p-공간의 함수열일 때, 임의의 실수 $\epsilon > 0$에 대하여

$$n, m \ge K\text{인 모든 } n, m \in N\text{에 대하여 } \|f_n - f_m\|_p < \epsilon$$

을 만족하는 자연수 K가 존재이면 (f_n)을 L_p-공간의 코시수열이라고 한다. 또 $f \in L_p$일 때, 임의의 실수 $\epsilon > 0$에 대하여 자연수 M이 존재해서

$$n \ge M\text{인 모든 } n \in N\text{에 대하여 } \|f_n - f\|_p < \epsilon$$

이면 (f_n)은 L_p에서 f에 수렴한다고 하고, $\lim_{n\to\infty} f_n = f$로 나타낸다.

정리 9 리즈 - 피셔 정리(Riesz - Fischer theorem)

L_p - 공간 (단, $1 \leq p < \infty$)은 노름

$$\| f \|_p = \left(\int_0^1 |f|^p \, dm \right)^{\frac{1}{p}}$$

에 대하여, 바나흐 공간이다.

증명 L_p - 공간은 노름선형공간이므로 완비성만을 보인다. 이제 L_p - 공간에서 절대수렴하는 급수가 L_p - 공간에서 수렴함을 보임으로써 완비성을 증명한다. 지금 (f_n)을 $\sum_{n=1}^{\infty} \| f_n \|_p = M < \infty$를 만족하는 L_p의 함수열이라고 하자. 함수 g_n을 $x \in [0, 1]$일 때

$$g_n(x) = \sum_{k=1}^{n} |f_k(x)|$$

으로 정의하면, 민코스키 부등식에 의하여

$$\| g_n \|_p \leq \sum_{k=1}^{n} \| f_k \|_p \leq M$$

이 성립하므로 $\int_0^1 |g_n|^p \, dm \leq M^p$이 된다. 모든 $x \in [0, 1]$에 대하여 $(g_n(x))$는 증가수열이므로 확장실수 $g(x)$에 수렴한다. 닫힌구간 $[0, 1]$의 각 점에서 $(g_n(x))$의 극한으로 정의된 함수 $g : [0, 1] \to R^*$는 가측이고 $g \geq 0$이므로 파토우의 보조정리에 의하여

$$\int_0^1 g^p \, dm \leq \lim_{n \to \infty} \int_0^1 g_n{}^p \, dm \leq M^p < \infty$$

가 된다. 따라서 $g^p \in L_1$이고

$$m(\{ x \in [0, 1] \mid g^p(x) = \infty \}) = 0$$

이므로, g는 $[0, 1]$의 거의 모든 점에서 유한이다. 이때 $g(x)$가 유한으로 되는 $x \in [0, 1]$에 대하여 급수 $\sum_{k=1}^{\infty} f_k(x)$는 절대수렴하는 실수의 급수이므로

$$S(x) = \sum_{k=1}^{\infty} f_k(x)$$

를 만족하는 실수 $S(x)$가 존재한다. 한편 $g(x) = \infty$로 되는 $x \in [0, 1]$에 대하여 $S(x) = 0$으로 정의하면

$$\lim_{n\to\infty}\sum_{k=1}^{n} f_k(x) = S(x) \text{ a.e.}, \text{ 즉 } \sum_{k=1}^{\infty} f_k(x) = S(x) \text{ a.e.}$$

이다. 모든 $n \in N$에 대하여 $S_n = \sum_{k=1}^{n} f_k$로 놓으면

$$|S_n(x)| \le g(x)$$

이므로, $|S(x)| \le g(x)$가 된다. 또한 $g \in L_p$이므로 $S \in L_p$이고

$$|S_n(x) - S(x)|^p \le (2\max\{|S_n(x)|, |S(x)|\})^p \le 2^p[g(x)]^p$$

이다. 그런데 $2^p g^p \in L_1$이고

$$\lim_n |S_n(x) - S(x)|^p = 0 \text{ a.e.}$$

이므로, 르베그 수렴정리에 의하여

$$\lim_{n\to\infty}\int_0^1 |S_n - S|^p\, dm = 0, \text{ 즉 } \| S_n - S \|_p = \| \sum_{k=1}^{n} S_k - S \|_p \to 0$$

이 된다. 따라서 $\sum_{n=1}^{\infty} f_n(x) \in L_p$가 성립한다.

■

② $p = \infty$일 경우

정리 10

L_∞ - 공간은 노름

$$\| f \|_\infty = \text{ess sup} |f(t)|$$

에 대하여, 바나흐 공간이다.

(3) 르베그 공간 L_p (단, $1 \le p < \infty$)에서의 수렴성

정의 11 L_p **- 수렴**

L_p의 원소로 이루어진 함수열 (f_n)이 $f \in L_p$로 L_p - **수렴**(L_p - convergent)한다는 것은 임의의 $\epsilon > 0$에 대하여

$$n \ge K\text{일 때 } \| f_n - f \|_p < \epsilon$$

을 만족하는 $K \in N$가 존재하는 것을 말한다. 이때 "함수열 (f_n)이 f로 p**차 평균수**

렴(convergence in mean of order p)한다"고 하고 $f_n \to f \ (L_p)$로 나타낸다.

예

각 $n \in N$에 대하여 $f_n = n\,\chi_{[\frac{1}{n}, \frac{2}{n}]}$라고 하면 $f_n \to 0$이지만 $\int_0^1 |f_n|^p\, dm = n^{p-1}$이므로, 함수열 (f_n)은 L_p- 수렴하지 않는다.

■

정리 12

(f_n)이 L_p에 있는 함수열이고 f가 가측함수로서 $f_n \to f$ a.e.라 하자. 이때 모든 $n \in N$에 대하여

$$|f_n(x)| \leq g(x) \ \ (\text{단}, \ x \in [0, 1])$$

를 만족하는 $g \in L_p$가 존재하면, $f \in L_p$이고 (f_n)은 f로 L_p- 수렴한다.

증명 모든 $n \in N$에 대하여 $|f_n(x)| \leq g(x)$ (단, $x \in [0, 1]$)이므로, $|f| \leq g$ a.e. 이다. 여기서 $g \in L_p$이므로 $f \in L_p$가 된다. 이때

$$|f_n(x) - f(x)|^p \leq [2g(x)]^p \text{ a.e.}$$

이고

$$\lim_{n \to \infty} |f_n(x) - f(x)|^p = 0 \text{ a.e.}, \ \ 2^p g^p \in L_1$$

이므로, 르베그 지배수렴정리에 의하여

$$\lim_{n \to \infty} \int_0^1 |f_n(x) - f(x)|^p\, dm = 0$$

이다. 따라서 함수열 (f_n)은 f로 L_p- 수렴한다.

■

정의 13 측도수렴

가측함수열 (f_n)과 가측함수 f가 임의의 실수 $\epsilon > 0$에 대하여

$$\lim_{n \to \infty} m(\{x \mid |f_n(x) - f(x)| > \epsilon\}) = 0$$

일 때, (f_n)은 f에 **측도수렴(convergence in measure)**한다고 하고 $f_n \to f\ (m)$으로 나타낸다.

$f_n \to f\ (L_p)$이라도 반드시 $f_n \to f$ a.e.는 아니다. 또한 $f_n \in L_p, f \in L_p$일 때, $f_n \to f$ a.e.이라도 반드시 $f_n \to f\ (L_p)$가 성립하지 않는다. 그러나 L_p에 있는 함수열 (f_n)이 f로 L_p-수렴하고, (f_n)의 부분수열이 g로 L_p-수렴하면 $f = g$ a.e.이다.

예제

르베그 측도공간에서 $X = [0, 1]$일 때, 다음이 성립한다.

$$f_n \to f\ (L_p) \text{이면 } f_n \to f\ (m)$$

증명 $\epsilon > 0$을 임의의 실수라 할 때

$$m(\{x \mid |f_n(x) - f(x)| > \epsilon\}) \le \int \frac{|f_n - f|^p}{\epsilon^p} dm$$

$$\le \frac{1}{\epsilon^p}(\| f_n - f \|_p)^p \to 0 \ (\text{단, } n \to \infty)$$

이므로, $f_n \to f\ (L_p)$이면 $f_n \to f\ (m)$이 성립한다. ■

참고

르베그 측도공간에서 다음이 성립한다.

(1) $f_n \to f\ (m)$이면, $f_{n_i} \to f$ a.e.를 만족하는 (f_n)의 부분수열 (f_{n_i})가 존재한다.

(2) $f_n \to f$ a.e.이면, $f_n \to f\ (m)$이다.

(4) 르베그 공간 L_p(단, $1 \le p \le \infty$)의 성질

정리 14

$1 \le q < p \le \infty$라 하면, 모든 $f \in L_p$에 대하여

$$\| f \|_q \le \alpha \| f \|_p$$

를 만족하는 상수 $\alpha > 0$가 존재한다. 이때 $L_p \subset L_q$이다.

증명 $p=\infty$이면 분명하므로, $1 \le q < p < \infty$라 가정하고, $f \in L_p$라 하자. 그러면 $f^q \in L_{p/q}$가 된다. 이때 $a = p/q$라 두면, $a > 1$이다. 따라서 b를 $\frac{1}{a}+\frac{1}{b}=1$을 만족하는 실수라 하면

$$\begin{aligned}\int_0^1 |f|^q\,dm &= \int_0^1 |f|^q\,dm \cdot 1 \\ &\le \left(\int_0^1 |f|^{qa}\,dm\right)^{1/a}\left(\int_0^1 1\,dm\right)^{1/b} \\ &= \left(\int_0^1 |f|^p\,dm\right)^{q/p} \cdot 1\end{aligned}$$

이 된다. 즉, $f \in L_q$이므로 $L_p \subset L_q$이다. 여기서 $\alpha = 1$이라 두면

$$\| f \|_q \le \alpha \| f \|_p$$

가 성립한다.

■

참고

연속함수공간 $C[0, 1]$과 $[0, 1]$ 위에서 정의된 모든 계단함수들은 L_p (단, $1 \le p < \infty$)에서 조밀하다.

정리 15

L_p - 공간 (단, $1 \le p < \infty$)은 분리가능하다.

증명 $[0, 1]$에 속하는 모든 유리수에서만 불연속인 모든 계단함수 φ의 모임을 P라 하고 φ의 함수값을 유리수라 하면, P는 가산이다. 그러나 각 계단함수는 노름 $\| \ \|_p$에 관해 P에 있는 계단함수에 의해서 근사시킬수 있다. 그런데 모든 계단함수의 모임은 L_p에서 조밀하므로, 가산모임 P도 L_p에서 조밀하다. 따라서 L_p는 분리가능하다.

■

참고

L_∞ - 공간은 분리가능하지 않다.

(5) 르베그 공간 L_p (단, $1 \leq p \leq \infty$) 위의 선형범함수

정리 16

$\frac{1}{p}+\frac{1}{q}=1$ (단, $1 \leq p \leq \infty$)이면, L_q의 함수 g에 의하여 정의되는 선형범함수

$$F(f)=\int_0^1 fg\,dm \text{ (단, } f \in L_p)$$

는 유계이고, $\| F \| = \| g \|_q$이다.

증명 $g \in L_q$일 때, 범함수 $F: L_p \to R$을

$$F(f)=\int_0^1 fg\,dm \text{ (단, } f \in L_p)$$

으로 정의하면 F는 선형이고 휠더 부등식에 의하여

$$|F(f)|-\left|\int_0^1 fg\,dm\right| \leq \| f \|_p \| g \|_q$$

이다. 따라서 $\| F \| \leq \| g \|_q$가 성립한다. 이제 $\| F \| \geq \| g \|_q$임을 보이자.

(i) $p=1$인 경우: $p=1$이면 $q=\infty$이고 $g \in L_\infty$이다.

$\| g \|_\infty > 0$이라면 m이 σ-유한이므로 임의의 실수 $\epsilon > 0$에 대하여

$$|g(x)| > \| g \|_\infty - \epsilon \text{(단, } x \in A), \ 0 < \mu(A) < \infty$$

를 만족하는 가측집합 $A \subset X$를 택할 수 있다. 이제 $f=(\operatorname{sgn} g)\chi_A$라 놓으면, $f \in L_1$이고

$$F(f)=\int_0^1 fg\,dm=\int_A |g|\,dm$$
$$\geq (\| g \|_\infty - \epsilon)m(A)=(\| g \|_\infty - \epsilon)\| f \|_1$$

이 된다. 그러므로 $\| F \| \geq \| g \|_\infty - \epsilon$이다. 이 부등식은 임의의 실수 $\epsilon > 0$에 대하여 성립하므로 $\| F \| \geq \| g \|_\infty$이다.

(ii) $1 < p < \infty$인 경우:

$$f=|g|^{\frac{q}{p}} \operatorname{sgn} g$$

라 놓으면, $|f|^p=|g|^q=fg$이다. 그러므로 $f \in L_p$이고

$$(\| f \|_p)^p = \int_0^1 |f|^p dm = \int_0^1 |g|^q dm = (\| g \|_q)^q$$

이 된다. 즉 $\| f \|_p = (\| g \|_q)^{\frac{q}{p}}$ 이다. 따라서

$$F(f) = \int_0^1 fg\, dm = \int_0^1 |g|^q\, dm = (\| g \|_q)^q$$

$$= \| g \|_q (\| g \|_q)^{q-1} = \| g \|_q (\| g \|_q)^{\frac{q}{p}} = \| g \|_q \| f \|_p$$

이므로, $\| F \| \geq \| g \|_q$가 성립한다.

(iii) $p = \infty$ 인 경우: $g \in L_1$ 이다. $f = \mathrm{sgn}\, g$로 놓으면, $f \in L_\infty$ 이고

$$F(f) = \int_0^1 fg\, d\mu = \int_0^1 |g|\, dm = \| g \|_1$$

이 된다. 따라서 $\| F \| \geq \| g \|_1$이 성립한다.

■

보조정리

$\frac{1}{p} + \frac{1}{q} = 1$(단, $1 \leq p < \infty$)일 때, $g \in L_1$이고 모든 단순함수 φ에 대하여

$$\left| \int_0^1 g\varphi\, dm \right| \leq M \| \varphi \|_p$$

를 만족하는 $M > 0$이 존재하면, $g \in L_q$이다. 이때 $\| g \|_q \leq M$.

증명 (i) $p = 1$인 경우: 임의의 실수 $\epsilon > 0$에 대하여

$$E = \{x \in [0, 1] \mid |g(x)| \geq M + \epsilon\}$$

으로 놓고 $\varphi = (\mathrm{sgn}\, g)\chi_E$라 하면, $\| \varphi \|_1 = m(E)$이고

$$Mm(E) = M \| \varphi \|_1 \geq \left| \int_0^1 g\varphi\, dm \right| = \int_E |g|\, dm \geq (M + \epsilon) m(E)$$

가 된다. 그러므로 $m(E) = 0$이고 $\| g \|_\infty \leq M$이다.

(ii) $1 < p < \infty$ 인 경우: (ψ_n)을 $\psi_n \geq 0$이고 $\psi_n \to |g|^q$인 단순함수의 단조증가 함수열이라고 하자. 이제

$$\varphi_n = |\psi_n|^{\frac{1}{p}}\, \mathrm{sgn}\, g$$

라 놓으면, φ_n은 단순함수이고

$$\| \varphi_n \|_p = \left\{ \int_0^1 \psi_n \, dm \right\}^{\frac{1}{p}}$$

이 된다. $\varphi_n g \geq |\varphi_n| \psi_n^{\frac{1}{q}} = \psi_n^{\frac{1}{p}+\frac{1}{q}} = \psi_n$이므로

$$\int_0^1 \psi_n \, dm \leq \int_0^1 \varphi_n \, g \, dm \leq M \| \varphi_n \|_p \leq M \left\{ \int_0^1 \psi_n \, dm \right\}^{\frac{1}{p}}$$

이다. 그런데 $1 - \frac{1}{p} = \frac{1}{q}$이므로

$$\left\{ \int_0^1 \psi_n \, dm \right\}^{\frac{1}{q}} \leq M, \text{ 즉 } \int_0^1 \psi_n \, dm \leq M^q$$

이고, 단조증가수렴정리에 의하여

$$\int_0^1 |g|^q \, dm \leq M^q$$

이 된다. 따라서 $g \in L_q$이고, $\| g \|_q \leq M$이다.

■

정리 17 리즈 표현정리(Riesz representation theorem)

$\frac{1}{p} + \frac{1}{q} = 1$ (단, $1 \leq p < \infty$)일 때 $F: L_p \rightarrow R$을 유계인 선형범함수라고 하면, 모든 $f \in L_p$에 대하여

$$F(f) = \int_0^1 f \, g \, dm$$

을 만족하는 함수 $g \in L_q$가 존재하고, $\| F \| = \| g \|_q$가 된다.

2. $L_p(\mu)$ - 공간

(1) $L_p(\mu)$ - 공간

측도공간 $(X, \mathfrak{I}, \mu)$에서 $L_p(\mu)$ - 공간을 정의한다.

정의 18 $L_p(\mu)$ - **공간**

측도공간 $(X, \mathfrak{I}, \mu)$ 위에서 $L_p(\mu)$ (단, $1 \leq p < \infty$)를

$$L_p(\mu) = \{ f : X \to R^* \mid f \text{는 } \mathfrak{I}\text{-가측함수이고} \int_X |f|^p \, d\mu < \infty \}$$

로 정의한다. 이때 임의의 두 함수 $f, g \in L_p(\mu)$가

$$f(x) = g(x) \text{ a.e. } [\mu] \quad {}^\forall x \in X$$

이면 같은 것으로 간주한다. 한편 $f \in L_p(\mu)$ (단, $1 \leq p < \infty$)에 대하여

$$\| f \|_p = \left(\int_X |f|^p \, d\mu \right)^{\frac{1}{p}}$$

로 정의한다.

$\mathfrak{I}$ - 가측함수 $f : X \to R^*$가 "μ에 관하여 본질적으로 유계이다"라는 것은

$$\mu(\{x \mid f(x) > M\}) = 0$$

을 만족하는 $M > 0$이 존재할 때를 말한다.

정의 19 $L_\infty(\mu)$ - **공간**

측도공간 $(X, \mathfrak{I}, \mu)$ 위에서 $L_\infty(\mu)$를

$$L_\infty(\mu) = \{ f : X \to R^* \mid f \text{는 } \mathfrak{I}\text{-가측인 본질적 유계함수} \}$$

로 정의한다. 이때 임의의 두 함수 $f, g \in L_\infty(\mu)$가

$$f(x) = g(x) \text{ a.e. } [\mu] \quad {}^\forall x \in X$$

이면 같은 것으로 간주한다. 한편 $f \in L_\infty(\mu)$에 대하여

$$\| f \|_\infty = \inf \{ M : \mu(\{x \mid |f(x)| > M\}) = 0 \}$$

으로 정의한다.

참고

$L_p(\mu)$ - 공간에서, 횔더 부등식, 민코스키 부등식, 리즈 - 피셔 정리와 정리 10은 그대로 성립한다.

예제

측도공간 $(X, \mathfrak{I}, \mu)$ 위에서의 모든 단순함수 φ들의 집합을 Ω라 하자. 이때 $\varphi \in \Omega$이면 $\mu(\{x \mid \varphi(x)n \neq 0\}) < \infty$라 한다. 그러면 Ω는 $L_p(\mu)$에서 조밀하다.

증명 (i) $f \in L_p(\mu)$ (단, $f \geq 0$)라 하자. 그러면 음이 아닌 단순함수들의 단조증가 함수열 (f_n)이 존재해서, 모든 $x \in X$에 대하여 $f_n \to f$를 만족한다. 이때 $0 \leq f_n \leq f$이므로, $f_n \in L_p(\mu)$이고 $f_n \in \Omega$이다. 그런데 $|f_n - f| \leq 2^p f^p$이므로 르베그 지배수렴정리에 의해서

$$\lim_{n \to \infty} \| f - f_n \|_p = 0$$

이 성립한다.

(ii) $f \in L_p(\mu)$이면 $f = f^+ - f^-$이므로, (i)에 의해서

$$f \in \overline{\Omega} \ (\Omega\text{의 } L_p(\mu)\text{-closure})$$

이다. 즉, Ω는 $L_p(\mu)$에서 조밀하다. ■

참고

$(X, \mathfrak{I}, \mu)$가 유한측도공간일 때, $f_n \to f$ a.e.이면 $f_n \to f$ (μ)이다.

(2) $L_p(\mu)$-공간 (단, $1 \leq p \leq \infty$) 위의 선형범함수

$(X, \mathfrak{I}, \mu)$가 유한측도공간일 때, $L_p(\mu)$-공간에서 정리 16과 보조정리, 그리고 정리 17은 그대로 성립한다.

보조정리

$(X, \mathfrak{I}, \mu)$가 유한측도공간이고 $\frac{1}{p} + \frac{1}{q} = 1$ (단, $1 \leq p < \infty$)일 때, $g \in L_1(\mu)$이고 모든 단순함수 φ에 대하여

$$\left| \int_X g\varphi \, d\mu \right| \leq M \| \varphi \|_p$$

를 만족하는 상수 $M > 0$이 존재하면, $g \in L_q(\mu)$이다.

측도공간 $(X, \mathfrak{I}, \mu)$에 대하여, $F: L_p(\mu) \to R$이 선형범함수이고

$$f \in L_p(\mu) \ (\text{단, } f \geq 0)\text{일 때, } F(f) \geq 0$$

이면, F를 **양의 선형범함수**(positive linear functional)라고 한다.

참고

$F: L_p(\mu) \to R$이 유계인 선형범함수이면, 유계인 양의 선형범함수 F^+와 F^-가 존재하여

$$F(f) = F^+(f) - F^-(f) \ (\text{단}, \ f \in L_p(\mu))$$

를 만족함에 유의한다.

정리 20

$(X, \mathfrak{I}, \mu)$가 유한측도공간일 때, $F: L_1(\mu) \to R$이 유계인 선형범함수이면

$$F(f) = \int_X fg \, d\mu \ (\text{단}, \ f \in L_1(\mu))$$

를 만족하는 $g \in L_\infty(\mu)$가 존재하고, $\| F \| = \| g \|_\infty$가 된다.

증명 (i) $\mu(X) < \infty$이고 F가 양의 선형범함수라고 하자. $E \in \mathfrak{I}$에 대하여 집합함수 $\lambda : \mathfrak{I} \to R$을

$$\lambda(E) = F(\chi_E)$$

로 정의하면 $\lambda(\varnothing) = 0$이다. (E_n)을 $E_n \subset E_{n+1}$인 가측집합의 집합열이라 하고 $E = \bigcup_{n=1}^{\infty} E_n$으로 놓으면 (χ_{E_n})은 단조증가하는 가측함수의 함수열이고

$$\lim_{n \to \infty} | \chi_{E_n}(x) - \chi_E(x) | = 0 \quad {}^\forall x \in X$$

이다. 그런데 $\mu(X) < \infty$이고 $| \chi_{E_n}(x) - \chi_E(x) | \le 1$이므로 르베그 수렴 정리에 의하여

$$\lim_{n \to \infty} \| \chi_{E_n} - \chi_E \|_1 = \lim_{n \to \infty} \int_X | \chi_{E_n} - \chi_E | \, d\mu = 0$$

이 된다. 또한

$$\begin{aligned} 0 \le \lambda(E) - \lambda(E_n) &= F(\chi_E) - F(\chi_{E_n}) \\ &= F(\chi_E - \chi_{E_n}) \le \| F \| \, \| \chi_E - \chi_{E_n} \|_1 \end{aligned}$$

이다. 이제 (D_i)를 서로소인 가측집합의 집합열이라 하고

$$E = \bigcup_{i=1}^{\infty} D_i, \quad E_n = \bigcup_{i=1}^{n} D_i$$

라 하면

$$\lim_{n\to\infty}\{\lambda(E)-\lambda(E_n)\} \le \lim_{n\to\infty} \|F\| \; \|\chi_E - \chi_{E_n}\|_1 = 0$$

이고

$$\lambda(E_n) = F(\chi_{E_n}) = \sum_{i=1}^{n} F(\chi_{D_i}) = \sum_{i=1}^{n} \lambda(D_i)$$

이므로

$$\lambda(E) = \sum_{i=1}^{\infty} \lambda(D_i)$$

이다. 따라서 λ는 측도가 된다. 더욱이 $\mu(A)=0$이면

$$\lambda(A) = F(\chi_A) \le \|F\| \; \|\chi_A\|_1 = 0$$

이므로 $\lambda(A)=0$이 되어 $\lambda \ll \mu$이다. 라돈-니코딤 정리를 적용하면

$$\lambda(E) = \int_X \chi_E \, g \, d\mu$$

를 만족하는 음이 아닌 가측함수 $g: X \to R$이 존재한다. 따라서

$$F(\chi_E) = \lambda(E) = \int_X \chi_E \, g \, d\mu$$

이다. F가 선형이므로 임의의 단순함수 $\varphi: X \to R$에 대하여

$$F(\varphi) = \int_X \varphi \, g \, d\mu$$

이 성립한다.

f가 음이 아닌 $L_1(\mu)$의 함수이면 단조증가하는 단순함수의 함수열 (φ_n)이 존재하여 $\lim_{n\to\infty} \varphi_n(x) = f(x)$ a.e.가 되므로, 르베그 지배수렴정리에 의하여 $\|f-\varphi_n\|_1 \to 0$이 된다. 또

$$0 \le F(f) - F(\varphi_n) = F(f-\varphi_n) \le \|F\| \; \|f-\varphi_n\|_1$$

이므로 $F(f) = \lim_{n\to\infty} F(\varphi_n)$이다. 단조증가수렴정리에 의하여

$$F(f) = \lim_{n\to\infty} \int_X \varphi_n \, g \, d\mu = \int_X f \, g \, d\mu$$

이다. 이제 f가 $L_1(\mu)$의 임의의 함수이면 F가 선형이므로

$$F(f) = \int_X f \, g \, d\mu$$

으로 된다. 또 $F(1)=\int g\,d\mu<\infty$이므로 $g\in L_1(\mu)$이고, 보조정리에 의하여 $g\in L_\infty(\mu)$이다.

(ii) $\mu(X)<\infty$이고 F가 유계인 선형범함수라고 하자. F^+와 F^-를 $F=F^+-F^-$로 되는 양의 선형범함수라고 하면

$$F^+(f)=\int_X fg^+\,d\mu,\ F^-(f)=\int_X fg^-\,d\mu\ (\text{단}, f\in L_1(\mu))$$

를 만족하는 음이 아닌 두 함수 $g^+\in L_\infty(\mu)$, $g^-\in L_\infty(\mu)$가 존재한다. 이제 $g=g^+-g^-$로 놓으면 $g\in L_\infty(\mu)$이고

$$F(f)=\int_X fg\,d\mu\ (\text{단}, f\in L_1(\mu))$$

이다. $g\in L_\infty(\mu)$이므로, 정리 17을 응용하면

$$\|F\|=\|g\|_\infty$$

이 된다. ■

참고

정리 20에서 F가 양의 선형범함수이면, $g\geq 0$가 성립한다.

이제 정리 20을 σ-유한인 측도공간으로 확장한다.

정리 21

측도공간 $(X, \mathfrak{I}, \mu)$이 σ-유한일 때, $F: L_1(\mu)\to R$이 양의 선형범함수이면

$$F(f)=\int_X fg\,d\mu\ (\text{단}, f\in L_1(\mu))$$

를 만족하는 $g\in L_\infty(\mu)$가 존재하고, $\|F\|=\|g\|_\infty$가 된다.

증명 μ가 σ-유한이고 F가 양의 선형범함수라 하자. 가측집합의 집합열 (X_n)이

$$X_n\subset X_{n+1},\ \mu(X_n)<\infty\text{이고 } X=\cup X_n$$

을 만족하면, 모든 $n\in N$에 대하여 $X-X_n$에서 $g_n(x)=0$이고

$$F(f\chi_{X_n})=\int_X f\chi_{X_n}g_n\,d\mu\ (\text{단}, f\in L_1(\mu))$$

를 만족하는 음이 아닌 가측함수 $g_n : X \to R$이 존재한다. 또 $m \le n$이면 거의 모든 $x \in X_m$에 대하여 $g_m(x) = g_n(x)$가 된다. 그러므로 함수 $g : X \to R$을

$$g(x) = g_n(x) \ (\text{단}, \ x \in X_n)$$

으로 정의하면, 측도가 0인 집합을 제외하고 g는 일의적으로 정의되는 가측함수이고, 모든 $f \in L_1(\mu)$에 대하여

$$F(f) = \int_X f g \, d\mu$$

로 된다. $X_n \subset X_{n+1}$이고 $g_n \in L_\infty$이므로

$$\| g_n \|_\infty \le \| F \|$$

이다. 또한 $\lim_{n \to \infty} g_n(x) = g(x)$ a.e.이므로 $\| g \|_\infty \le \| F \|$, 즉 $g \in L_\infty$이다.

따라서 $\| F \| = \| g \|_\infty$가 된다.

■

따름정리

측도공간 $(X, \mathfrak{I}, \mu)$이 σ-유한일 때, $F: L_1(\mu) \to R$이 유계인 선형범함수이면

$$F(f) = \int_X f g \, d\mu \ (\text{단}, \ f \in L_1(\mu))$$

를 만족하는 $g \in L_\infty(\mu)$가 존재하고, $\| F \| = \| g \|_\infty$가 된다.

참고

리즈 표현정리(Riesz representation theorem) : σ-유한인 측도공간 $(X, \mathfrak{I}, \mu)$에 대하여, $\frac{1}{p} + \frac{1}{q} = 1$ (단, $1 \le p < \infty$)일 때, $F: L_p(\mu) \to R$을 유계인 선형범함수라고 하면

$$F(f) = \int_X f g \, d\mu \ (\text{단}, \ f \in L_p(\mu))$$

를 만족하는 함수 $g \in L_q(\mu)$가 존재하고, $\| F \| = \| g \|_q$가 된다 (참고문헌 4 참조).

리즈 표현정리에서, $p = 1$이면 μ가 σ-유한이라는 가정은 반드시 필요하지만, $1 < p < \infty$ 이면 μ가 σ-유한이라는 가정은 필요가 없다.

연습문제 4-4 Exercises

1. 함수 $f:[0,1]\to R$을 $f(x)=x^{-\frac{1}{4}}$으로 정의하면 $f\in L_2$이지만, $f\notin L_4$임을 보이시오.

2. L_p - 공간 (단, $1\le p<\infty$)은

$$\| f \|_p = \| [f] \|_p = \left(\int_0^1 |f|^p\, dm\right)^{\frac{1}{p}}$$

을 노름으로 하는 노름선형공간임을 보이시오.

3. 각각 $f=\chi_{Q\cap[0,1]}$와 $f=\chi_{[0,\frac{1}{2}]}-2\chi_{(\frac{1}{2},1]}$로 주어질 때, $\| f \|_\infty$를 구하시오.

4. 리만 적분가능한 함수 전체족은 완비가 아님을 보이시오.

5. L_∞ - 공간은 노름

$$\| f \|_\infty = \text{ess sup} |f(t)|$$

에 대하여, 바나흐 공간임을 보이시오.

6. (f_n)이 L_p에 있는 함수열로서 f에 균등수렴하면 $f\in L_p$이고, (f_n)은 f로 L_p - 수렴함을 보이시오.

7. L_p에 있는 함수열 (f_n)이 f로 L_p-수렴하고, (f_n)의 부분수열이 g로 L_p-수렴하면 $f = g$ a.e.임을 보이시오.

8. L_∞-공간은 분리가능하지 않음을 보이시오.

MEMO

제 5 장
외측도와 측도

5.1 외측도와 집합대수 위의 측도
5.2 곱측도와 후비니 정리

실함수론

5장 외측도와 측도

임의의 집합의 부분집합으로 이루어진 집합대수 위에서 정의된 측도를 외측도로 확장하고, 이것을 이용하여 측도를 도입한다.

5.1 외측도와 집합대수 위의 측도

1. 외측도

정의 1 외측도

집합 X의 멱집합 $\wp(X)$에서 정의된 집합함수 $\mu^* : \wp(X) \to R^*$가 다음 세 조건

(1) 모든 $A \subset X$에 대하여 $0 \le \mu^*(A) \le \infty$. 특히 $\mu^*(\varnothing) = 0$

(2) $A \subset B$이면, $\mu^*(A) \le \mu^*(B)$

(3) $E \subset \bigcup_{i=1}^{\infty} E_i$이면, $\mu^*(E) \le \sum_{i=1}^{\infty} \mu^*(E_i)$

을 만족할 때, μ^*를 집합 X에 대한 **카라테오도리 외측도**(Caratheodory outer measure) 또는 간단히 **외측도**라고 한다.

특히 $\mu^*(X) < \infty$일 때, 집합함수 μ^*를 유한인 외측도라고 한다.

임의의 $A \subset X$에 대하여

$$\mu^*(A) = \mu^*(A \cap E) + \mu^*(A \cap E^c)$$

를 만족하는 집합 E를 μ^*-**가측**(μ^*-measurable)이라고 한다. 특히 혼동할 우려가 없을 때는 μ^*-가측집합을 간단히 가측집합이라고 한다.

집합 E가 가측임을 보이기 위하여는 $\mu^*(A) < \infty$인 A에 대하여 성립함을 보이면 된다.

참고

임의의 집합 X에서, μ^* - 가측인 집합 전체의 집합족 $\mathfrak{I}$는 σ - 집합대수이다.

정리 2

μ^* - 가측인 집합 전체의 σ - 집합대수를 $\mathfrak{I}$라 할 때, μ^*의 정의역을 $\mathfrak{I}$에 제한한 함수 $\overline{\mu}$, 즉

$$\overline{\mu} = \mu^* \mid_{\mathfrak{I}} : \mathfrak{I} \to R^*$$

는 $\mathfrak{I}$ 위에 정의된 측도이다.

증명 집합 E_1과 E_2를 서로소인 가측이라고 하자. E_1이 가측이므로

$$\begin{aligned}\overline{\mu}(E_1 \cup E_2) &= \mu^*(E_1 \cup E_2) \\ &= \mu^*([E_1 \cup E_2] \cap E_1) + \mu^*([E_1 \cup E_2] \cap E_1{}^c) \\ &= \mu^*(E_1) + \mu^*(E_2)\end{aligned}$$

가 된다. 이제 (E_i)를 서로소인 가측집합의 집합열이라 하고, $E = \bigcup_{i=1}^{\infty} E_i$로 놓으면

$$\overline{\mu}\left(\bigcup_{i=1}^{\infty} E_i\right) \geq \overline{\mu}\left(\bigcup_{i=1}^{n} E_i\right) = \sum_{i=1}^{n} \overline{\mu}(E_i)$$

이므로

$$\overline{\mu}(E) \geq \sum_{i=1}^{\infty} \overline{\mu}(E_i)$$

가 된다. 그런데 가산준가법성에 의하여 $\overline{\mu}(E) \geq \sum_{i=1}^{\infty} \overline{\mu}(E_i)$이므로

$$\overline{\mu}(E) = \sum_{i=1}^{\infty} \overline{\mu}(E_i)$$

가 성립한다. 한편 $\overline{\mu}(\varnothing) = \mu^*(\varnothing) = 0$이고 $\overline{\mu}(E) \geq 0$, $E \in \mathfrak{I}$이므로, $\overline{\mu}$는 측도가 된다.

■

참고

정리 2에서 주어진 측도 $\overline{\mu}$는 $\mathfrak{I}$ 위에서 정의된 완비측도이다.

2. 집합대수 위의 측도

정의 3 집합대수 위의 측도

집합 X의 부분집합으로 이루어진 집합대수 Ω에 대하여, Ω 위에서 정의된 집합함수 $\mu : \Omega \to R^*$가 다음 두 조건

(1) 모든 $E \in \Omega$에 대하여 $0 \le \mu^*(E) \le \infty$. 특히 $\mu^*(\varnothing) = 0$

(2) (A_i)가 서로소인 $A_i \in \Omega$의 집합열이고 $\bigcup_{i=1}^{\infty} A_i \in \Omega$이면

$$\mu\left(\bigcup_{i=1}^{\infty} A_i\right) = \sum_{i=1}^{\infty} \mu(A_i)$$

를 만족할 때, μ를 집합대수 Ω 위의 측도라고 한다.

$A, B \in \Omega$이고 $A \subset B$이면 $\mu(A) \le \mu(B)$이다.

예제

(가산준가법성) 집합 X의 부분집합으로 이루어진 집합대수 Ω에 대하여, $A \in \Omega$이고 Ω의 원소로 이루어진 집합열 (A_i)가 $A \subset \bigcup_{i=1}^{\infty} A_i$를 만족하면 $\mu(A) \le \sum_{i=1}^{\infty} \mu(A_i)$가 성립한다.

증명 $B_1 = A \cap A_1$으로 놓고, $n = 2, 3, \cdots$일 때

$$B_n = A \cap A_n \cap {A_{n-1}}^c \cap \cdots \cap {A_1}^c$$

로 놓으면, $B_n \in \Omega$이고 $B_n \subset A_n$이다. 집합 A는 서로소인 집합 B_n의 합집합이므로, 가산가법성에 의하여

$$\mu(A) = \sum_{n=1}^{\infty} \mu(B_n) \le \sum_{n=1}^{\infty} \mu(A_n)$$

■

이제 집합 X의 부분집합으로 이루어진 집합대수 Ω 위의 측도를 σ-대수 위의 측도로 확장하여 보자.

정의 4 측도 μ로부터 유도한 외측도

집합 X의 부분집합으로 이루어진 집합대수 Ω 위의 측도 μ가 주어졌을 때, 임의의 $E \subset X$에 대하여

$$\mu^*(E) = \inf\left\{\sum_{i=1}^{\infty}\mu(A_i) \mid A_i \in E \subset \bigcup_{i=1}^{\infty} A_i\right\}$$

로써 집합함수 $\mu^* : \wp(X) \to R^*$를 정의한다. 이때 μ^*를 **μ로부터 유도한 외측도**라고 한다.

예제

$A \in \Omega$이면 $\mu^*(A) = \mu(A)$이다.

증명 μ^*의 정의에 의하여 $\mu^*(A) \leq \mu(A)$이다. 한편 $A \subset \bigcup_{i=1}^{\infty} A_i$이고, $A_i \in \Omega$이면 $\mu(A) \leq \sum_{i=1}^{\infty}\mu(A_i)$이므로 $\mu(A) \leq \mu^*(A)$이다. 따라서 $\mu^*(A) = \mu(A)$가 성립한다. ■

정리 5

집합 X의 부분집합으로 이루어진 집합대수 Ω 위의 측도 μ로부터 유도된 집합함수 μ^*는 외측도이다.

증명 집합함수 μ^*가 음이 아닌 단조증가임은 분명하고 $\mu(\varnothing) = 0$이므로, μ^*가 가산준가법성을 만족함을 보이면 된다. E와 E_i(단, $i = 1, 2, \cdots$)를 $E \subset \bigcup_{i=1}^{\infty} E_i$로 되는 X의 부분집합이라고 하자.

(i) 어떤 $i \in N$에 대하여 $\mu(E_i) = \infty$이면

$$\mu(E) \leq \sum_{i=1}^{\infty}\mu(E_i) = \infty$$

(ii) 모든 $i \in N$에 대하여 $\mu(E_i) < \infty$라 하고, $\epsilon > 0$을 임의의 실수라 하자.
각 $i \in N$에 대하여 Ω의 원소로 이루어진 집합열 $(A_{ij})_{j=1}^{\infty}$를 택하여

$$E_i \subset \bigcup_{j=1}^{\infty} A_{ij}, \quad \sum_{j=1}^{\infty} \mu(A_{ij}) < \mu^*(E_i) + \frac{\epsilon}{2^i}$$

이 되게 하면

$$\mu^*(E) \le \sum_{i,j} \mu(A_{ij}) < \sum_{i=1}^{\infty} \mu(E_i) + \epsilon$$

이 된다. 그런데 $\epsilon > 0$이 임의의 실수이므로

$$\mu^*(E) \le \sum_{i=1}^{\infty} \mu(E_i)$$

가 성립한다.

■

정리 6

집합 X의 부분집합으로 이루어진 집합대수 Ω에 대하여, $A \in \Omega$이면 A는 μ^*-가측집합이다.

집합 X의 부분집합으로 이루어진 집합대수 Ω에 대하여, Ω의 가산개의 원소의 합집합을 Ω_σ라 하고, Ω의 가산개의 원소의 교집합은 Ω_δ라고 한다. 마찬가지로 $\Omega_{\sigma\delta}$, $\Omega_{\delta\sigma}$, $\cdots$가 정의된다.

정리 7

μ를 집합 X의 부분집합으로 이루어진 집합대수 Ω 위의 측도, μ^*를 μ에서 유도된 외측도라 하고, $E \subset X$를 임의의 집합이라고 할 때

(1) 임의의 실수 $\epsilon > 0$에 대하여

$$\mu^*(A) \le \mu^*(E) + \epsilon$$

을 만족하는 $E \subset A$인 집합 $A \in \Omega_\sigma$가 존재한다.

(2) $E \subset B$인 집합 $A \in \Omega_{\sigma\delta}$가 존재하여

$$\mu^*(E) = \mu^*(B)$$

가 된다.

증명 여기서는 (1)만 증명하고 나머지는 독자에게 남긴다. μ^*의 정의에 의하여

$$E \subset \bigcup_{i=1}^{\infty} A_i, \ \sum_{i=1}^{\infty} \mu^*(A_i) \leq \mu^*(E) + \epsilon$$

을 만족하는 Ω의 집합으로 이루어진 집합열 (A_i)가 존재한다. 이때 $A = \bigcup_{i=1}^{\infty} A_i$로 놓으면

$$\mu^*(A) \leq \sum_{i=1}^{\infty} \mu^*(A_i) = \sum_{i=1}^{\infty} \mu(A_i)$$

이므로, $\mu^*(A) \leq \mu^*(E) + \epsilon$이 된다.

■

정리 8

μ가 σ-유한인 집합대수 Ω 위의 측도이고, μ^*가 μ에서 유도된 외측도일 때, 집합 E가 μ^*-가측이기 위한 필요충분조건은 $E = A - B$를 만족하는 $\Omega_{\sigma\delta}$의 집합 A와 $\mu^*(B) = 0$인 집합 B가 존재하는 것이다.

증명 ($\Rightarrow$) μ^*-가측인 집합의 σ-대수 $\mathfrak{J}$는 Ω를 포함하므로 $\Omega_{\sigma\delta}$의 집합 A는 μ^*-가측이 된다. 또한 μ에서 유도된 측도 $\bar{\mu}$는 완비이므로 $\mu^*(B) = 0$인 집합 B는 μ^*-가측이다. 따라서 집합 $E = A - B$는 μ^*-가측이다.

($\Leftarrow$) μ가 σ-유한이므로

$$X_i \cap X_j = \varnothing \ (\text{단}, i \neq j), \ \mu(X_i) < \infty, \ X = \bigcup_{i=1}^{\infty} X_i$$

를 만족하는 집합열 (X_i) (단, $X_i \in \Omega$)가 존재한다.

$E_i = X_i \cap E$ (단, $i = 1, 2, 3, \cdots$)로 놓으면 E_i는 가측이고

$$E_i \cap X_j = \varnothing \ (\text{단}, i \neq j), \ E = \bigcup_{i=1}^{\infty} E_i$$

이다. 정리 8에 의하여, 임의의 $n \in N$에 대해서

$$\bar{\mu}(A_{ni}) \leq \bar{\mu}(E_i) + \frac{1}{n2^i}$$

을 만족하는 Ω_σ의 집합 A_{ni}(단, $E_n \subset A_{ni}$)를 택할 수 있다. 이제

$$A_n = \bigcup_{i=1}^{\infty} A_{ni}$$

로 놓으면, $E \subset A_n, A_n - E \subset \bigcup_{i=1}^{\infty}(A_{ni} - E_i)$로 된다. 따라서

$$\overline{\mu}(A_n - E) \le \sum_{i=1}^{\infty}\overline{\mu}(A_{ni} - E_i) \le \sum_{i=1}^{\infty}\frac{1}{n2^i} = \frac{1}{n}$$

이다. 이제 $A = \bigcap_{n=1}^{\infty} A_n$으로 놓으면, $A_n \in \Omega_\sigma$이므로 $A \in \Omega_{\sigma\delta}$이고 $A - E \subset A_n - E$ (단, $n = 1, 2, 3, \cdots$)가 된다. 그러므로

$$\overline{\mu}(A - E) \le \overline{\mu}(A_n - E) \le \frac{1}{n}$$

이다. 이 부등식은 모든 $n \in N$에 대하여 성립하므로

$$\overline{\mu}(A - E) = 0$$

이다. $B = A - E$로 놓으면 $E = A - B$가 된다.

■

정리 9 카라테오도리 정리

집합 X의 부분집합으로 이루어진 집합대수 Ω 위에서 정의된 측도 μ, μ에서 유도된 외측도 μ^*와 μ^*-가측인 집합에 μ^*를 제한하여 얻은 측도 $\overline{\mu}$에 대하여 다음이 성립한다.

(1) μ^*-가측인 집합전체의 집합족 $\mathfrak{I}$는 Ω를 포함하는 σ-대수이다.

(2) μ^*를 $\mathfrak{I}$에 제한한 $\overline{\mu}$는 μ의 확장인 완비측도이다.

(3) μ가 유한이면 $\overline{\mu}$도 유한이다.

(4) μ가 σ-유한이면 $\overline{\mu}$도 σ-유한이다.

(5) μ가 σ-유한이면 Ω를 포함하는 최소의 σ-대수 위에 정의된 μ의 확장 측도는 $\overline{\mu}$ 하나 뿐이다.

연습문제 5-1 Exercises

1. 임의의 집합 X에서, μ^*-가측인 집합 전체의 집합족 $\mathfrak{I}$는 σ-집합대수임을 보이시오.

2. μ^* - 가측인 집합 전체의 σ - 집합대수를 $\mathfrak{J}$라 할 때, μ^*의 정의역을 $\mathfrak{J}$에 제한한 함수 $\overline{\mu}$, 즉

$$\overline{\mu} = \mu^* \mid_{\mathfrak{J}} : \mathfrak{J} \to R^*$$

는 $\mathfrak{J}$ 위에 정의된 완비측도임을 보이시오.

3. 집합 X의 부분집합으로 이루어진 집합대수 Ω에 대하여 $A \in \Omega$이면 A는 μ^* - 가측임을 보이시오.

4. μ를 집합 X의 부분집합으로 이루어진 집합대수 Ω 위의 측도, μ^*를 μ에서 유도된 외측도라 하고 $E \subset X$를 임의의 집합이라고 할 때

$$E \subset B\text{인 집합 } A \in \Omega_{\sigma\delta}\text{가 존재하여 } \mu^*(E) = \mu^*(B)$$

가 성립함을 보이시오.

5.2 곱측도와 후비니 정리

1. 가측 직사각형

정의 1 집합반대수

임의의 집합 X의 부분집합의 집합족 $\mathfrak{R}$ 이 다음 두 조건

(1) $A,\ B \in \mathfrak{R}$ 이면 $A \cap B \in \mathfrak{R}$

(2) $A \in \mathfrak{R}$ 이면 $\mathfrak{R}$ 에 속하는 서로소인 집합 $C_1,\ C_2,\ \cdots,\ C_n$ 이 존재하여 $A^c = \bigcup_{i=1}^{n} C_i$

를 만족할 때, $\mathfrak{R}$ 을 **집합반대수**(semialgebra of sets)라고 한다.

예

$\mathfrak{R}$ 이 집합반대수이면

$$\Omega = \{\varnothing\} \cup \left\{ A \mid A = \bigcup_{i=1}^{n} C_i \ (\text{단}, C_i \in \mathfrak{R}), C_i \cap C_j = \varnothing \ (\text{단}, i \neq j) \right\}$$

는 집합대수가 된다. 이때 Ω를 $\mathfrak{R}$에 의해 생성된 집합대수라고 한다.

■

이제 집합반대수 $\mathfrak{R}$ 위에 정의된 집합함수가 $\mathfrak{R}$에 의하여 생성되는 집합대수 위의 측도로 확장되는 경우에 대하여 알아보자.

정리 2

$\mathfrak{R}$이 집합반대수이고, Ω가 $\mathfrak{R}$에 의하여 생성되는 집합대수일 때, 집합함수 $\mu : \mathfrak{R} \to R^*$가 다음 세 조건

(1) $\varnothing \in \mathfrak{R}$이면 $\mu(\varnothing) = 0$

(2) $\mathfrak{R}$의 집합 C가 $\mathfrak{R}$의 유한개의 서로소인 집합

$$C_1,\ C_2,\ \cdots,\ C_n \text{의 합집합이면 } \mu(C) = \sum_{i=1}^{n} \mu(C_i)$$

(3) $\mathfrak{R}$의 집합 C가 $\mathfrak{R}$의 가산개의 서로소인 집합 $C_1,\ C_2,\ \cdots$의 합집합이면

$$\mu(C) \le \sum_{i=1}^{\infty} \mu(C_i)$$

을 만족하면 μ는 Ω 위의 측도로 확장되고, 또 이 확장측도는 유일하다.

두 집합 X와 Y의 카테시안곱 $X \times Y = \{(x, y) \mid x \in X, y \in Y\}$에 대하여, $A \subset X$, $B \subset Y$일 때 $A \times B$를 $X \times Y$의 **직사각형**(rectangle)이라 한다.

참고

$A_i \subset X$, $B_i \subset Y$ (단, $i = 1, 2$)에 대하여, $A_1 \times B_1 = A_2 \times B_2$이면 $A_1 = A_2$이고 $B_1 = B_2$이다.

정의 3 가측 직사각형

가측공간 $(X, \wp)$와 $(Y, \mathfrak{I})$에 대하여

$$A \in \wp,\ B \in \mathfrak{I}$$

일 때 $A \times B$를 **가측 직사각형**(measurable rectangle)이라고 한다. $X \times Y$의 가측 직사각형 전체의 집합족

$$\Re = \{A \times B \mid A \in \wp,\ B \in \Im\}$$

에 대하여

$$\overline{\Re} = \left\{ \bigcup_{i=1}^{n} F_i \mid F_i \in \Re\ (i = 1,\ 2,\ \cdots,\ n),\ n \in N \right\}$$

이라 할 때, $\overline{\Re}$ 의 원소를 **기본집합**(elementary set)이라 한다.

$X \times Y$의 집합대수 $\overline{\Re}$ 에 의해서 생성된 σ - 대수를 $\wp \times \Im$ 로 표기한다. 즉, $(X \times Y,\ \wp \times \Im)$ 는 가측공간이다.

예제

$X \times Y$의 가측 직사각형 전체의 집합족 $\Re$ 은 집합반대수를 이룬다.

증명 $A \times B \in \Re$ 이고 $C \times D \in \Re$ 일 때

$$(A \times B) \cap (C \times D) = (A \cap C) \times (B \cap D)$$

이므로, $(A \times B) \cap (C \times D) \in \Re$ 이다. 또한

$$(A \times B)^c = (A^c \times B) \cup (A \times B^c) \cup (A^c \times B^c)$$

이므로, $A \times B \in \Re$ 이면 $(A \times B)^c$는 $\Re$ 의 유한개의 원소의 합집합으로 표시된다.

■

$A_i,\ B_i \in \Im$에 대하여, 다음 조건

$$A_i \subset A_{i+1},\ B_i \supset B_{i+1}\ (\text{단},\ i = 1,\ 2,\ 3,\ \cdots)\text{이면}\ \bigcup_{i=1}^{\infty} A_i \in \Im,\ \bigcap_{i=1}^{\infty} B_i \in \Im$$

을 만족할 때, 집합들의 모임 $\Im$를 **단조집합족**(monotone class)이라 한다.

참고

가측공간 $(X,\ \wp)$와 $(Y,\ \Im)$에 대하여 집합족이라 하면 $\wp \times \Im$는 $X \times Y$에서 모든 기본집합들을 포함하는 최소의 단조집합족이다.

2. 곱측도와 후비니 정리

정의 4

$X \times Y$의 가측 직사각형 전체의 집합반대수 $\mathfrak{R}$ 위에 집합함수 λ를

$$\lambda(A \times B) = \mu(A)\nu(B) \text{ (단, } A \in \wp,\ B \in \mathfrak{I})$$

로 정의한다.

$X \times Y$의 가측 직사각형의 집합반대수 $\mathfrak{R}$에 의하여 생성되는 집합대수를 $\overline{\mathfrak{R}}$라고 하면, $\overline{\mathfrak{R}}$는 공집합 $\varnothing$와 $\mathfrak{R}$의 유한개의 서로소인 가측 직사각형의 합집합으로 이루어진다.

보조정리

가측 직사각형의 집합열 $(A_i \times B_i)$가 다음 두 조건

(1) $(A_i \times B_i) \cap (A_j \times B_j) = \varnothing$ (단, $i \neq j$)

(2) $A \times B = \bigcup_{i=1}^{\infty} (A_i \times B_i)$

를 만족하면

$$\lambda(A \times B) = \sum_{i=1}^{\infty} \lambda(A_i \times B_i)$$

가 성립한다.

$X \times Y$의 가측 직사각형의 집합반대수 $\mathfrak{R}$에 의하여 생성되는 집합대수를 $\overline{\mathfrak{R}}$라고 하면, 보조정리에 의하여 집합함수 $\lambda : \mathfrak{R} \to R^*$는 정리 2의 조건을 만족하므로 λ는 $\overline{\mathfrak{R}}$ 위의 측도로 확장되고, 이 확장측도는 유일하다. 따라서 이 측도는 카라테오도리 정리에 의하여 $\overline{\mathfrak{R}}$로 생성되는 σ - 집합대수 위의 측도로 확장된다.

정의 5 곱측도

$X \times Y$의 가측 직사각형의 집합반대수 $\mathfrak{R}$에 의하여 생성되는 집합대수를 $\overline{\mathfrak{R}}$라고 하

자. 그러면 집합함수 $\lambda : \Re \to R^*$는 λ는 $\overline{\Re}$ 위의 측도로 확장되고, 또한 이 측도는 $\overline{\Re}$로 생성되는 σ - 집합대수 위의 측도로 확장된다. $\overline{\Re}$로 생성되는 σ - 집합대수 위의 측도를 $\mu \times \nu$로 나타내고, μ와 ν의 **곱측도**(product measure)라고 한다.

예

측도공간 $(X, \wp, \mu)$와 $(Y, \mathfrak{I}, \nu)$가 σ - 유한이면, 곱측도공간 $(X \times Y, \wp \times \mathfrak{I}, \mu \times \nu)$도 σ - 유한이다.

참고

측도공간 $(X, \wp, \mu)$와 $(Y, \mathfrak{I}, \nu)$에 대하여, 가측기본집합으로 생성되는 최소의 σ - 집합대수를 $\wp \times \mathfrak{I}$로 나타낸다. 카라테오도리 정리에 의하여 곱측도 $\mu \times \nu$가 정의되어 있는 σ - 집합대수는 $\wp \times \mathfrak{I}$를 포함한다. μ와 ν가 모두 σ - 유한인 측도일 때는 $\mu \times \nu$가 유일하게 정하여지지만 μ, ν 중에서 어느 하나만 σ - 유한이 아니더라도 $\mu \times \nu$는 유일하게 정하여지지 않음에 유의한다.

정의 6

$X \neq \varnothing$, $Y \neq \varnothing$에 대하여 E를 $X \times Y$의 공집합이 아닌 임의의 부분집합이라 하자. 이때 $x \in X$에 대하여

$$E_x = \{y \in Y \mid (x, y) \in E\}$$

를 E의 x - **절단**(x cross - section)이라 하고, $y \in Y$에 대하여

$$E_y = \{x \in X \mid (x, y) \in E\}$$

를 E의 y - **절단**(y cross - section)이라고 한다.

가측공간 $(X, \wp)$와 $(Y, \mathfrak{I})$에 대하여, $E \in \wp \times \mathfrak{I}$이면 E의 모든 x - 절단과 y - 절단은 가측집합이다.

예

E_x의 특성함수 χ_{E_x}와 E의 특성함수 χ_E 사이에는

$$\chi_{E_x}(y) = \chi_E(x, y) \ \ (\text{단, } x \in X\text{는 고정원소})$$

가 성립하고, 집합 E의 x - 절단은

$$(-E)_x = -(E_x),\ (\bigcup_\alpha E_\alpha)_x = \bigcup_\alpha (E_\alpha)_x$$

를 만족한다.

■

임의의 $x \in X$와 집합 $E \in \Re_{\sigma\delta}$에 대하여 $E_x \subset Y$는 가측이다.

정리 7

집합 $E \in \Re_{\sigma\delta}$가 $\mu \times \nu(E) < \infty$를 만족할 때

$$g(x) = \nu(E_x)\ (\text{단, } x \in X)$$

로 정의되는 함수 $g : X \to R^*$는 가측이고

$$\int g\, d\mu = \mu \times \nu(E)$$

가 성립한다.

예제

$(X, \wp, \mu)$와 $(Y, \Im, \nu)$가 완비측도공간일 때, $\mu \times \nu(E) = 0$을 만족하는 집합 E에 대하여 $\nu(E_x) = 0$ a.e. $[\mu]$이다.

증명 $E \subset F$이고 $\mu \times \nu(F) = 0$을 만족하는 $\Re_{\sigma\delta}$의 집합 F가 존재한다. 또한 정리 7에 의하여 $\nu(F_x) = 0$ a.e. $[\mu]$가 된다. 그런데 $E_x \subset F_x$이고 ν가 완비측도이므로, $\nu(E_x) = 0$ a.e. $[\mu]$이다.

■

참고

$X \times Y$의 부분집합 E가 $\mu \times \nu(E) < \infty$를 만족하는 가측집합일 때, 거의 모든 x에 대하여 $E_x \subset Y$는 가측이다.

정리 8

$X \times Y$의 부분집합 E가 $\mu \times \nu(E) < \infty$를 만족하는 가측집합일 때, $g(x) = \nu(E_x)$

에 의하여 정의되는 함수는 거의 모든 x에 대하여 정의되고

$$\int g\, d\mu = \mu \times \nu(E)$$

로 주어진다.

증명 $E_x = F_x - G_x$이고 거의 모든 x에 대하여 $\nu(G_x) = 0$이므로

$$\nu(E_x) = \nu(F_x) \text{ a.e. } [\mu]$$

가 된다. 따라서 $g(x) = \nu(E_x)$로 정의되는 함수 g는 가측이고, 정리 7에 의하여

$$\int g\, d\mu = \int \nu(F_x)\, d\mu = \mu \times \nu(F) = \mu \times \nu(E)$$

가 된다. ■

정의 9

$(X, \wp)$와 $(Y, \Im)$가 가측공간일 때, $f: X \times Y \to R^*$에 대하여

$$f_x: Y \to R^* \text{를 } f_x(y) = f(x, y),\quad f_y: X \to R^* \text{를 } f_y(x) = f(x, y)$$

로 각각 정의한다.

참고

$(X, \wp)$와 $(Y, \Im)$가 가측공간일 때, 함수 $f, g: X \times Y \to R^*$와 $\alpha \in R^*$에 대하여 다음이 성립한다.

(1) $x \in X$일 때 $(f+g)_x = f_x + g_x$, $(\alpha f)_x = \alpha f_x$

(2) $y \in Y$일 때 $(f+g)_y = f_y + g_y$, $(\alpha f)_y = \alpha f_y$

예제

$(X, \wp)$와 $(Y, \Im)$가 가측공간일 때, 함수 $f: X \times Y \to R^*$를 $\wp \times \Im$ - 가측함수라 하면 다음이 성립한다.

(1) 각 $x \in X$에 대하여, f_x는 $\Im$ - 가측함수이다.

(2) 각 $y \in Y$에 대하여, f_y는 $\wp$ - 가측함수이다.

증명 O를 R^*에서 열린집합이라 하고, $V = \{(x, y) \mid f(x, y) \in O\}$라 하자. 이때 f가

$\wp \times \mathfrak{I}$ - 가측함수이므로 $V \in \wp \times \mathfrak{I}$가 된다. 그런데 $V_x = \{y \in Y \mid f_x(y) \in O\}$ 라 하면 $V_x \in \mathfrak{I}$이므로 f_x는 $\mathfrak{I}$ - 가측함수이다. f_y에 대한 증명도 유사하다.

■

정리 10 후비니 정리(Fubini Theorem)

$(X, \wp, \mu)$와 $(Y, \mathfrak{I}, \nu)$가 완비측도공간이고 $f : X \times Y \to R^*$가 적분가능한 함수일 때, 다음이 성립한다.

(1) 함수 $f_x : Y \to R^*$는 거의 모든 x에 대하여 $\mathfrak{I}$ - 가측이다.

(2) 함수 $f_y : X \to R^*$는 거의 모든 y에 대하여 $\wp$ - 가측이다.

(3) $f(x) = \int_Y f_x(y)\, d\nu(y)$는 X 위에서 적분가능한 함수이다.

(4) $g(y) = \int_X f_y(x)\, d\mu(x)$는 Y 위에서 적분가능한 함수이다.

(5) $\int_X \left[\int_Y f\, d\nu \right] d\mu = \int_{X \times Y} f\, d(\mu \times \nu) = \int_Y \left[\int_X f\, d\mu \right] d\nu$

후비니 정리를 적용하려면, 우선 함수 f가 적분가능함을 확인하여야 한다. 또한 두 측도 μ와 ν가 σ - 유한이어야 하는 것은 아니지만 완비이어야 한다. 토넬리(Tonelli)는 두 측도 μ와 ν가 σ - 유한이면 함수 f가 적분가능하지 않아도 음이 아닌 가측함수일 경우 후비니 정리의 결론을 얻을 수 있음을 보였다.

연습문제 5-2 Exercises

1. 가측 직사각형의 집합열 $(A_i \times B_i)$가 다음 두 조건

(1) $(A_i \times B_i) \cap (A_j \times B_j) = \varnothing$ (단, $i \neq j$)

(2) $A \times B = \bigcup_{i=1}^{\infty} (A_i \times B_i)$

을 만족하면, $\lambda(A \times B) = \sum_{i=1}^{\infty} \lambda(A_i \times B_i)$가 성립함을 보이시오.

2. 임의의 $x \in X$와 집합 $E \in \Re_{\sigma\delta}$에 대하여 $E_x \subset Y$는 가측집합임을 보이시오.

3. $X = Y = [0, 1]$에 대하여 $\mathscr{I} = \mathfrak{I} = \wp(X)$이고 $\mu = \nu = m$이라 하면, 함수 $f : X \times Y \to R^*$를

$$f(x, y) = \begin{cases} 1 - x - y, & (x, y) \in \{(x, y) \in X \times Y \mid 0 \leq x + y \leq 1\} \\ 0 & , \text{그렇지 않을 경우} \end{cases}$$

로 정의할 때

$$f(x), \ g(y), \ \int_{X \times Y} f \, d(\mu \times \nu)$$

를 구하시오.

4. $X \times Y$의 부분집합 E가 $\mu \times \nu(E) < \infty$인 가측집합이면, 거의 모든 x에 대하여 E의 x - 절단 E_x는 Y의 가측인 부분집합임을 보이시오.

제6장
바나흐 공간의 성질

실함수론

6장 바나흐 공간의 성질

1. 베르 범주 정리

X가 거리공간 $< M, \rho >$의 부분집합이고, 임의의 x(단, $x \in M$)에 대하여

$$x_n \in X, \ \lim_{n \to \infty} \rho(x_n, x) = 0$$

을 만족하는 수열 (x_n)이 존재할 때, 거리 ρ에 관하여 X는 M에서 **조밀하다**고 한다.

참고

X가 거리공간 $< M, \rho >$의 부분집합일 때, $\overline{X} = M$이면 X가 M에서 조밀하다. 다시 말해서 임의의 M과 $\epsilon > 0$에 대하여 $\rho(x, y) < \epsilon$인 $y \in X$가 존재하면, 즉 $B_\epsilon(x) \cap X \neq \varnothing$ 이면 X는 $< M, \rho >$에서 조밀하다.

예

(G_n)이 완비거리공간 M에서 조밀한 열린집합들의 수열이면, $\bigcap_{n=1}^{\infty} G_n$은 M에서 조밀하다.

■

정의 1 어디에서도 조밀하지 않음

거리공간 X의 부분집합 E가 X에서 "**어디에서도 조밀하지 않음**(nowhere dense)"이라 함은 E의 폐포 $\overline{E}$의 여집합 $\overline{E}^c$가 X에서 조밀하다는 것을 의미한다. 즉 E가 X에서 어디에서도 조밀하지 않으면 $\overline{E}$는 열린집합을 포함하고 있지 않다.

X가 M에서 어디에서도 조밀하지 않으면, $\overline{X}$는 열린집합을 포함하고 있지 않다.

예

정수의 집합은 실수의 집합 R에서 어디에서도 조밀하지 않다. 그러나 유리수의 집합 Q는 R에서 어디에서도 조밀하지 않음이 아니다.

■

정의 2 제1범주의 집합과 제2범주의 집합

거리공간 X의 부분집합 E가 가산개의 어디에서도 조밀하지 않은 집합들의 합집합으로 나타내지면 E는 X에서 **제1범주의 집합**(a set of first category)이라 하고, 제1류가 아닌 집합을 X에서 **제2범주의 집합**(a set of second category)이라고 한다.

예

R을 R^2의 부분집합으로 보면, R^2에서 제1범주의 집합이 된다.

■

예

거리공간에서 제1범주의 집합들의 가산합집합은 제1범주의 집합이다. 따라서 R의 임의의 가산집합은 R에서 제1범주의 집합이 된다. 특히 유리수의 집합은 R에서 제1범주의 집합이다.

■

참고

완비거리공간 $< M, \rho >$에 대하여 $\{O_n\}$이 M에서 조밀한 가산개의 열린부분집합의 집합족이면, $\cap_{n=1}^{\infty} O_n \neq \varnothing$이 성립한다.

이제 완비거리공간에 대한 베르 범주 정리에 관하여 서술한다.

정리 3 베르 범주 정리(Baire Category theorem)

공집합이 아닌 완비거리공간은 제2범주의 집합이다.

증명 가산개의 어디에서도 조밀하지 않은 집합의 집합족을 (E_n)이라 하면, 각 $n \in N$에 대하여 열린집합 $O_n = \overline{E_n}^c$는 조밀하므로 $\cap O_n \neq \varnothing$이다. 그러므로 $x \in \cap O_n$인 $x \in X$가 존재한다. 따라서 $x \notin \cup E_n$이므로 $X \neq \cup E_n$이 된다. ■

실가함수에 관한 균등유계정리(Uniform Boundedness Principle for real valued functions)는 베르 범주 정리를 이용하여 증명된다.

정리 4 실가함수에 관한 균등유계정리

완비거리공간 X에 대하여, Ω를

$$C(X) = \{f : X \to R \mid f\text{는 } X\text{에서 연속인 함수}\}$$

의 부분집합이라고 하자. 임의의 $x \in X$에 대하여

$$|f(x)| \leq M_x \quad \forall f \in \Omega$$

를 만족하는 상수 M_x가 존재하면, 열린집합 $O \subset X$와 상수 M이 존재해서 모든 $x \in O$와 임의의 함수 $f \in \Omega$에 대하여

$$|f(x)| \leq M$$

이 성립한다.

증명 임의의 $m \in N$과 각 함수 $f \in \Omega$에 대하여

$$E_{m,f} = \{x \in X \mid |f(x)| \leq m\}, \; E_m = \bigcap_{\Omega} E_{m,f}$$

로 놓으면, f가 연속이므로 $E_{m,f}$는 닫힌집합이고, 따라서 E_m도 닫힌집합이다. 가정으로부터 각 $x \in X$에 대하여

$$|f(x)| \leq m \quad \forall f \in \Omega$$

로 되는 $m \in N$이 존재한다. 즉, $x \in E_m$으로 되는 $m \in N$이 존재한다. 따라서

$$X = \bigcup_{m=1}^{\infty} E_m$$

이다. X가 완비거리공간이므로 베르 범주 정리에 의하여 어디에서도 조밀하지 않음이 아닌 집합 E_M이 존재한다. 이 집합 E_M은 어디에서도 조밀하지 않음이 아닌 닫힌집합이므로 열린집합 O를 포함하고, 모든 $x \in O$에 대하여

$$|f(x)| \leq M \quad \forall f \in \Omega$$

가 성립한다. ■

거리공간 $< M, \rho >$와 $x \in M$에 대하여 $B_\epsilon(x) \cap M = \{x\}$를 만족하는 $\epsilon > 0$이 존재할 때, x를 M의 **고립점**(isolated point)이라고 한다.

참고

$< M, \rho >$가 어떠한 고립점도 갖지 않는 완비거리공간이면, 베르 범주 정리를 이용하여 M이 비가산집합임을 보일 수 있다.

컴팩트 거리공간은 완비이다. 따라서 $< M, \rho >$가 어떠한 고립점도 갖지 않는 컴팩트 거리공간이면, M은 비가산집합이다.

2. 열린사상정리

정의 5 열린사상과 위상동형사상

X와 Y가 위상공간이고 $f : X \to Y$가 X 위에서 정의된 함수일 때, 임의의 열린집합 $U \subset X$에 대하여 $f(U)$가 Y의 열린집합이면 f를 **열린사상**(open mapping)이라고 한다. 또한 f가 연속함수이고 열린사상이면, f를 **위상동형사상**(homeomorphism)이라고 한다.

예

X가 위상선형공간이면 $f(x) = \alpha x + x_0$ (단, $\alpha \in R$, $x_0 \in X$)에 의하여 정의되는 함수 $f : X \to X$는 연속이다. 이때 $\alpha \neq 0$이면 $f^{-1} : X \to X$도 연속이므로, f는 위상동형사상이 된다.

■

S가 위상선형공간 X의 부분집합일 때, $x \in X$에 의한 S의 평행이동을

$$x + S = \{x + s \mid s \in S\}$$

로 정의한다. O가 위상선형공간 X의 열린부분집합이면, $x \in X$에 의한 O의 평행이동 $x + O$는 열린집합이 된다. 따라서 $\amalg$가 θ에서의 **근방기**(a local base at θ)이면

$$\{x + U \mid U \in \amalg\}$$

는 x에서의 근방기가 된다.

위상선형공간의 위상처럼 평행이동이 위상동형사상인 것을 **평행이동불변위상**(translation invariant topology)이라고 한다.

참고

바나흐 공간 X와 Y에 대하여 선형작용소 $T: X \to Y$가 전사이고 연속이면, T에 의한 X의 단위구의 상은 원점을 중심으로 하는 Y의 구를 포함한다.

정리 6 열린사상정리(open mapping theorem)

두 바나흐 공간 X와 Y에 대하여 선형작용소 $T: X \to Y$가 전사이고 연속이면, 열린사상이다. 따라서 T가 전단사이면, T는 위상동형사상이 된다.

증명 $O \subset X$를 열린집합이라 하고 $y \in T(O)$라 하면, $y = T(x)$를 만족하는 $x \in O$가 존재한다. 그런데 O가 열린집합이므로, $x \in S \subset O$인 구 S가 존재한다. 따라서 $T(S-x)$는 원점을 중심으로 하는 구를 포함한다. 그러므로 $T(S)$는 y를 중심으로 하는 구를 포함한다.

$T(S) \subset T(O)$이고 y는 $T(S)$에 포함되어 있는 구의 점이므로, y는 $T(O)$의 내점이다. 따라서 $T(O)$는 열린집합이다. ■

정리 7

$(X, \| \ \|)$와 $(X, \| \ \|')$이 벡터공간 X 위에서 정의된 두 바나흐 공간일 때, 모든 $x \in X$에 대하여

$$\| x \| \leq C \| x \|'$$

을 만족하는 상수 C가 존재하면 두 노름은 동치이다. 즉, 또 하나의 상수 C'이 존재하여 모든 $x \in X$에 대하여

$$\| x \|' \leq C' \| x \|$$

이 성립한다.

증명 항등사상

$$I_X : (X, \| \ \|) \to (X, \| \ \|'), \ I_X(x) = x \quad \forall x \in X$$

는 전단사인 연속선형사상이므로, 열린사상정리에 의하여 열린사상이다. 따라

서 I_X의 역사상은 연속이고 $\| I_X^{-1} \| = C'$이라 놓으면, 정리가 성립한다.

■

정리 8 닫힌 그래프 정리(closed graph theorem)

두 바나흐 공간 X, Y에 대하여 $T: X \to Y$를 선형사상이라고 하자. X의 원소로 이루어진 수열 (x_n)이 x에 수렴하고 수열 $(T(x_n))$이 y에 수렴할 때

$$T(x) = y$$

를 만족하면, 선형사상 T는 연속이 된다.

증명 임의의 $x \in X$에 대하여

$$|||x||| = \| x \| + \| T(x) \|$$

으로 정의하면, $|||\ |||$은 X에서 노름이다. $|||x_n - x_m||| \to 0$이면

$$\| x_n - x_m \| \to 0\text{이고 } \| T(x_n) - T(x_m) \| \to 0$$

이므로, (x_n)과 $(T(x_n))$은 각각 X와 Y의 코시수열이다. 그런데 X와 Y가 완비이므로

$$\| x_n - x \| \to 0, \quad \| T(x_n) - T(x) \| \to 0$$

을 만족하는 $x \in X$, $y \in Y$가 존재한다. 그러므로 가정에 의하여 $T(x) = y$가 된다. 한편 $|||x_n - x||| \to 0$이므로, X는 노름 $|||\ |||$에 관하여 완비이다. 그런데 임의의 $x \in X$에 대하여 $\| x \| \le |||x|||$이므로, 정리 7에 의하여 $|||x||| \le C' \| x \|$을 만족하는 상수 C'이 존재한다. 따라서 임의의 $x \in X$에 대하여

$$\| T(x) \|' \le C' \| x \|$$

이 성립하므로 T는 유계, 즉 연속이 된다.

■

정리 9 균등유계정리(uniform boundedness principle)

X를 바나흐 공간, Y를 노름 선형공간이라 하고 Ω를

$$B[X, Y] = \{ T: X \to Y \mid T\text{는 유계인 선형작용소} \}$$

의 부분집합이라 하자. 이때 임의의 $x \in X$에 대응하여

$$\| T(x) \| \le M_x \quad \forall T \in \Omega$$

를 만족하는 상수 M_x가 존재하면

$$\| T \| \leq M \quad {}^{\forall} T \in \Omega$$

이 되는 상수 M이 존재한다.

증명 임의의 $T \in \Omega$에 대하여

$$f_T(x) = \| T(x) \|$$

으로 놓으면, f_T는 X에서 정의된 실가 연속함수이다. 임의의 $x \in X$에 대하여 $f_T(x) \leq M_x$이므로, 열린사상정리에 의하여

$$\| T(x) \| \leq M' \ (\text{단}, \ x \in O, \ T \in \Omega)$$

를 만족하는 공집합이 아닌 열린집합 $O \subset X$와 상수 M'이 존재한다. $y \in O$이면 O가 열린집합이므로

$$S = \{ x \in X \mid \| x - y \| < \delta \} \subset O$$

를 만족하는 실수 $\delta > 0$가 존재한다. $\| z \| < \delta$이면, $y + z \in S$이고 $T(z) = T(y+z) - T(y)$이므로

$$\| T(z) \| \leq \| T(y+z) \| + \| T(y) \| \leq M' + M_y$$

로 된다. 이로부터

$$\| T \| \leq \frac{1}{\delta}(M' + M_y) = M \quad {}^{\forall} T \in \Omega$$

가 성립함을 알 수 있다. ■

3. 한 - 바나흐 정리

정리 10 한 - 바나흐 정리(Hahn - Banach theorem)

함수 $p : X \to R$이

$$p(x+y) \leq p(x) + p(y), \ p(\alpha x) = \alpha p(x) \quad {}^{\forall} \alpha \geq 0$$

를 만족하는 벡터공간 X에서 정의된 실가함수이고, $f : S \to R$을 X의 선형부분공간 S의 모든 원소 s에 대하여 $f(s) \leq p(s)$을 만족하는 선형범함수라 하자. 그러면

$$F(s) = f(s) \quad {}^{\forall} s \in S, \ F(x) \leq p(x) \quad {}^{\forall} x \in X$$

로 되는 선형범함수 $F : X \to R$이 존재한다.

증명 g가 X의 한 선형부분공간 위에서 정의된 선형범함수이고, $g(x)$가 정의된 모든 x에 대하여 $g(x) \leq p(x)$를 만족한다고 하자. 이러한 선형범함수 전체의 집합을 Ω로 나타내고, $g_1, g_2 \in \Omega$에 대하여 g_1의 정의구역이 g_2의 정의구역의 부분집합이고 g_1의 정의구역에서 $g_1(x) = g_2(x)$이면 $g_1 < g_2$로 정의하자. 그러면 분명히 $<$는 Ω 위의 반순서이다. 따라서 주어진 범함수 $f: S \to R$를 포함하는 Ω의 극대 완전순서부분집합 $\{g_\alpha\}$가 존재한다.

D_α를 g_α의 정의구역이라 하고

$$D = \bigcup_\alpha D_\alpha$$

로 놓자. 그리고 $F: D \to R$을

$$F(x) = g_\alpha(x) \quad \forall x \in D_\alpha$$

에 의하여 정의되는 범함수라 하자. 그러면 $\{g_\alpha\}$가 완전순서집합이므로 F는 일의적으로 정의되는 선형이고, f의 확장범함수이다.

한편 G가 F의 확장범함수이면 $\{g_\alpha\}$가 극대이고 $g_\alpha < F < G$이므로, $G \in \{g_\alpha\}$로 되어 $G < F$이다. 따라서 $G = F$이고 F는 f의 극대 확장이다. 모든 $x \in D$에 대하여 $F(x) \leq p(x)$임은 분명하므로, 이제 F의 정의구역 D가 X와 같음을 증명한다. $D = X$임을 증명하기 위해서는 X의 진부분공간 위에서 정의된 선형범함수 g가 $g(x) \leq p(x)$를 만족하면, $h(x) \leq p(x)$를 만족하는 g의 확장 h (단, $h \neq g$)가 존재함을 보이면 된다.

T를 X의 진부분공간이라 하고, $y \in X - T$라 하자.

$$U = \{\lambda y + t \mid \lambda \in R,\ t \in T\}$$

로 놓으면, U는 T와 y로 생성되는 선형부분공간이다. 선형범함수 h를 g의 확장이라고 하면

$$h(\lambda y + t) = \lambda h(y) + h(t) = \lambda h(y) + g(t)$$

이어야 하므로, $h(y)$의 값이 정하여지면 h는 정의된다.

이제 $t_1, t_2 \in T$에 대하여

$$g(t_1) + g(t_2) = g(t_1 + t_2) \leq p(t_1 + t_2) \leq p(t_1 - y) + p(t_2 + y)$$

이므로

$$-p(t_1 - y) + g(t_1) \leq p(t_2 + y) - g(t_2)$$

가 된다. 따라서

$$\sup_{t \in T} \{-p(t - y) + g(t)\} \leq \inf_{t \in T} \{p(t + y) - g(t)\}$$

이다. 끝으로 $\alpha \in R$이

$$\sup_{t \in T}\{-p(t-y)+g(t)\} \le \alpha \le \inf_{t \in T}\{p(t+y)-g(t)\}$$

를 만족한다고 하고, $h(y)=\alpha$로 놓자.

$\lambda > 0$인 실수이면

$$\begin{aligned}\lambda\alpha+g(t) &= \lambda\left[\alpha+g\left(\frac{t}{\lambda}\right)\right] \\ &\le \lambda\left[\left\{p\left(\frac{t}{\lambda}+y\right)-g\left(\frac{t}{\lambda}\right)\right\}+g\left(\frac{t}{\lambda}\right)\right] \\ &= \lambda p\left(\frac{t}{\lambda}+y\right)=p(t+\lambda y)\end{aligned}$$

이고, $\lambda=-\mu<0$인 실수이면

$$\begin{aligned}-\mu\alpha+g(t) &= \mu\left[-\alpha+g\left(\frac{t}{\mu}\right)\right] \\ &\le \mu\left[\left\{p\left(\frac{t}{\mu}-y\right)-g\left(\frac{t}{\mu}\right)\right\}+g\left(\frac{t}{\mu}\right)\right] \\ &= \mu p\left(\frac{t}{\mu}-y\right)=p(t-\mu y)\end{aligned}$$

가 된다. 그러므로 모든 $\lambda \in R$에 대하여

$$h(\lambda y+t) \le p(\lambda y+t)$$

가 성립하고, h는 g의 확장범함수이다.

■

X를 복소벡터공간이라 하고, $f: X \to C$를

$$f(\alpha x+\beta y)=\alpha f(x)+\beta f(y) \ (\text{단}, \ \alpha, \ \beta \in C, \ x, \ y \in X)$$

인 선형범함수라고 하자. $f(x)$의 실수부를 $g(x)$, 허수부를 $h(x)$라고 하면

$$f(x)=g(x)+ih(x) \quad {}^\forall x \in X$$

이고, g와 h는 실수에 관하여 선형인 범함수이다. 그런데

$$g(ix)+ih(ix)=f(ix)=if(x)=ig(x)-h(x)$$

이므로, $h(x)=-ig(ix)$를 얻는다. 따라서

$$f(x)=g(x)-ig(ix) \quad {}^\forall x \in X$$

즉, f의 실수부인 g에 의하여 f가 정하여진다. 이 사실을 이용하여 복소벡터공간에 한-바나흐 정리를 확장할 수 있다.

참고

노름선형공간 X에 대하여 $y \in X$이면, $f(y) = \| f \| \| y \|$ 을 만족하는 유계인 선형범함수 $f : X \to R$이 존재한다.

노름선형공간에 한-바나흐 정리를 적용하여 다음 성질을 얻는다.

정리 11

S를 노름선형공간 X의 선형부분공간이라 하자. y가

$$\inf\{ \| y - s \| \mid s \in S \} = \delta > 0$$

을 만족하는 X의 한 원소이면

$$\| f \| \le 1,\ f(y) = \delta,\ f(s) = 0 \ \ ^\forall s \in S$$

을 만족하는 유계인 선형범함수 $f : X \to R$이 존재한다.

증명 $Y = \{ \lambda y + s \mid s \in S,\ \lambda \in R \}$이라 하면, Y는 X의 선형부분공간이다. 이제

$$\overline{f}(\lambda y + s) = \lambda \delta \ \ ^\forall \lambda y + s \in Y$$

로 정의하면 $\overline{f}$는 Y 위에서 정의된 선형범함수이다.

$$p(x) = \| x \| \ \ ^\forall x \in X$$

로 정의하면, 모든 $\lambda y + s \in Y$에 대하여 $\lambda \neq 0$일 때 $y + \dfrac{s}{\lambda} \in Y$이므로

$$p(\lambda y + s) = \| \lambda y + s \| = |\lambda| \| y + \frac{s}{\lambda} \| \ge \lambda \delta = \overline{f}(\lambda y + s)$$

로 된다. 한-바나흐 정리에 의하여

$$f(x) \le p(x) \ \ ^\forall x \in X$$

를 만족하는 $\overline{f}$의 확장범함수 $f : X \to R$이 존재한다.

한편 $f(x) \le p(x) = \| x \|$이므로, $\| f \| \le 1$이다. 또한 Y 위에서 $f(x) = \overline{f}(x)$이므로 $f(y) = \delta$이고, 임의의 $s \in S$에 대하여 $f(s) = \overline{f}(s) = 0$을 만족한다. ■

참고

$1 \le p < \infty$일 때, L_p-공간의 공액공간 $(L_p)^*$는 L_q-공간이지만, L_∞-공간의 공액공간은 L_1-공간이 아님에 유의한다.

노름 선형공간 X의 공액공간 X^*는 바나흐 공간이므로, 그의 공액공간이 존재한다. 이 공액공간을 X^{**}로 정의한다.

정의 12 등거리동형사상

노름선형공간 X와 Y에 대하여 선형사상 $T: X \to Y$가

$$\| T(x) \| = \| x \|$$

을 만족하면, T를 **등거리동형사상**(isometric isomorphism)이라고 한다. 등거리동형사상이 존재할 때, 두 노름선형공간을 **등거리동형**(isometrically isomorphic)이라고 한다.

예

임의의 $x \in X$에 대하여

$$\varphi(x)(f) = f(x) \quad \forall f \in X^*$$

에 의해 정의된 작용소 $\varphi : X \to X^{**}$는 선형이고 $\| \varphi(x) \| = \| x \|$을 만족하므로, φ는 등거리동형사상이 된다. 한편 φ는 연속인 단사함수이고, $\varphi[X]$에서 정의된 역함수 φ^{-1}도 연속이다. ■

연습문제 6-1 Exercises

1. 완비거리공간 $< X, \rho >$에 대하여, $\{O_n\}$이 X에서 조밀한 가산개의 열린부분집합의 집합족이면 $\cap O_n \neq \varnothing$이 성립함을 보이시오.

2. 바나흐 공간 X와 Y에 대하여 선형작용소 $T: X \to Y$가 전사이고 연속이면, T에 의한 X의 단위구의 상은 원점을 중심으로 하는 Y의 구를 포함함을 보이시오.

3. 노름선형공간 X에 대하여 $y \in X$이면, $f(y) = \| f \| \| y \|$을 만족하는 유계인 선형범함수 $f : X \to R$이 존재함을 보이시오.

4. 한-바나흐 정리를 이용하여 L_∞ 의 공액공간은 L_1 이 아님을 보이시오.

5. S를 복소벡터공간 X의 선형부분공간이라 하고, 실가함수 $p: X \to R$이

$$p(x+y) \le p(x)+p(y),\ p(\alpha x) = |\alpha| p(x)\ \ ^\forall \alpha \in R$$

을 만족한다고 하자. S 위에서 정의된 복소선형범함수 $f: S \to C$가 모든 $s \in S$에 대하여 $|f(s)| \le p(s)$를 만족하면

$$F(s) = f(s)\ \ ^\forall s \in S,\ |F(x)| \le p(x)\ \ ^\forall x \in X$$

를 만족하는 X에서 정의된 복소선형범함수 $F: X \to C$가 존재함을 보이시오.

실함수론

해답 연습문제 풀이

1장 연습문제 1.1

1. (1) $f(\varnothing) = \{f(x) \mid x \in \varnothing\} = \varnothing$
(2) $f(\{x\}) = \{f(a) \mid a \in \{x\}\} = \{f(x)\}$

2. (1) $x_1, x_2 \in X$에 대하여 $f(x_1) = f(x_2)$를 가정하면

$$g(f(x_1)) = g(f(x_2)),\ \text{즉}\ (g \circ f)(x_1) = (g \circ f)(x_2)$$

이고 $g \circ f$는 단사이므로 $x_1 = x_2$이다. 따라서 f는 단사이다.

(2) $g \circ f$가 전사이므로 $^{\forall} z \in Z$, $(g \circ f)(x) = z$를 만족하는 $x \in X$가 존재한다. 따라서 $g(f(x)) = z$를 만족시키는 $f(x) \in Y$가 존재하므로 g는 전사이다.

3. $f(x) = \dfrac{x}{1+|x|}$로 주어지는 함수 $f: R \to (-1, 1)$는 일대일 대응이므로 $(-1, 1) \approx R$

4. Q가 가부번이므로 $Q \approx N$이고, $N \times N \approx Q \times Q$이다. 따라서 $Q \times Q$는 가부번집합이다.

5. $R-Q$가 가부번이라면, $(R-Q) \cup Q = R$은 가부번이다. 그러나 이것은 모순이다. 따라서 $R-Q$는 비가부번이다.

6. 먼저 $y \in D$를 고정하면 모든 $x \in D$에 대하여 $f(x) \le g(y)$이므로, $g(y)$는 $f(D)$의 상계이다. 결과적으로 $\sup f(D) \le g(y)$. 이제 부등식이 $y \in D$에 대하여 성립해야 하므로, 우리는 $f(D)$가 집합 $g(D)$의 한 하계란 결론을 내릴 수 있다. 따라서 $\sup f(D) \le \sup g(D)$가 성립한다.

7. $u = \sup S$라 하고 $\epsilon > 0$을 임의의 실수라 하자. $u - \epsilon < u$이므로, $u - \epsilon$은 S의 상계가 아니다. 따라서 S의 어떤 원소 s_ϵ이 $u-\epsilon$보다 커야 한다. 즉, $u - \epsilon < s_\epsilon$이다. 역으로 u가 (2)를 만족한다고 가정하고 v가 $v \ne u$인 S의 임의의 상계라 하자. $v < u$라고 가정하고 $\epsilon = u - v > 0$을 취하면, $v = u - \epsilon < s_\epsilon$을 만족하는 $s_\epsilon \in S$가 존재한다. 이것은 v가 S의 상계인 것에 모순이므로, $u < v$가 되어야 한다. 따라서 $u = \sup S$가 성립한다.

연습문제 1.2

1. (1) $a+(-a)=0$이므로 $ab+(-a)b=[a+(-a)]\cdot b=0\cdot b=0=ab+(-(ab))$이다. 따라서 $(-a)\cdot b=-ab$이다.

(2) $a\neq 0$이므로, $\frac{1}{a}$이 존재한다. $\frac{1}{a}=0$이면 $1=a\cdot\frac{1}{a}=a\cdot 0=0$이 성립하여야 하지만 이것은 모순이므로, $\frac{1}{a}\neq 0$이 성립한다. 또한 $\frac{1}{a}\cdot a=1$이므로, $1/\frac{1}{a}=a$이다.

2. (1) $a\neq 0$이면, $a\in P$와 $-a\in P$ 중에서 반드시 하나가 성립한다. R의 순서 성질에 의하여 $a\in P$이면, $a^2=a\cdot a\in P$를 얻는다. 마찬가지로 R의 순서 성질에 의하여 $-a\in P$이면, $(-a)(-a)\in P$이고

$$(-a)(-a)=((-1)a)((-1)a)=(-1)(-1)\cdot a^2=a^2$$

이 성립한다. 따라서 $a\neq 0$이면 $a^2\in P$이므로, $a^2>0$이다. 또한 $1\neq 0$이므로, $1=(1)^2$로부터 $1>0$이 성립한다.

(2) $0<a<1$이라 가정하고, 양변에 a를 곱하면 $0=0\cdot a<a\cdot a=a^2<1\cdot a=a$

3. $ab>0$이므로, $a\neq 0$이고 $b\neq 0$이다. 따라서 $a>0$과 $a<0$ 중에서 반드시 하나만 성립한다. $a>0$이면 $\frac{1}{a}>0$이므로 $b=1\cdot b=\left\{\left(\frac{1}{a}\right)a\right\}b=\left(\frac{1}{a}\right)(ab)>0$이다. 같은 방법으로, $a<0$이면 $\frac{1}{a}<0$이므로, $b=\frac{1}{a}(ab)<0$이 된다.

4. 임의의 실수 $\epsilon>0$에 대하여 $x\in V_\epsilon(a)$, 즉 $|x-a|<\epsilon$을 만족하기 때문.

5. 자연수의 집합 N이 위로 유계라 하자. 그러면 N은 상한 a를 가진다. 그런데 $a-1$은 N의 상한이 아니기 때문에, $a-1<n$을 만족하는 $n\in N$이 존재한다. 따라서 $a<n+1$이고 $n+1\in N$이므로, a가 N의 상한이라는 데 모순이 된다.

6. 결론을 부정하면 x는 N의 상계가 되고, 완비성공리에 의하여 N은 상한 $u\in R$를 갖는다. 그런데 $u-1<u$이므로, $u-1$은 N의 상계가 아니다. 즉, $u-1<m$을 만족하는 $m\in N$이 존재한다. 따라서 $u<m+1$이고, $m+1\in N$이 된다. 이것은 u가 N의 상계라는 가정에 모순이다.

7. (1) $x=\frac{z}{y}>0$이므로, $\frac{z}{y}=x<n$인 $n\in N$이 존재해서 $z<ny$가 성립한다.

(2) 아르키메데스 성질로부터 N의 부분집합 $\{m\in N\mid z<m\}$은 공집합이 아니므로, N의 정렬정리에 의하여 최소원을 갖는다. 따라서 이 최소원을 n이라 하면, $n-1\leq z<n$이 성립한다.

8. 각 $n \in N$에 대하여 $I_n = [a_n, b_n]$이라 놓으면 $I_n \supset I_{n+1}$이므로 집합 $S = \{a_n \mid n \in N\}$은 b_1에 의해 유계이다. R의 완비성공리로부터 $\sup S = \alpha$가 R에 존재하고, 따라서 α의 정의로부터 모든 $n \in N$에 대하여 $a_n \le \alpha$가 된다. 또한 각 b_n은 S의 상계이므로 $\alpha \le b_n$이 된다. 따라서 모든 $n \in N$에 대하여 $a_n \le \alpha \le b_n$이 성립한다. 그러므로 $\alpha \in \bigcap_{n=1}^{\infty} I_n$, 즉 $\bigcap_{n=1}^{\infty} I_n \neq \varnothing$이다.

이제 $\beta = \inf\{b_n \mid n \in N\}$이라 놓고 $\inf\{b_n - a_n \mid n \in N\} = 0$이라 가정하자. 그러면 임의의 실수 $\epsilon > 0$에 대하여 $0 \le \beta - \alpha \le b_n - a_n < \epsilon$인 $n \in N$이 존재한다. 따라서 $\beta - \alpha = 0$, 즉 $\alpha = \beta$가 된다. 그러므로 공통원소는 유일하다.

9. 집합 S가 유계이므로 S를 포함하는 구간 $I_1 = [a_1, b_1]$이 존재한다. 여기서 $a_1' = \dfrac{a_1 + b_1}{2}$이라고 하면 부분구간 $[a_1, a_1']$ 또는 $[a_1', b_1]$ 중 적어도 하나는 S의 무한히 많은 점을 포함한다. 이들 구간 중에서 $S \cap I_2$가 무한집합이 되는 그 하나를 I_2로 표시하자. 이제 I_2를 앞에서와 같이 이등분하여 그 중 $S \cap I_3$가 무한집합이 되는 부분구간 I_3를 택하자. 이와 같은 방법을 반복하여, 모든 $n \in N$에 대하여 $I_n \supset I_{n+1}$이고, $b_n - a_n = \dfrac{b_1 - a_1}{2^{n-1}}$인 관계를 만족하는 $S \cap I_n$이 무한집합이 되는 축소된 유계폐구간열을 얻는다. 따라서 축소구간정리로부터 점 $x \in \bigcap_{n=1}^{\infty} I_n$이 존재한다. 이제 x가 S의 집적점임을 밝힌다. $\epsilon > 0$이 주어지고 $V_\epsilon(x)$를 x의 ϵ-근방이라 하고, $\dfrac{b_1 - a_1}{2^{n-1}} < \epsilon$인 $n \in N$을 택하자. 그러면 $I_n \subset V_\epsilon(x)$이다. I_n이 S의 무한히 많은 점을 포함하므로, 근방 $V_\epsilon(x)$는 x와 다른 S의 점을 포함한다. 따라서 x는 S의 집적점이 된다.

연습문제 1.3

1. O를 열린집합이라 하고 $x \in O$라고 하자. 그러면 적당한 $\epsilon > 0$이 존재하여 $V_\epsilon(x) \subset O$, 즉 $O^c \cap V_\epsilon(x) = \varnothing$이다. 그러므로 $x \notin \overline{O^c}$이다. 따라서 $x \in \overline{O^c}$이면 $x \in O^c$로 되어, O^c는 닫힌집합이다. 한편 F를 닫힌집합이라 하고 $x \in F^c$라고 하면 $F = \overline{F}$이므로, x는 F의 폐포점이 아니다. 그러므로 적당한 $\epsilon > 0$이 존재하여 $F \cap V_\epsilon(x) = \varnothing$, 즉 $V_\epsilon(x) \subset F^c$로 되어 F^c는 열린집합이다.

2. $\mathfrak{I}$의 임의의 유한부분덮개를 $\{O_{k_1}, O_{k_2}, \cdots, O_{k_n}\}$이라 하고 $k_0 = \max\{k_1, k_2, \cdots, k_n\}$이라고

하면 $\bigcup_{j=1}^{n} O_{k_j} = O_{k_0} = \left(\frac{1}{k_0},\ 1-\frac{1}{k_0}\right)$이 되어 $E \not\subset \left(\frac{1}{k_0},\ 1-\frac{1}{k_0}\right)$이므로, 모순이 되기 때문이다.

3. $\{K_\alpha\}$에서 한 원소 K_1을 고정하고, $G_\alpha = K_\alpha{}^c$라 놓자. K_1의 어느 점도 모든 K_α에 속하지 않는다고 하면, $\{G_\alpha\}$는 K_1의 열린덮개이다. K_1이 컴팩트이므로, $K_1 \subset G_{\alpha_1} \cup \cdots \cup G_{\alpha_n}$을 만족하는 유한개의 $\alpha_1,\ \cdots,\ \alpha_n$이 존재하는데, 이때 $K_1 \cap K_{\alpha_1} \cap \cdots \cap K_{\alpha_n} = \varnothing$이 되므로 가정에 모순이 된다.

4. ($\Rightarrow$) $K \subset R$가 컴팩트이므로, K는 닫힌집합이다. 따라서 K가 유계임을 보이면 된다. 이를 보이기 위하여 각 $n \in N$에 대하여 $G_n = (-n,\ n)$으로 놓으면 $\bigcup_{n=1}^{\infty} G_n = R$이므로, $\mathfrak{I} = \{G_n\}$은 K의 열린덮개가 된다. 따라서 $\mathfrak{I}$의 유한부분덮개가 존재하고, 이 유한부분덮개의 원소들 중 첨자가 가장 큰 것을 M이라고 하면 $K \subset G_M = (-M,\ M)$이 된다. 따라서 K는 유계이다.

($\Leftarrow$) K가 유계이면, K는 적당한 닫힌구간 $[a,\ b]$에 포함된다. 또한 K가 닫힌집합이므로, K는 컴팩트이다.

5. $F = F'$임을 보이면 된다. $x \in F$라 하면 $x \in \bigcap_{n=1}^{\infty} \bigcap_{i=1}^{2^n} I_{n,i}$이므로, 각 $n = 1,\ 2,\ \cdots$에 대하여 i_n이 존재하여 $x \in I_{n,\,i_n}$를 만족한다. 그런데 임의의 $\epsilon > 0$에 대하여 $\frac{1}{3^{n_0}} < \epsilon$인 $n_0 \in N$가 존재하고 $I_{n_0,\,i_{n_0}}$의 길이가 $\frac{1}{3^{n_0}}$이므로, 닫힌구간 $I_{n_0,\,i_{n_0}}$의 양 끝점은 열린구간 $(x-\epsilon,\ x+\epsilon)$에 속한다. 따라서 $x \in C'$이다. 즉, $C \subset C'$이 된다. 한편 $\overline{C} = C \cup C'$이고 C가 닫힌집합이므로 $\overline{C} = C = C'$이다. 그러므로 C는 완전집합이다.

연습문제 1.4

1. 임의로 주어진 실수 $\epsilon > 0$에 대하여, 아르키메데스 성질로부터 $\frac{1}{K^p} < \epsilon$을 만족하는 자연수 K가 존재한다. 따라서 $n \geq K$을 만족하는 모든 $n \in N$에 대하여 $\left|\frac{1}{n^p} - 0\right| = \frac{1}{n^p} \leq \frac{1}{K^p} < \epsilon$이 성립하므로, $\lim_{n\to\infty} \frac{1}{n^p} = 0$이다.

2. $x < 0$라고 가정하자. 그러면 $\epsilon = -x > 0$이다. (x_n)이 x에 수렴하므로, 모든 $n \geq K$에 대하여 $x-\epsilon < x_n < x+\epsilon$을 만족하는 자연수 K가 존재한다. 특히 $x_K < x+\epsilon = x+(-x) = 0$이다. 그러나 이것은 가정에 모순이므로, $x \geq 0$가 성립한다.

3. 먼저 수학적 귀납법을 사용하여 모든 $n \in N$에 대하여 $1 \le z_n < z_{n+1} < 2$임을 보인다. $z_1 = 1$이고 $z_2 = \sqrt{2}$이므로, $1 \le z_1 < z_2 < 2$가 된다. $n = k$일 때 성립된다고 가정하면 $2 \le 2z_k < 2z_{k+1} < 4$이므로 $1 < \sqrt{2} \le z_{k+1} = \sqrt{2z_k} < z_{k+2} = \sqrt{2z_{k+1}} < \sqrt{4} = 2$이다. 따라서 모든 $n \in N$에 대하여, $1 \le z_n < z_{n+1} < 2$가 성립한다. 수열 $Z = (z_n)$은 위로 유계인 증가수열이므로, 단조수렴정리로부터 어떤 실수 z로 수렴한다. 먼저 집합 $\{z_n \mid n \in N\}$은 상한 2를 가지므로, $\lim_{n \to \infty} z_n = 2$이다. 한편 $z_{n+1} = \sqrt{2z_n}$은 Z의 1 - 꼬리 Z_1의 제n항과 Z의 제n항 사이의 관계를 보여준다. $\lim Z_1 = z = \lim Z$이므로, $z = \sqrt{2z}$를 만족해야 한다. 따라서 근 $z = 0, 2$를 갖는다. 그런데 (z_n)의 모든 항들이 $1 \le z_n < 2$를 만족하므로, $1 \le z \le 2$이어야 한다. 따라서 $z = 2$이다.

4. 수열 (x_n)을 유계라고 하고, $S = \{x_n \mid n \in N\}$이 이 수열의 치역이라고 하자. 먼저 S가 유한집합이면, 무한히 많은 n에 대하여 x_n의 값이 되는 원소가 적어도 하나 S 안에 존재해야 한다. 이러한 수를 x라고 하면 모든 $k \in N$에 대하여 $x_{n_k} = x$를 만족하는 $n_1 < n_2 < \cdots < n_k < \cdots$가 존재하게 되므로, (x_{n_k})는 (x_n)의 부분수열이 되고 x에 수렴한다. 다음으로 S가 무한집합일 경우는 집합에 대한 볼차노 - 바이어슈트라스 정리에 의하여 S의 집적점 $x \in R$가 존재한다. 이제 x로 수렴하는 (x_n)의 부분수열을 찾을 것이다. x가 S의 집적점이므로, $0 < |x_{n_1} - x| < 1$을 만족하는 x_{n_1}을 S에서 택할 수 있다. 그 다음에 $n_2 > n_1$이면서 $0 < |x_{n_2} - x| < \frac{1}{2}$인 x_{n_2}를 S에서 택한다. 이와 같은 과정을 반복하여, 모든 $k \in N$에 대하여 $n_k > n_{k-1}$이고 $0 < |x_{n_k} - x| < \frac{1}{k}$을 만족시키는 x_{n_k}를 S에서 택할 수 있다. 따라서 (x_{n_k})는 (x_n)의 부분수열이 되며, x에 수렴한다.

5. $\inf\{-x_n \mid n \ge k\} = -\sup\{x_n \mid n \ge k\}$이므로

$$\begin{aligned}\underline{\lim}(-x_n) &= \lim_{k \to \infty}(\inf\{-x_n \mid n \ge k\}) = \lim_{k \to \infty}(-\sup\{x_n \mid n \ge k\}) \\ &= -\lim_{k \to \infty}(\sup\{x_n \mid n \ge k\}) = -\overline{\lim}\, x_n\end{aligned}$$

이 성립한다. 나머지 부분도 같은 방법으로 증명할 수 있다.

6. $A_1 \subset A_2 \subset \cdots$ 이고 $\bigcup_{n=1}^{\infty} A_n = [0, 1)$이므로, $\overline{\lim}\, A_n = \underline{\lim}\, A_n = [0, 1)$

7. $X = \{1, -1\}$이라 하고, $n \in N$에 대하여 $A_{2n} = \{1\}$, $A_{2n-1} = \{-1\}$로 놓으면

$$\underline{\lim}\, A_n = \varnothing, \quad \overline{\lim}\, A_n = X$$

8. $\lim_{n \to \infty} \inf \frac{a_{n+1}}{a_n} = \frac{1}{8}$, $\lim_{n \to \infty} \sup \frac{a_{n+1}}{a_n} = 2$, $\lim_{n \to \infty} \sqrt[n]{a_n} = \frac{1}{2}$

9. 먼저 $\sum_{n=0}^{\infty} 2^n a_{2^n}$이 수렴한다고 가정하자. 그러면

$$a_1 \le a_1,\ a_2+a_3 \le a_2+a_2=2a_2,$$
$$a_4+a_5+a_6+a_7 \le 4a_4,$$
$$\vdots$$
$$a_{2^n}+a_{2^n+1}+\cdots+a_{2^{n+1}-1} \le 2^n a_{2^n}$$

이므로, 부등식의 양변을 더하면

$$S_{2^{n+1}-1}=\sum_{k=1}^{2^{n+1}-1} a_k \le \sum_{k=0}^{n} 2^k a_{2^k} \le \sum_{k=0}^{\infty} 2^k a_{2^k}$$

이 된다. 따라서 $\sum_{n=1}^{\infty} a_n$의 부분합에 대한 수열의 부분수열 $(S_{2^{n+1}-1})$은 $\sum_{k=0}^{\infty} 2^k a_{2^k}$에 의하여 유계이다. 그런데 수열 (S_n)이 단조이므로, $\sum_{n=1}^{\infty} a_n$의 부분합의 수열은 유계이다. 따라서 $\sum_{n=1}^{\infty} a_n$은 수렴한다. 역으로 $\sum_{n=1}^{\infty} a_n$이 수렴하면 $a_3+a_4 \ge 2a_4$, $a_5+a_6+a_7+a_8 \ge 4a_8$이고, 일반적으로 $a_{2^n+1}+\cdots+a_{2^{n+1}} \ge 2^n a_{2^{n+1}}$이 된다. 따라서 $\sum_{k=3}^{\infty} a_k \ge \frac{1}{2}\sum_{k=1}^{n} 2^{k+1} a_{2^{k+1}}$이므로, 급수 $\sum_{n=0}^{\infty} 2^n a_{2^n}$의 부분합의 수열은 유계이다. 따라서 $\sum_{n=0}^{\infty} 2^n a_{2^n}$은 수렴한다.

연습문제 1.5

1. $L-\frac{1}{n} \le f(x_n) \le L+\frac{1}{n^2}$ (단, $n=1, 2, \cdots$)과 $\lim_{n\to\infty}(L-\frac{1}{n})=L$, $\lim_{n\to\infty}(L+\frac{1}{n})=L$이므로, 조임정리에 의해 $\lim_{n\to\infty} f(x_n)=L$이 된다. 한편 $\lim_{n\to\infty} x_n=c$이고 $x_n\in[a, b]$이므로 $c\in[a, b]$이다. 그런데 f가 점 c에서 연속이므로 $\lim_{n\to\infty} f(x_n)=f(c)$이고, 따라서 $f(c)=L$이다.

2. $x\in[0, 2]$가 유리수일 때 $|f(x)-f(1)|=|x-1|$이고, 무리수일 때

$$|f(x)-f(1)|=|x^2-1|=|x+1||x-1| \le 3|x-1|$$

이므로, 임의의 $\epsilon>0$에 대하여 $\delta=\frac{\epsilon}{3}$이라 두면

$$|x-1|<\delta\text{일 때, } |f(x)-f(1)| \le 3|x-1| < 3\delta=\epsilon$$

이 된다. 따라서 $\lim_{x\to 1} f(x)=f(1)$이 성립한다. 그러므로 f는 $x=1$에서 연속이다.

3. $a>0$가 $a\in A$인 유리수이고, (x_n)을 a로 수렴하는 A의 무리수들의 수열이라면 $h(a)>0$이지만, $\lim_{x\to\infty} h(x_n)=0$이므로 h는 a에서 불연속이다. 한편 $b>0$가 $b\in A$인 무리수이면, 임의의 실수 $\epsilon>0$에 대하여 $\frac{1}{n_0}<\epsilon$을 만족하는 적당한 $n_0\in N$를 택할 수 있다. 구간 $(b-1,\ b+1)$에는 n_0보다 작은 분모를 갖는 단지 유한개의 유리수만이 존재하므로, $\delta>0$를 근방 $(b-\delta,\ b+\delta)$가 n_0보다 작은 분모를 갖는 유리수를 포함하지 않도록 작게 잡을 수 있다. 따라서 $|x-b|<\delta,\ x\in A$일 때 $|h(x)-h(b)|=|h(x)|\le\frac{1}{n_0}<\epsilon$이 성립하므로 h는 무리수 b에서 연속이다.

4. $f(x)=x^2$으로 정의된 함수 $g: R\to R$은 연속이다. 이제 f가 R에서 균등연속이 아님을 밝히기 위해, $\epsilon=1$에 대하여 $|x-y|<\delta$이면 $|f(x)-f(y)|<1$을 만족하는 $\delta>0$가 존재하지 않음을 보인다. 사실 그러한 δ가 존재한다고 가정하고 $n\ge\dfrac{\frac{2}{\delta}-\frac{\delta}{2}}{2}$인 자연수 n을 택하자. 그리고 $x=n+\frac{\delta}{2}$, $y=n$이라 하자. 그러면

$$|x-y|=\frac{\delta}{2}<\delta\text{이지만 }|x^2-y^2|=|x+y||x-y|=\frac{\delta}{2}\left(2n+\frac{\delta}{2}\right)\ge 1$$

이 되어 모순이 된다. 따라서 f는 R에서 균등연속이 아니다.

5. $f:[a,\ b]\to R$을 $g(t)=f\{a+(b-a)t\}$ (단, $t\in[0,\ 1]$)로 정의된 $g:[0,\ 1]\to R$로 대치하면 g는 닫힌구간 $[0,\ 1]$에서 연속이므로, 임의의 $\epsilon>0$에 대하여 베르슈타인 근사정리로부터 모든 $t\in[0,\ 1]$에 대하여, $|g(t)-r(t)|<\epsilon$을 만족하는 다항식함수 $r:[0,\ 1]\to R$이 존재한다. 그런데 모든 $x\in[a,\ b]$에 대하여, $\frac{x-a}{b-a}\in[0,\ 1]$이므로 $\left|f(x)-r\left(\frac{x-a}{b-a}\right)\right|<\epsilon$이다. 그러므로 $p:[a,\ b]\to R$을 $p(x)=r\left(\frac{x-a}{b-a}\right)$로 정의하면

$$\text{모든 } x\in[a,\ b]\text{에 대하여, } |f(x)-p(x)|<\epsilon$$

이 성립한다. 따라서 정리가 증명된다.

연습문제 1.6

1. $f'(0)=\lim_{h\to 0}\frac{f(0+h)-f(0)}{h}=\lim_{h\to 0}\frac{f(0)+f(h)-f(0)}{h}=\lim_{h\to 0}\frac{f(h)}{h}=3$이므로

$$f'(1)=\lim_{h\to 0}\frac{f(1+h)-f(1)}{h}=\lim_{h\to 0}\frac{f(1)+f(h)-f(1)+2h}{h}=\lim_{h\to 0}\frac{f(h)+2h}{h}$$
$$=\lim_{h\to 0}\frac{f(h)}{h}+2=5$$

2. 구간 I에서 $f'(x)$가 유계이므로 모든 $x \in I$에 대하여, $|f'(x)| \leq M$을 만족하는 실수 $M > 0$이 존재한다. 그런데 구간 I에서 $f'(x)$가 존재하므로, 임의의 $x, y \in I$ (단, $x < y$)에 대하여 평균값정리로부터 $\left|\frac{f(x)-f(y)}{x-y}\right| = |f'(c)| \leq M$ (단, $c \in (x, y) \subset I$), 즉 모든 $x, y \in I$에 대하여, $|f(x)-f(y)| \leq M|x-y|$이 성립한다. 따라서 임의의 $\epsilon > 0$에 대하여, $\delta = \frac{\epsilon}{M}$로 놓으면 $|x-y| < \delta$이면, $|f(x)-f(y)| \leq M|x-y| < M \cdot \delta = \epsilon$이므로, $f: I \to R$은 I에서 균등연속이다.

3. 바이어슈트라스의 근사정리에 의하여, 모든 자연수 n과 모든 $x \in [a, b]$에 대하여 $|f(x) - p_n(x)| < \frac{1}{n}$을 만족하는 다항식 p_n이 존재한다. 이때 함수열 (p_n)은 닫힌구간 $[a, b]$에서 f로 균등수렴한다. 그런데 다항식은 무한 미분가능하므로 원하는 결론을 얻는다.

4. f가 c에서 극대가 되는 경우만 증명하고, 극소인 경우에 대한 증명은 독자에게 남긴다. $f'(c) > 0$이면 $\frac{f(x)-f(c)}{x-c} > 0$ (단, $x \in U$, $x \neq c$)를 만족하는 c의 근방 $U \subset [a, b]$가 존재한다. 또한 $x \in U$이고 $x > c$이면 $f(x) - f(c) = (x-c) \cdot \frac{f(x)-f(c)}{x-c} > 0$를 얻는다. 그러나 이것은 f가 c에서 극대가 된다는 가정에 모순이므로 $f'(c) > 0$일 수가 없다. 마찬가지로 $f'(c) < 0$일 수도 없다. 따라서 $f'(c) = 0$이다.

5. 함수 f가 닫힌구간 $[a, b]$에서 항등적으로 0이면 정리는 명백하므로, f가 항등적으로 0이 아니라고 가정한다. 이때 필요하면 f 대신에 $-f$를 택하여 양의 값을 취한다고 가정한다. 그러면 최대-최솟값 정리에 의하여 함수 f는 어떤 점 $c \in [a, b]$에서 $\sup\{f(x) \mid x \in [a, b]\} > 0$를 취한다. 한편 $f(a) = f(b)$이므로, 점 c는 열린구간 (a, b) 내부에 놓여야 한다. 그러므로 $f'(c)$가 존재한다. 따라서 f가 c에서 극대를 갖기 때문에, 내부극값정리에 의하여, $f'(c) = 0$이 된다.

6. x를 임의의 실수라고 하자. 모든 $h \in R$에 대하여 $\left|\frac{f(x+h)-f(x)}{h}\right| \leq \frac{h^2}{|h|} = |h|$이므로, f는 미분가능하고 $f'(x) = 0$이 된다. 따라서 f는 상수함수이다. 그런데 $f(2) = 3$이므로, $f(x) = 2$가 성립한다. 그러므로 $f(-2) = 3$이 된다.

7. (1) $\lim_{x \to +0}\left(1+\frac{1}{x}\right)^x$은 ∞^0 형태의 부정형이다. 따라서

$$\lim_{x \to +0} x\ln\left(1+\frac{1}{x}\right) = \lim_{x \to +0}\frac{\ln(1+1/x)}{1/x} = \lim_{x \to +0}\frac{1}{1+1/x} = 0$$

이므로, $\left(1+\frac{1}{x}\right)^x = e^{x\ln(1+\frac{1}{x})}$로부터 $\lim_{x \to +0}\left(1+\frac{1}{x}\right)^x = e^0 = 1$

(2) $\lim_{x \to +0} \frac{1-\cos x^2}{x^4}$의 값을 구하기 위하여 로피탈 정리를 두 번 적용하면

$$\begin{aligned}\lim_{x \to +0} \frac{1-\cos x^2}{x^4} &= \lim_{x \to +0} \frac{2x\sin x^2}{4x^3} = \lim_{x \to +0} \frac{\sin x^2}{2x^2} \\ &= \lim_{x \to +0} \frac{2x\cos x^2}{4x} = \lim_{x \to +0} \frac{\cos x^2}{2} = \frac{1}{2}\end{aligned}$$

8. $\epsilon > 0$을 임의의 실수라 하자. $\lim_{x \to a+0} \frac{f'(x)}{g'(x)} = L$ (단, $L \in R$)이므로, 주어진 $\epsilon > 0$에 대하여 $x \in (a, a+\delta)$일 때, $\left|\frac{f'(x)}{g'(x)} - L\right| < \epsilon$을 만족하는 $\delta > 0$가 존재한다. 한편 임의의 $x \in (a, a+\delta)$에 대하여 f와 g는 닫힌구간 $[a, x]$에서 코시의 평균값정리의 가정을 만족하므로 $\frac{f(x)-f(a)}{g(x)-g(a)} = \frac{f(x)}{g(x)} = \frac{f'(c_x)}{g'(c_x)}$를 만족하는 $c_x \in (a, x)$가 존재한다. 따라서 $c_x \in (a, a+\delta)$로부터 $\left|\frac{f(x)}{g(x)} - L\right| = \left|\frac{f'(c_x)}{g'(c_x)} - L\right| < \epsilon$이 성립하므로, $\lim_{x \to a+0} \frac{f(x)}{g(x)} = L$이다.

연습문제 1.7

1. $\int_0^1 f_n(x)\,dx = 0$

2. $f \in \Re[a, b]$이라 하고, $\epsilon > 0$을 임의의 실수라 하자. f가 적분가능하므로, 주어진 $\epsilon > 0$에 대하여 $L(f) - \frac{\epsilon}{2} < L(P_1, f)$, $U(P_2, f) < U(f) + \frac{\epsilon}{2}$을 만족하는 분할 P_1과 P_2가 존재한다.이제 P_ϵ을 P_1과 P_2의 공통세분이라고 하면 P_ϵ은 P_1과 P_2의 세분이고, 따라서

$$L(f) - \frac{\epsilon}{2} < L(P_1, f) \le L(P_\epsilon, f) \le U(P_\epsilon, f) \le U(P_2, f) < U(f) + \frac{\epsilon}{2}$$

이 된다. 그런데 $L(f) = U(f)$이므로, $U(P_\epsilon, f) - L(P_\epsilon, f) < \epsilon$이 성립한다. 역으로 임의의 실수 $\epsilon > 0$에 대하여 $U(P_\epsilon, f) - L(P_\epsilon, f) < \epsilon$을 만족하는 닫힌구간 $[a, b]$의 분할 P_ϵ이 존재한다고 가정하자. 그러면 P가 임의의 분할일 때 $U(f) - L(f) \le U(P_\epsilon, f) - L(P_\epsilon, f) < \epsilon$이 성립한다. 따라서 $\epsilon > 0$이 임의의 실수이므로, $U(f) \le L(f)$이다. 그런데 $L(f) \le U(f)$이므로, $L(f) = U(f)$이다. 그러므로 $f \in \Re[a, b]$가 된다.

3. 임의의 실수 $\epsilon > 0$에 대하여, 닫힌구간 $[a, b]$의 분할 P_ϵ을 $P_\epsilon = \left\{0,\ 1 - \frac{\epsilon}{3},\ 1 + \frac{\epsilon}{3},\ 2\right\}$라 하면 $U(P_\epsilon, f) = 3 + \frac{\epsilon}{3}$, $L(P_\epsilon, f) = 3 - \frac{\epsilon}{3}$이므로 $U(P_\epsilon, f) - L(P_\epsilon, f) = \frac{2\epsilon}{3} < \epsilon$이 된다. 따

라서 임의의 실수 $\epsilon > 0$에 대하여 $U(P_\epsilon, f) - L(P_\epsilon, f) < \epsilon$을 만족하는 분할 P_ϵ이 존재하므로, f는 적분가능하다.

4. f가 연속이 되는 $[a, b]$의 임의의 점 x에 대하여 $f(x) = 0$임을 보인다. 이것은 닫힌구간 $[a, b]$의 거의 모든 점에서 $f(x) = 0$임을 의미한다. f가 연속이 되는 닫힌구간 $[a, b]$의 적당한 점 x에 대하여 $f(x) \neq 0$이라 가정하자. 그러면 $|f(x)| > 0$이므로, 모든 $y \in [c, d]$에 대하여 $|f(y)| > \dfrac{f(x)}{2}$를 만족하는 x를 포함하는 닫힌구간 $[c, d]$가 존재한다. 따라서

$$0 = \int_a^b |f| = \int_a^c |f| + \int_c^d |f| + \int_d^b |f| \geq \int_c^d |f| \geq \frac{|f(x)|}{2}(d-c) > 0$$

이고, 이것은 모순이다. 그러므로 닫힌구간 $[a, b]$의 거의 모든 점에서 $f(x) = 0$이다.

5. (1) 함수 f가 닫힌구간 $[a, b]$에서 감소일 경우에는 증가일 경우와 같은 방법으로 증명할 수 있으므로 독자에게 남긴다. f를 증가함수라고 가정하고, $\epsilon > 0$을 임의의 실수라 하자. 주어진 $\epsilon > 0$에 대하여 $\dfrac{(b-a)\{f(b) - f(a)\}}{\epsilon} < n$ 인 $n \in N$을 선택하고, 이 n에 대응하는 $P_n = \{x_0, x_1, \cdots, x_n\}$을 닫힌구간 $[a, b]$를 동일한 n개의 구간으로 나눈 분할이라고 하면 $\Delta x_k = \dfrac{b-a}{n}$ (단, $k = 1, 2, \cdots, n$)로 주어진다. 이때 f가 닫힌구간 $[x_{k-1}, x_k]$에서 증가함수이므로 $m_k = f(x_{k-1})$, $M_k = f(x_k)$가 된다. 따라서

$$\begin{aligned}\sum_{k=1}^{n}(M_k - m_k)\,\Delta x_k &= \frac{b-a}{n}\sum_{k=1}^{n}\{f(x_k) - f(x_{k-1})\} \\ &= \frac{b-a}{n}\{f(x_n) - f(x_0)\} \\ &= \frac{b-a}{n}\{f(b) - f(a)\}\end{aligned}$$

가 성립한다. 임의의 실수 $\epsilon > 0$에 대하여 $\sum_{k=1}^{n}(M_k - m_k)\,\Delta x_k < \epsilon$이므로, f는 $[a, b]$에서 적분가능하다.

(2) $\epsilon > 0$을 임의의 실수라 하자. f가 닫힌구간 $[a, b]$에서 균등연속이므로, $\epsilon > 0$에 대응하는 적당한 $\delta > 0$가 존재하여 $|x-y| < \delta$, $x, y \in [a, b]$일 때 $|f(x) - f(y)| < \dfrac{\epsilon}{b-a}$을 만족한다. 이제 $n \in N$을 $\dfrac{b-a}{\delta} < n$이 되도록 택하여, 이 n에 대응하는 $P_n = \{x_0, x_1, \cdots, x_n\}$을 닫힌구간 $[a, b]$를 동일한 n개의 구간으로 나눈 분할이라고 하면 $\Delta x_k = \dfrac{b-a}{n} < \delta$ (단, $k = 1, 2, \cdots, n$)로 주어진다. 그러므로 $k = 1, 2, \cdots, n$에 대하여

$$w_k = M_k - m_k = \sup\{f(x) - f(y) \mid x, y \in [x_{k-1}, x_k]\} \leq \frac{\epsilon}{b-a}$$

이 성립한다. 따라서 $\sum_{k=1}^{n} w_k\,\Delta x_k \leq n \cdot \dfrac{\epsilon}{b-a} \cdot \dfrac{b-a}{n} = \epsilon$이므로, f는 닫힌구간 $[a, b]$에서 적분가능하다.

6. (1) f가 닫힌구간 $[a, b]$에서 적분가능하므로, 모든 $x \in [a, b]$에 대하여 $|f(x)| \le K$를 만족하는 $K > 0$가 존재한다. 이제 임의의 실수 $\epsilon > 0$에 대하여 $\delta = \frac{\epsilon}{K}$이라 놓으면, $|x-y| < \delta$, $x, y \in [a, b]$ (단, $x < y$)일 때

$$|F_a(x) - F_a(y)| = \left| \int_x^y |f(t)| dt \right| \le \int_x^y |f(t)| dt \le \int_x^y M\, dt = K(y-x) < \epsilon$$

이 된다. 따라서 F_a는 닫힌구간 $[a, b]$에서 균등연속이다.

(2) $\epsilon > 0$을 임의의 실수라 하자. f가 $c \in [a, b]$에서 연속이므로, $|x-c| < \delta$, $x \in [a, b]$일 때 $|f(x) - f(c)| < \epsilon$이 성립하는 $\delta > 0$가 존재한다. 따라서 $c - \delta < s \le c \le x < c + \delta$이고 $a \le s < x \le b$라면

$$\left| \frac{F_a(x) - F_a(s)}{x-s} - f(c) \right| = \left| \frac{1}{x-s} \int_s^x [f(u) - f(c)]\, du \right| < \epsilon$$

이다. 그러므로 F_a는 $c \in [a, b]$에서 미분가능하고 $F_a{}'(c) = f(c)$가 성립한다.

7. 임의의 실수 $\epsilon > 0$에 대하여, $U(P, f) - L(P, f) < \epsilon$이 되도록 $[a, b]$의 분할 $P = \{x_0, x_1, \cdots, x_n\}$를 택하자. 그러면 평균값정리로부터 $k = 1, 2, \cdots, n$에 대하여

$$F(x_k) - F(x_{k-1}) = F'(\xi_k)(x_k - x_{k-1}) = f(\xi_k)(x_k - x_{k-1})$$

을 만족하는 $\xi_k \in [x_{k-1}, x_k]$가 존재한다. 따라서

$$F(b) - F(a) = \sum_{k=1}^{n} \{F(x_k) - F(x_{k-1})\} = \sum_{k=1}^{n} f(\xi_k)\, \Delta x_k$$

이고, f가 $[a, b]$에서 적분가능하므로 $\left| F(b) - F(a) - \int_a^b f \right| < \epsilon$이 된다. 그러므로

$$F(b) - F(a) = \int_a^b f$$

8. 닫힌구간 $[a, b]$의 임의의 분할 $P = \{x_0, x_1, \cdots, x_n\}$에 대하여

$$\Delta\alpha_k = \alpha(x_k) - \alpha(x_{k-1}) = 0 \ \ (\text{단}, k = 1, \cdots, n)$$

이므로 $\underline{\int_a^b} f\, d\alpha = 0 = \overline{\int_a^b} f\, d\alpha$가 된다. 따라서 $f \in \Re_\alpha[a, b]$이고, $\int_a^b f\, d\alpha = 0$이다.

9. $$\int_0^2 [x]\, dx^2 = \int_0^2 [x]\, 2x\, dx = \int_0^1 [x]\, 2x\, dx + \int_1^2 [x]\, 2x\, dx$$

$$= \int_0^1 0\, dx + \int_1^2 2x\, dx = x^2 \Big|_1^2 = 3$$

10. $\alpha(b) = \alpha(a)$이면 정리는 명백히 성립하므로, $\alpha(a) < \alpha(b)$라고 가정하자. f가 닫힌구간 $[a, b]$에서 연속이므로, f의 최댓값 M과 최솟값 m이 존재한다. 따라서 분할 $P = \{a, b\}$에 대하여

$$m[\alpha(b) - \alpha(a)] = L(P, f, \alpha) \le \int_a^b f\, d\alpha \le U(P, f, \alpha) = M[\alpha(b) - \alpha(a)]$$

이므로 $m \le \dfrac{\int_a^b f\, d\alpha}{\alpha(b)-\alpha(a)} \le M$이 성립한다. 따라서 중간값정리에 의하여

$$\int_a^b f\, d\alpha = f(c) \cdot [\alpha(b)-\alpha(a)]$$

를 만족하는 $c \in [a,\ b]$가 존재한다.

연습문제 1.8

1. $\epsilon > 0$을 임의의 실수라 하자. 함수열 (f_n)이 함수 $f: A \to R$로 균등수렴하므로, $n \ge K$일 때 모든 $x \in A$에 대하여, $|f_n(x) - f(x)| < \dfrac{\epsilon}{3}$을 만족하는 $K \in N$가 존재한다. 이제 극한함수 f가 임의의 점 $c \in A$에서 연속임을 보이자. f_K가 c에서 연속이므로, 주어진 $\epsilon > 0$에 대하여 이에 대응하는 적당한 $\delta > 0$가 존재하여

$$|x-c| < \delta\ (\text{단, } x \in A)\text{이면, } |f_K(x) - f_K(x)| < \frac{\epsilon}{3}$$

이 성립한다. 그러므로 $|x-c| < \delta$ (단, $x \in A$)이면

$$|f(x)-f(c)| \le |f(x)-f_K(x)| + |f_K(x)-f_K(c)| + |f_K(c)-f(c)| \le \frac{\epsilon}{3}+\frac{\epsilon}{3}+\frac{\epsilon}{3} = \epsilon$$

이 된다. 따라서 극한함수 f는 A에서 연속이다.

2. $\lim\limits_{n\to\infty} f_n(x) = f(x)$이고 f가 연속이므로, $\lim\limits_{x \to c} f(x) = f(c)$이다. 또한 각 f_n이 연속이므로, $\lim\limits_{x\to c} f_n(x) = f_n(c)$이고 $\lim\limits_{n\to\infty} f_n(c) = f(c)$가 성립하기 때문이다.

3. 각 $n \in N$에 대하여 함수 $f_n : R \to R$이 $f_n(x) = \sum\limits_{k=0}^{n} \dfrac{1}{2^k}\cos 3^k x$로 정의되고, $f: R \to R$이 $f(x) = \sum\limits_{k=0}^{\infty} \dfrac{1}{2^k}\cos 3^k x$로 정의된 함수

4. 각 $n \in N$에 대하여 함수 $f_n : [0,\ \pi] \to R$이 $f_n(x) = \dfrac{\sin nx}{\sqrt{n}}$로 정의되고, $f: [0,\ \pi] \to R$이 $f(x) = 0$으로 정의된 함수

5. 집합 $\{r_n \mid n \in N\}$을 닫힌구간 $[0,\ 1]$에서의 유리수 전체의 집합이라고 하자. 이때 각 $n \in N$에 대하여 함수 $f_n : [0,\ 1] \to R$이

$$f_n(x) = \begin{cases} 1, & x \in \{r_1,\ r_2,\ \cdots,\ r_n\} \\ 0, & x \in [0,\ 1] - \{r_1,\ r_2,\ \cdots,\ r_n\} \end{cases}$$

으로 정의되고, $f:[0,1]\to R$이

$$f(x)=\begin{cases}1, & x\text{는 } [0,1]\text{에서 유리수}\\ 0, & x\text{는 } [0,1]\text{에서 무리수}\end{cases}$$

로 정의된 함수

6. 각 $n\ge 2$에 대하여 함수 $f_n:[0,1]\to R$이

$$f_n(x)=\begin{cases}n^2x & ,0\le x<\dfrac{1}{n}\\ 2n-n^2x, & \dfrac{1}{n}\le x<\dfrac{2}{n}\\ 0 & ,\dfrac{2}{n}\le x\le 1\end{cases}$$

로 정의되고, $f:[0,1]\to R$이 $f(x)=0$으로 정의된 함수

7. $\epsilon>0$을 임의의 실수라 하자. (f_n)이 닫힌구간 $[a,b]$에서 f에 균등수렴하므로 $K\ge H$일 때, $\|f-f_K\|_{[a,b]}\le\dfrac{\epsilon}{4(b-a)}$을 만족하는 자연수 H가 존재한다. 이제 $K=H$라고 하자. f_K가 적분가능하므로 리만 판정법으로부터 $U(P_\epsilon,f)-L(P_\epsilon,f_K)<\dfrac{\epsilon}{2}$을 만족하는 $[a,b]$의 분할 $P=\{x_0,x_1,\cdots,x_n\}$이 존재한다. 그런데

$$\text{모든 } x\in[a,b]\text{에 대하여 } |f(x)-f_K(x)|\le\frac{\epsilon}{4(b-a)}$$

이므로 $U(P_\epsilon,f)\le U(P_\epsilon,f_K)+\dfrac{\epsilon}{4}$이고, 더욱이 $L(P_\epsilon,f_K)-\dfrac{\epsilon}{4}\le L(P_\epsilon,f)$를 얻는다. 그러므로

$$U(P_\epsilon,f)-L(P_\epsilon,f)\le U(P_\epsilon,f_K)-L(P_\epsilon,f_K)+\frac{\epsilon}{2}<\frac{\epsilon}{2}+\frac{\epsilon}{2}=\epsilon$$

이 성립한다. 따라서 $\epsilon>0$이 임의의 실수이므로, 리만 판정법에 의하여 f는 $[a,b]$에서 적분가능하다. 또한

$$\left|\int_a^b f(x)\,dx-\int_a^b f_n(x)\,dx\right|=\left|\int_a^b\{f(x)-f_n(x)\}\,dx\right|$$
$$\le\int_a^b|f(x)-f_n(x)|\,dx\le\|f-f_n\|^J\,(b-a)$$

이고, $\lim_{n\to\infty}\|f-f_n\|_{[a,b]}=0$이므로 $\lim_{n\to\infty}\int_a^b f_n(x)\,dx=\int_a^b f(x)\,dx$가 성립한다.

8. 급수 $\sum_{n=1}^{\infty}M_n$이 수렴하면, 임의의 실수 $\epsilon>0$에 대하여 이에 대응하는 자연수 K가 존재하여

$$m\ge n\ge K\text{인 모든 } m,n\in N\text{에 대하여, } \sum_{k=n}^{m}M_n<\epsilon$$

이 성립한다. 한편 가정으로부터 모든 $x\in D$에 대하여

$$\left|\sum_{k=n}^{m} f_k(x)\right| \le \sum_{k=n}^{m} |f_k(x)| \le \sum_{k=n}^{m} M_k < \epsilon$$

이 성립한다. 따라서 함수항급수에 대한 코시 판정법에 의하여 $\sum_{n=1}^{\infty} f_n$은 D에서 균등수렴한다.

9. 함수 $f:[0,1] \to R$이 연속이므로, $\epsilon > 0$을 임의의 실수라 할 때 바이어슈트라스 근사정리에 의하여 모든 $x \in [0,1]$에 대하여, $|f(x)-p(x)| < \epsilon$을 만족하는 다항식 $p(x)=\sum_{n=0}^{\infty} a_n x^n$이 존재한다. 그런데 $\int_0^1 f(x)x^n\,dx = 0$ (단, $n=0, 1, 2, \cdots$)이므로

$$\int_0^1 f(x)p(x)\,dx = \int_0^1 f(x)\sum_{n=0}^{\infty} a_n x^n\,dx = \sum_{n=0}^{\infty} a_n \int_0^1 f(x)x^n\,dx = 0$$

을 만족한다. 그러므로 $\epsilon^2 > |f(x)-p(x)| \ge 0$으로부터

$$\begin{aligned}\epsilon^2 > \int_0^1 |f(x)-p(x)|^2\,dx &= \int_0^1 \{f(x)-p(x)\}^2\,dx \\ &= \int_0^1 \{f(x)\}^2\,dx - 2\int_0^1 f(x)p(x)\,dx + \int_0^1 \{p(x)\}^2\,dx \\ &= \int_0^1 \{f(x)\}^2\,dx + \int_0^1 \{p(x)\}^2\,dx \ge \int_0^1 \{f(x)\}^2\,dx \ge 0\end{aligned}$$

즉 $0 \le \int_0^1 \{f(x)\}^2\,dx < \epsilon^2$이므로, $\int_0^1 \{f(x)\}^2\,dx = 0$이 성립한다. 따라서 $\{f(x)\}^2 = 0$으로부터 $f(x)=0$이 된다. 그러므로 주어진 함수 f는 상수함수이다.

2장 연습문제 2.1

1. $\epsilon = \frac{1}{2}$로 잡을 때, $n \ge K$이면 $\rho(x_n, L) < \frac{1}{2}$, 즉 $\rho(x_n, L)=0$을 만족하는 자연수 K가 존재하기 때문이다.

2. 거리공간 $<(0,1], \rho>$에서 수열 $\left(\frac{1}{n}\right)$은 코시수열이지만 $(0,1]$에서 수렴하지 않는다.

3. $Y \subset X$라 놓고, y를 Y의 극한점이라 하자. 그러면 $\lim_{n\to\infty} y_n = y$를 만족하는 Y에서의 수열 (y_n)이 존재한다. 그런데 (y_n)이 X에서 수렴하는 수열이므로, (y_n)은 결과적 상수이다. 그러므로 적당한 $n \in N$에 대하여, $y_n = y$가 된다. 따라서 $y \in Y$이므로 Y는 닫힌집합이 된다.

4. x를 $\cap\mathscr{F}$의 극한점이라 하자. 그러면 $\lim_{n\to\infty} x_n = x$를 만족하는 $\cap\mathscr{F}$에서의 수열 (x_n)이 존재한다. $C\in\mathscr{F}$이면 모든 $n\in N$에 대하여 $x_n\in C$이고, $\lim_{n\to\infty} x_n = x$이므로 x는 C의 극한점이 된다. 그런데 C가 닫힌집합이므로, $x\in C$이다. 따라서 임의의 $C\in\mathscr{F}$에 대하여 $x\in C$이므로, $x\in\cap\mathscr{F}$이다. 그러므로 $\cap\mathscr{F}$는 닫힌집합이다.

5. $y\in B_\epsilon(x)$이면, $B_\delta(y)\subset B_\epsilon(x)$를 만족하는 $\delta>0$가 존재함을 보인다. 여기서는 $\delta=\epsilon-\rho(x, y)$라 놓고, $B_\delta(y)\subset B_\epsilon(x)$임을 보일 것이다. $z\in B_\delta(y)$라 하면, $\rho(y, z)<\delta$이다. 따라서 $\rho(x, z)\le\rho(x, y)+\rho(y, z)<\rho(x, y)+\delta=\epsilon$이므로, $z\in B_\epsilon(x)$가 된다.

6. 임의의 실수 $\epsilon>0$에 대하여, $\delta=\epsilon$으로 두고 $\rho(x, y)<\delta$라 하자. 그러면

$$\rho(x, a)\le\rho(x, y)+\rho(y, a)$$

이므로

$$f(x)-f(y)=\rho(x, a)-\rho(y, a)\le\rho(x, y)$$

가 된다. 같은 방법으로 $f(y)-f(x)\le\rho(x, y)$를 얻는다. 그러므로

$$|f(x)-f(y)|<\rho(x, y)<\delta=\epsilon$$

이 성립한다. 따라서 f는 X의 모든 점에서 연속이므로, f는 X에서 연속이다.

7. $x\in M$라 하자. 그러면 $\mathfrak{I}=\{B_n{}^c(x)\mid n\in N\}$은 X의 열린덮개이다. 그런데 X가 컴팩트이므로, $\mathfrak{I}$의 어떤 유한부분덮개 $\{B_{n_1}{}^c(x), B_{n_2}{}^c(x), \cdots, B_{n_k}{}^c(x)\}$가 X를 덮는다. 이때 $N=\max\{n_1, n_2, \cdots, n_k\}$라 하면, 모든 $y, z\in X$에 대하여 $\rho(y, z)\le 2N$을 만족한다. 따라서 X는 유계이다. 이제 x를 X의 극한점이라 하자. 그러면 $\lim_{n\to\infty} x_n = x$인 X에서의 수열 (x_n)이 존재한다. 그런데 X가 컴팩트이므로, 수열 (x_n)은 $y\in X$로 수렴하는 부분수열 (x_{n_k})를 갖는다. 따라서 $x=\lim_{n\to\infty} x_n=\lim_{k\to\infty} x_{n_k}=y\in X$가 성립한다. 그러므로 X는 닫힌집합이다. 한편, 모든 자연수 n에 대하여 $a_n=0$인 수열 (a_n)을 0으로 표기할 때 $X=\{x\in l^1\mid\rho(x, 0)=1\}$은 유계이고 닫힌집합이지만, 컴팩트가 아니다.

8. C를 X의 닫힌부분집합이라고 하면, C는 컴팩트이다. 그런데 $f: X\to Y$가 일대일 대응이고 연속이므로 $f(C)=(f^{-1})^{-1}(C)$이고, $f(C)$는 Y에서 컴팩트가 된다. 그러므로 $f(C)$는 Y에서 닫힌집합이다. 따라서 역함수 f^{-1}는 Y에서 연속이다.

9. (x_n)을 X에서 코시수열이라고 하자. 그러면 $n, m\ge K$일 때, $\rho(x_m, x_n)<\dfrac{1}{2}$을 만족하는 자연수 K가 존재한다. 그러므로 $n\ge K$이면, $x_n=x_K$가 된다. 따라서 (x_n)은 x_K에 수렴한다.

연습문제 2.2

1. (i) $\| f \| = \sup\{|f(x)| \mid 0 \le x \le 1\} = 0 \Leftrightarrow |f(x)| = 0 \ {}^{\forall}x \in [0, 1] \Leftrightarrow f = 0$

   (ii) $\| \alpha f \| = \sup\{|\alpha f(x)| \mid 0 \le x \le 1\} = |\alpha| \sup\{|f(x)| \mid 0 \le x \le 1\} = |\alpha| \, \| f \|$

   (iii) $\| f + g \| = \sup\{|f(x) + g(x)| \mid 0 \le x \le 1\} \ge \sup |f(x)| + |g(x)| \mid 0 \le x \le 1\}$
   $\le \sup\{|f(x)| \mid 0 \le x \le 1\} + \sup\{|g(x)| \mid 0 \le x \le 1\} = \| f \| + \| g \|$

2. (f_n)을 $C[0, 1]$의 임의의 코시수열이라고 하면, 임의의 실수 $\epsilon > 0$에 대하여 $n, m \ge K$일 때, $\rho(f_n, f_m) = \| f_n - f_m \| < \epsilon$을 만족하는 자연수 K가 존재한다. 임의의 $x \in [0, 1]$에 대하여 $|f_n(x) - f_m(x)| = \| f_n - f_m \| < \epsilon$이므로, 각 $x \in [0, 1]$에 대하여 실수의 수열 $(f_n(x))$는 코시수열이 된다. 따라서 실수체 R의 완비성에 의하여 $\lim_{n \to \infty} f_n(x) = f(x)$ (단, $x \in [0, 1]$)를 만족하는 실수 $f(x)$가 존재한다. 먼저 이 극한값을 함수값으로 하는 함수 $f : [0, 1] \to R$이 균등노름에 관하여 코시수열 (f_n)의 극한임을 보인다. 임의의 $x \in [0, 1]$에 대하여, $n \ge K$일 때 $|f_n(x) - f(x)| = \lim_{m \to \infty} |f_n(x) - f_m(x)| \le \lim_{m \to \infty} \| f_n - f_m \| < \epsilon$이므로, $\| f_n - f \| \le \epsilon$, 즉 $\lim_{n \to \infty} \| f_n - f \| = 0$이 된다. 이제 $f \in C[0, 1]$임을 보이면 균등노름이 주어진 $C[0, 1]$은 바나흐 공간이 된다. $\lim_{n \to \infty} \| f_n - f \| = 0$이므로, 임의의 실수 $\epsilon > 0$에 대하여 자연수 K가 존재하여 모든 $x \in [0, 1]$에 대하여, $|f_n(x) - f(x)| < \epsilon$으로 된다. 따라서 (f_n)은 닫힌구간 $[0, 1]$에서 함수 f에 균등수렴한다. 그러므로 f는 닫힌구간 $[0, 1]$에서 연속, 즉 $f \in C[0, 1]$이 된다.

3. $(\Rightarrow)$ 완비인 노름선형공간 X의 원소를 항으로 하는 급수 $\sum x_n$이 절대수렴한다고 하자. $\sum \| x_n \| = M < \infty$이므로 임의의 실수 $\epsilon > 0$에 대하여 $K \in N$가 존재하여 $\sum_{n=K}^{\infty} \| x_n \| < \epsilon$이 된다. 이제 $s_n = \sum_{i=1}^{n} x_i$로 놓으면 $s_n \in X$이고, $n \ge m \ge K$일 때

$$\| s_n - s_m \| = \| \sum_{i=m+1}^{n} x_i \| \le \sum_{i=m+1}^{n} \| x_i \| \le \sum_{i=K}^{\infty} \| x_i \| < \epsilon$$

이 된다. 따라서 부분합의 수열 (s_n)은 코시수열이다. X가 완비이므로 $s \in X$가 존재하여 $\sum x_n$은 s에 수렴한다.

$(\Leftarrow)$ (x_n)을 X의 임의의 코시수열이라고 하자. 그러면 임의의 $k \in N$에 대하여 $n, m \ge n_k$일 때 $\| x_n - x_m \| < \frac{1}{2^k}$을 만족하는 $n_k \in N$가 존재한다. 따라서 $n_k < n_{k+1}$이 되도록 수열 (n_k)를 택하면 $(x_{n_k})_{k=1}^{\infty}$는 수열 (x_n)의 부분수열이고 $y_1 = x_{n_1}$, $y_k = x_{n_k} - x_{n_{k-1}}$로 놓을 때, $k > 1$이면 $\sum_{i=1}^{k} y_i = x_{n_k}$가 된다. 따라서 $k > 1$이면 $\| y_k \| \le \frac{1}{2^{k-1}}$이므로

$$\sum_{k=1}^{\infty} \| y_k \| \leq \| y_1 \| + \sum_{k=2}^{\infty} \frac{1}{2^{k-1}} = \| y_1 \| + 1$$

이 되어 급수 $\sum y_k$는 절대수렴한다. 그러므로 $k \to \infty$일 때 $\| x_{n_k} - x \| = \| \sum_{i=1}^{k} y_i - x \| \to 0$을 만족하는 $x \in X$가 존재한다. 이제 (x_n)이 $x \in X$에 수렴함을 보이자. (x_n)이 코시수열이므로 임의의 실수 $\epsilon > 0$에 대하여 $H \in N$가 존재하여 $n, m \geq H$이면 $\| x_n - x_m \| < \frac{\epsilon}{2}$이 성립한다. 한편 $\lim_{k\to\infty} x_{n_k} = x$이므로 $K \in N$가 존재하여 $k \geq K$이면 $\| x_{n_k} - x \| < \frac{\epsilon}{2}$이 된다. $k \geq K$이고 $n_k \geq H$가 되게 하는 $k \in N$에 대하여, $n \geq H$일 때

$$\| x_n - x \| \leq \| x_n - x_{n_k} \| + \| x_{n_k} - x \| < \frac{\epsilon}{2} + \frac{\epsilon}{2} = \epsilon$$

이므로, 수열 (x_n)은 $x \in X$에 수렴한다.

4. 임의의 $(a, b) \in H \times H$와 임의의실수 $\epsilon > 0$에 대하여, $\delta > 0$를 $\delta(\| a \| + \delta + \| b \|) \leq \epsilon$을 만족하는 충분히 자은 실수라 하자. 그러면 $\| x - a \| < \delta, \| y - b \| < \delta$일 때, 슈바르츠 부등식을 이용하여

$$\begin{aligned} |(x, y) - (a, b)| &\leq |(x, y) - (x, b) + (x, b) - (a, b)| \leq |(x, y-b)| + |(x-a, y)| \\ &\leq \| x \| \| y - b \| + \| x - a \| \| b \| < (\| a \| + \delta)\delta + \delta \| b \| \leq \epsilon \end{aligned}$$

을 얻는다.

연습문제 2.3

1. 모든 $x \in X$에 대하여 $\| T(x) \| \leq \| T \| \| x \|$이므로 $\frac{\| T(x) \|}{\| x \|} \leq \| T \|$ (단, $x \neq \theta$)이 된다. 따라서 $\sup\left\{ \frac{\| T(x) \|}{\| x \|} \mid x \in X,\ x \neq \theta \right\} \leq \| T \|$이 성립한다. 한편

$$M = \sup\left\{ \frac{\| T(x) \|}{\| x \|} \mid x \in X,\ x \neq \theta \right\} < \| T \|$$

이라고 가정하면, 임의의 $x \in X$ (단, $x \neq \theta$)에 대하여 $\| T(x) \| \leq \alpha \| x \| < \| T \| \| x \|$이 성립해야 하므로, $\| T \|$의 정의에 모순된다. 그러므로 $M = \| T \|$가 된다. 나머지에 대한 증명은 독자에게 남긴다.

2. 임의의 $\alpha, \beta \in R$와 임의의 $f, g \in X$에 대하여

$$\varphi(\alpha f + \beta g) = (\alpha f + \beta g)(a) = \alpha f(a) + \beta g(a) = \alpha \varphi(f) + \beta \varphi(g)$$

이고 $|\varphi(f)| = |f(a)| \leq \sup\{|f(x)| \mid 0 \leq x \leq 1\} = \| f \|$이기 때문이다.

3. 노름선형공간 $B[X, Y]$가 완비임을 보이기 위하여 (T_n)을 $B[X, Y]$의 원소로 이루어진 코시 수열이라 하자. 그러면 임의의 $x \in X$에 대하여 $\| T_n(x) - T_m(x) \| \leq \| T_n - T_m \| \| x \|$ 이므로, $(T_n(x))$는 바나흐 공간 Y에서 코시수열이 된다. 따라서 각 $x \in X$에 대하여 $y \in Y$가 존재하여 $\lim_{n \to \infty} T_n(x) = y$가 된다. $y = T(x)$로 놓으면, $T: X \to Y$는

(i) 임의의 $\alpha \in R$에 대하여 $T(\alpha x) = \lim_{n \to \infty} T_n(\alpha x) = \alpha \lim_{n \to \infty} T_n(x) = \alpha T(x)$

(ii) 임의의 $x_1, x_2 \in X$에 대하여

$$T(x_1 + x_2) = \lim_{n \to \infty} T_n(x_1 + x_2) = \lim_{n \to \infty} T_n(x_1) + \lim_{n \to \infty} T_n(x_2) = T(x_1) + T(x_2)$$

를 만족하므로, T는 선형작용소가 된다. 이제 T가 유계임을 보이자. (T_n)이 코시수열이므로, 임의의 실수 $\epsilon > 0$에 대하여 $n, m \geq K$이면 $\| T_n - T_m \| < \epsilon$을 만족하는 자연수 K가 존재한다. 그러므로

$$n \geq K\text{이면 } \| T_n - T_K \| < \epsilon,\ \text{즉 } \| T_n \| < \| T_K \| + \epsilon$$

이 된다. 따라서 임의의 $x \in X$에 대하여

$$\| T(x) \| = \lim_{n \to \infty} \| T_n(x) \| \leq (\| T_K \| + \epsilon) \| x \|$$

이 성립하므로, $\| T \| \leq \| T_K \| + \epsilon < \infty$를 만족한다. 마지막으로 $\lim_{n \to \infty} T_n = T$임을 증명하자. 임의의 $x \in X$에 대하여 $n \geq K$이면

$$\|T_n(x) - T(x)\| = \lim_{m \to \infty} \|T_n(x) - T_m(x)\| \|x\| \leq \lim_{m \to \infty} \|T_n - T_m\| \|x\| \leq \epsilon \|x\|$$

이므로, $n \geq K$이면 $\| T_n - T \| = \sup\{ \| (T_n - T)(x) \| \mid \| x \| = 1 \} \leq \epsilon$이 된다. 따라서 $\lim_{n \to \infty} T_n = T$가 된다.

3장 연습문제 3.1

1. $\Omega = \{\mathfrak{I} \mid \mathfrak{I}\text{는 집합대수이고, } \mathfrak{R} \subset \mathfrak{I}\}$라 하자. 그러면 X의 모든 부분집합들로 이루어진 멱집합 $\wp(X)$는 집합대수이므로 $\Omega \neq \varnothing$이다. $\mathscr{I} = \cap\{\mathfrak{I} \mid \mathfrak{I} \in \Omega\}$라 두면

(i) $A, B \in \mathscr{I}$이면 모든 $\mathfrak{I} \in \Omega$에 대하여 $A, B \in \mathfrak{I}$이다. $\mathfrak{I}$가 집합대수이므로 $A \cup B \in \mathfrak{I}$가 된다. 그러므로 $A \cup B \in \cap\{\mathfrak{I} \mid \mathfrak{I} \in \Omega\} = \mathscr{I}$

(ii) $A \in \mathscr{I}$이면 $A \in \mathfrak{I}$이므로 $A^c \in \mathfrak{I}$이다. 그러므로 $A^c \in \mathscr{I}$이다.

따라서 $\mathscr{I}$는 집합대수이다. 그런데 $\mathfrak{I}$가 $\mathfrak{R} \subset \mathfrak{I}$인 집합대수이면 $\mathfrak{I} \subset \Omega$이다. 그러므로 $\mathscr{I} \subset \mathfrak{I}$이다. 따라서 $\mathscr{I}$는 $\mathfrak{R}$을 포함하는 최소의 집합대수이다.

2. $A \in \mathfrak{I}$이면 $A^c \in \mathfrak{I}$임은 명백하다. 이제 $A, B \in \mathfrak{I}$일 때 $A \cup B \in \mathfrak{I}$임을 보이자. $A, B \in \mathfrak{I}$이면 (i) A와 B가 모두 유한집합이거나 (ii) A 또는 B의 여집합이 유한집합인 두 경우가 있다.

(i)의 경우: $A \cup B$는 유한집합이므로 $A \cup B \in \mathfrak{I}$

(ii)의 경우: $(A\cup B)^c = A^c \cap B^c$이므로

$$(A\cup B)^c \subset A^c,\ (A\cup B)^c \subset B^c$$

이다. 그런데 A^c 또는 B^c가 유한집합이므로 $(A\cup B)^c$는 유한집합이 된다. 그러므로 $A\cup B \in \mathfrak{I}$가 성립한다.

따라서 $\mathfrak{R} \subset \mathfrak{I}$로부터 집합족 $\mathfrak{I}$는 $\mathfrak{R}$을 포함하는 집합대수가 된다.

3. $\{\varnothing, X, \{0\}, \{1\}, \{0, 1\}, (0, 1], [0, 1), (0, 1)\}$

4. $E_i \in \mathfrak{I}$ (단, $i=1, 2, 3, \cdots$)이면 $f^{-1}\left(\bigcup_{i=1}^{\infty} E_i\right) = \bigcup_{i=1}^{\infty} f^{-1}(E_i)$이고 각 $f^{-1}(E_i)$는 보렐 집합이므로, $f^{-1}\left(\bigcup_{i=1}^{\infty} E_i\right)$는 보렐 집합이다. 따라서 $\bigcup_{i=1}^{\infty} E_i \in \mathfrak{I}$가 된다. 또한 $E\in\mathfrak{I}$이면 $f^{-1}(E^c) = [f^{-1}(E)]^c$이고, $f^{-1}(E)$가 보렐집합이므로 $f^{-1}(E^c)$는 보렐 집합이다. 따라서 $E^c \in \mathfrak{I}$가 된다. 그러므로 집합족 $\mathfrak{I} = \{E\subset R \mid f^{-1}(E)\text{는 보렐 집합}\}$는 σ-집합대수이다.

한편 f가 연속이므로 O가 열린집합이면 $f^{-1}(O)$도 열린집합이고, 모든 열린집합은 보렐 집합이므로 열린집합 O는 $\mathfrak{I}$에 속한다. 그러므로 $\mathfrak{I}$는 모든 열린집합을 포함하는 σ-집합대수이다. 그런데 보렐 σ-집합대수는 모든 열린집합을 포함하는 최소의 σ-집합대수이므로 $\mathfrak{I}$는 보렐 σ-집합대수를 포함한다.

5. $[a, b] \subset \bigcap_{n=1}^{\infty}\left(a-\frac{1}{n},\ b+\frac{1}{n}\right)$은 분명하다. 이제 $x \in \bigcap_{n=1}^{\infty}\left(a-\frac{1}{n},\ b+\frac{1}{n}\right)$이라 하면 모든 $n=1, 2, \cdots$에 대하여 $a-\frac{1}{n} < x < b+\frac{1}{n}$이다. 먼저 $a \le x$임을 보이자. 만일 $x < a$라면 $x < a-\frac{1}{m}$을 만족하는 자연수 m이 존재하는데, 이것은 모순이다. 같은 방법으로 $x \le b$임을 보일 수 있다. 따라서 $x\in[a, b]$이다.

연습문제 3.2

1. (1) $m^*(E) = \inf\{\ell^*(\gamma) \mid \gamma \in \mathcal{E}(E)\}$이므로 $\ell^*(\gamma) \le m^*(E)+\epsilon$을 만족하는 $\gamma\in\mathcal{E}(E)$가 존재한다. γ는 E를 피복하는 가산개의 열린구간의 집합이므로 $O = \cup\{I \mid I\in\gamma\}$라 놓으면 $E\subset O$이고, m^*의 가산준가법성에 의하여

$$m^*(O) \le \sum_{I\in\gamma} m^*(I) = \sum_{I\in\gamma}\ell(I) = \ell^*(\gamma) \le m^*(E)+\epsilon$$

이 성립한다.

(2) 임의의 $n \in N$에 대하여 O_n을 $E \subset O_n$, $m^*(O_n) < m^*(E) + \frac{1}{n}$을 만족하는 열린집합이 라고 하면, $G = \bigcap_{n=1}^{\infty} O_n$은 G_δ - 집합이고 $E \subset G$ 이다. 따라서 $m^*(E) \leq m^*(G)$가 된다. 한편 모든 $n \in N$에 대하여 $G \subset O_n$이므로 $m^*(G) \leq m^*(O_n) \leq m^*(E) + \frac{1}{n}$이 된다. n이 임의의 자연수이므로 $m^*(G) \leq m^*(E)$이다. 따라서 $m^*(G) = m^*(E)$가 성립한다.

2. $m(E_n) = \infty$를 만족하는 $n \in N$이 존재하면 $m\left(\bigcup_{i=1}^{\infty} E_i\right) = \infty = \lim_{n\to\infty} m(E_n)$이므로 정리가 성립한다. 이제 모든 $i \in N$에 대하여 $m(E_i) < \infty$라고 하자.

$E_0 = \varnothing$이라고 하면 $\bigcup_{i=1}^{\infty} E_i = \bigcup_{i=1}^{\infty} (E_i - E_{i-1})$이고 $(E_i - E_{i-1})$은 서로소인 가측집합의 집합열이므로

$$m\left(\bigcup_{i=1}^{\infty} E_i\right) = m\left(\bigcup_{i=1}^{\infty} [E_i - E_{i-1}]\right) = \sum_{i=1}^{\infty} m(E_i - E_{i-1}) = \sum_{i=1}^{\infty} [m(E_i) - m(E_{i-1})]$$

$$= \lim_{n\to\infty} \sum_{i=1}^{n} [m(E_i) - m(E_{i-1})] = \lim_{n\to\infty} [m(E_n) - m(E_0)] = \lim_{n\to\infty} m(E_n)$$

즉 $m\left(\bigcup_{i=1}^{\infty} E_i\right) = \lim_{n\to\infty} m(E_n)$이 성립한다.

3. 가측집합 전체의 집합족 $\mathscr{F}$가 σ - 집합대수이므로 $\mathscr{F}$가 열린집합을 포함하고 있음을 보인다. 그러면 보렐 σ - 집합대수 $\mathfrak{J}$는 모든 열린집합을 포함하는 최소의 σ - 집합대수이므로 $\mathfrak{J} \subset \mathscr{F}$로 되어 모든 보렐 집합은 가측이 된다. 임의의 $a \in R$에 대하여 $(-\infty, a] = (a, \infty)^c$이므로 $(-\infty, a]$는 가측이 된다. 그런데 $(-\infty, a) = \bigcup_{n=1}^{\infty} \left(-\infty, a - \frac{1}{n}\right]$이므로 $(-\infty, a)$는 가측이다. 따라서 임의의 두 실수 $a < b$에 대하여 $(a, b) = (-\infty, b) \cap (a, \infty)$이므로 열린구간 (a, b)는 가측이다. 그런데 임의의 열린집합은 가산개의 열린구간의 합집합이므로 모든 열린집합은 가측이다.

연습문제 3.3

1. 집합열 (A_n)을 $A_1 = E_1$, $A_n = E_n - E_{n-1}$(단, $n \geq 2$)로 정의하면, A_n들은 $\mathfrak{J}$에 있는 서로소인 집합들이고 $E = \bigcup_{n=1}^{\infty} A_n$, $E_n = \bigcup_{i=1}^{n} A_i$가 된다. 이때 $\mu(E_n) = \sum_{i=1}^{n} \mu(A_i)$이고, $\mu(E) = \sum_{n=1}^{\infty} \mu(A_n)$

이다. 그러므로 $\mu(E_n)$은 급수 $\sum_{n=1}^{\infty}\mu(A_n)$의 부분합으로 $\mu(E)=\lim_{n\to\infty}\mu(E_n)$을 만족한다.

2. $B\subset A$, $A\in\mathscr{I}$, $m(A)=0$이면 $m^*(B)\le m^*(A)=m(A)=0$이므로 $m^*(B)=0$이다. 따라서 $B\in\mathscr{I}$이다.

3. 르베그-보렐 측도공간 $(R, \mathfrak{I}, \mu)$가 완비가 아님을 보이기 위해 P를 칸토어 집합이라 하고 $S\not\in\mathscr{I}$라 하자. 그러면 $P\in\mathfrak{I}$이고 $\mu(P)=m(P)=0$이 된다. 이때 $f:[0,1]\to[0,1]$을

$$f(x)=\inf\{y\in[0,1]\mid g(y)=x,\ g\text{는 칸토어 함수}\}$$

로 정의하면 $f(S)\subset P$이지만 $f(S)\not\in\mathfrak{I}$이다. 따라서 $(R, \mathfrak{I}, \mu)$는 완비측도공간이 아니다.

4. μ가 σ-유한측도이므로 $\mathscr{I}$의 집합열 (X_n)이 존재하여 $X=\bigcup_{n=1}^{\infty}X_n$, $\mu(X_n)<\infty$ (단, $n\in N$)를 만족한다. 그런데 $\bar{\mu}(X_n)=\mu(X_n)<\infty$이므로 $\bar{\mu}$도 σ-유한측도이다.

연습문제 3.4

1. $A=\bigcup_{n=1}^{\infty}A_n$이라 하고, $E\subset A$를 가측집합이라고 하자. 이제

$$E_1=E\cap A_1,\ E_n=E\cap A_n\cap A_{n-1}{}^c\cap\cdots\cap A_1{}^c\ (\text{단}, n=2,3,4,\cdots)$$

로 놓으면 $E=\bigcup_{n=1}^{\infty}E_n$, $E_n\cap E_m=\varnothing$ (단, $n\neq m$)이므로 $\nu(E)=\sum_{n=1}^{\infty}\nu(E_n)\ge 0$이다. 그러므로 A는 양집합이 된다.

2. $P\cap Q=\varnothing$이므로 $\mu_2(P)=\mu(P\cap Q)=0$, $\mu_1(P^c)=\mu(P^c\cap Q)=0$이다. 따라서 $\mu_1\perp\mu_2$

3. 여기서는 (1)만 증명하고 (2)는 독자에게 남긴다. $\{A, B\}$와 $\{A', B'\}$을 각각 ν에 대한 X의 한-분해라고 하자. 집합 $A-A'$과 $A'-A$는 각각 양집합 A와 A'의 부분집합이므로 양집합이다. 한편 $A-A'\subset X-A'=B'$, $A'-A\subset X-A=B$이므로 이 두집합은 음집합이기도 하다. 따라서 $A-A'$과 $A'-A$는 영집합이고 $A\triangle A'=(A-A')\cup(A'-A)$도 영집합이다. 또한 $B\triangle B'=(B-B')\cup(B'-B)=(A-A')\cup(A'-A)=A\triangle A'$이므로 X의 한-분해는 영집합의 범위에서 일의적으로 결정된다.

4장 연습문제 4.1

1. P를 $E=[0,1)$의 비가측 부분집합이라 하고 함수 $f: E\to R$을

$$f(x)=\begin{cases} 1, & x\in P \\ -1, & x\in E-P \end{cases}$$

로 정의하면, $|f|$는 가측함수이지만 f는 비가측함수이다.

2. 임의의 $\alpha\in R$에 대하여

$$\{x \mid \chi_E(x)>\alpha\}=\begin{cases} \varnothing, & \alpha\geq 1 \\ E, & 0\leq\alpha<1 \\ R, & \alpha<0 \end{cases}$$

이므로, χ_E가 가측함수일 필요충분조건은 E가 가측이다.

3. $E=\{x\in D \mid f(x)\neq g(x)\}$라고 하면, $\mu(E)=0$이고

$$\{x\in D \mid g(x)>\alpha\}=\{x\in D \mid f(x)>\alpha\}\cup\{x\in E \mid g(x)>\alpha\}-\{x\in E \mid g(x)\leq\alpha\}$$

가 된다. 이때 E의 부분집합 $\{x\in E \mid g(x)>\alpha\}$, $\{x\in E \mid g(x)\leq\alpha\}$는 가측이고, 또한 함수 f가 가측이므로 $\{x\in D \mid f(x)>\alpha\}$도 가측집합이 된다. 따라서 $\{x\in D \mid g(x)>\alpha\}$가 가측집합이므로, 함수 g는 가측이다.

4. 함수 $f: X\to Y$가 연속이고 $O\subset Y$를 임의의 열린집합이라 하면 $f^{-1}(O)$는 X의 열린집합이다. 열린집합은 보렐 집합이므로 $f^{-1}(O)$는 보렐 집합이다. 따라서 f는 보렐 가측이다.

5. (1) $A\in\Omega$라 하면, $f^{-1}(A^c)=[f^{-1}(A)]^c\in\mathfrak{I}$이므로 $A^c\in\Omega$이다. 이제 (A_n)을 Ω에 있는 집합들의 집합열이라 하면 $f^{-1}(\bigcup_{n=1}^{\infty}A_n)=\bigcup_{n=1}^{\infty}f^{-1}(A_n)$이고, 각 $n\in N$에 대하여 $f^{-1}(A_n)\in\mathfrak{I}$이다. 이때 $\mathfrak{I}$가 σ-대수이므로 $\bigcup_{n=1}^{\infty}f^{-1}(A_n)\in\mathfrak{I}$가 된다. 따라서 $\bigcup_{n=1}^{\infty}A_n\in\mathfrak{I}$이다.

(2) f가 가측이므로, O를 Y의 임의의 열린집합이라면 $f^{-1}(O)\in\mathfrak{I}$, 즉 $O\in\Omega$이다. 다시 말해서 Ω는 Y의 모든 열린집합들을 포함하는 최소의 σ-대수를 포함한다. 즉, Ω는 보렐 집합들을 포함한다.

6. $f=\sum_{i=1}^{n}\alpha_i\chi_{A_i}$라 하면 $|f|=\sum_{i=1}^{n}|\alpha_i|\chi_{A_i}$이므로, $|f|$도 단순함수가 된다.

7. 함수 $f: D\to R$이 가측이면, $0\leq g_n\leq g_{n+1}$인 단순함수의 함수열 (g_n)이 존재하여 $f(x)=\lim_{n\to\infty}g_n(x)$로 된다. 집합 $E=\{x\in D \mid f(x)>0\}$이 σ-유한이므로, 모든 $n\in N$에 대하여 $D_n\subset D_{n+1}$, $m(D_n)<\infty$, $E=\bigcup_{n=1}^{\infty}D_n$을 만족하는 가측집합의 집합열 (D_n)이 존재한다. 집합 D_n 위의 특성함수를 χ_{D_n}이라 하면 $f_n=g_n\chi_{D_n}$은 단순함수이고, $\{x\in D \mid f_n(x)>0\}\subset D_n$

이므로

$$m(\{x \in D \mid f_n(x) > 0\}) \le m(D_n) < \infty$$

가 된다. 또한 $D_n \subset D_{n+1}$이고 $g_n \le g_{n+1}$이므로 $f_n \le f_{n+1}$로 된다. 따라서 $E = \bigcup_{n=1}^{\infty} D_n$이므로, $x \in E$이면 $f(x) = \lim_{n \to \infty} f_n(x)$가 성립한다. 한편 $x \not\in E$이면 $f(x) = 0$이고, 모든 $n \in N$에 대하여 $f_n(x) = 0$이므로 $f(x) = \lim_{n \to \infty} f_n(x)$가 성립한다. 그러므로 $f(x) = \lim_{n \to \infty} f_n(x)\ {}^\forall x \in D$ 이다.

8. $\{x \in E \mid f_n(x) \not\to f(x)\} \subset D$이고 $m(D) = 0$이라 하자. $E' = E - D$라 놓으면

$$f_n(x) \to f(x) \quad {}^\forall x \in E'$$

이므로, 축소함수 $f|_{E'}$, $f_n|_{E'}$에 4.1(정리 10)을 적용하여 $m(A') < \delta$인 $A' \subset E'$과 $K \in N$를 얻는다. 이제 $A = A' \cup D$로 놓으면 $m(A) \le m(A') + m(D) = m(A') < \delta$이다. 또한 $x \not\in A$인 모든 x와 $n \ge K$인 모든 $n \in N$에 대하여 $|f_n(x) - f(x)| < \epsilon$을 만족한다.

연습문제 4.2

1. $\varphi : [-2, 2] \to R$을 $\varphi(x) = \begin{cases} 1, & 0 \le x \le 2 \\ -1, & -2 \le x < 0 \end{cases}$으로 정의하면

$$\int_{-2}^{2} \varphi\, dm = \int_{-2}^{0} \varphi\, dm + \int_{0}^{2} \varphi\, dm = 0$$

이지만, $\varphi \ne 0$ a.e.이다.

2. (1) $f - g = 0$ a.e.이므로 $\varphi \ge f - g$이면 $\varphi \ge 0$ a.e.이다. 따라서 $\int_X \varphi\, dm \ge 0$이므로, $\int_X (f-g)\, dm \ge 0$이 된다. 마찬가지로 $\int_X (f-g)\, dm \le 0$이다. 그러므로

$$\int_X (f-g)\, dm = 0,\ 즉\ \int_X f\, dm = \int_X g\, dm$$

(2) $$\int_{X_1 \cup X_2} f\, dm = \int_X f\chi_{X_1 \cup X_2}\, dm = \int_X (f\chi_{X_1} + f\chi_{X_2})\, dm$$
$$= \int_X f\chi_{X_1}\, dm + \int_X f\chi_{X_2}\, dm = \int_{X_1} f\, dm + \int_{X_2} f\, dm$$

3. 계단함수는 구간 위의 특성함수들의 1차결합으로 표시되므로, 가측이다. 따라서 치역이 유계집합인 계단함수는 단순함수이다. 그러므로

$$R\underline{\int_a^b} f(x)\, dx < \sup_{f \ge \varphi} \int_E \varphi\, dm \le \inf_{f \le \psi} \int_E \psi\, dm \le R\overline{\int_a^b} f(x)\, dx$$

가 된다. 그런데 f가 리만 적분가능하므로 $\inf_{f \le \psi}\int_E \psi\, dm = \sup_{f \ge \varphi}\int_E \varphi\, dm$이다.

따라서 함수 f는 L-가측이고 $\int_E f\, dm = R\int_a^b f(x)\, dx$

4. $f-g \in M^+(X, \mathcal{F})$이므로, $\int_X f\, dm = \int_X g\, dm + \int (f-g)\, dm \ge \int_X g\, dm$이 성립한다.

5. $(\Rightarrow)$ $\int_X f\, dm = 0$이라 하고 $n \in N$에 대하여 $E_n = \left\{x \in X \mid f(x) \ge \frac{1}{n}\right\}$로 놓자. 그러면 $f \ge \frac{1}{n}\chi_{E_n}$이 되어 $0 = \int_X f\, dm \ge \frac{1}{n}m(E_n) \ge 0$이므로 $m(E_n) = 0$이 된다. 그런데

$$E = \{x \in X \mid f(x) > 0\} = \bigcup_{n=1}^{\infty} E_n$$

이므로 $m(E) = 0$으로 되어 $f(x) = 0$ a.e. $[m]$이다.

$(\Leftarrow)$ $f(x) = 0$ a.e. $[m]$라 하자. $m(E) = 0$이고 $\{x \in X \mid f(x) > 0\} \subset E$로 되는 가측집합 E를 택한다. 지금 $f_n = n\chi_E$ (단, $n = 1, 2, \cdots$)라고 하면 파토우 보조정리에 의하여

$$0 \le \int_X f\, dm \le \int_X \underline{\lim} f_n\, dm \le \underline{\lim}\int_X f_n\, dm = 0$$

이 된다. 따라서 $\int_X f\, dm = 0$이 성립한다.

6. $m(E) = 0$이면 $f\chi_E = 0$ a.e. $[m]$이므로 $\nu(E) = \int_E f\, dm = \int_X f\chi_E\, dm = 0$

7. $g_i \ge 0$이므로, $f_n = \sum_{i=1}^{n} g_i$로 놓으면 $0 \le f_n \le f_{n+1}$, $\lim_{n\to\infty} f_n(x) = f(x) = \sum_{i=1}^{\infty} g_i(x)$이다. 단조수렴정리에 의하여 $\int_X \left(\sum_{i=1}^{\infty} g_i\right) dm = \lim_{n\to\infty}\int_X f_n\, dm = \lim_{n\to\infty}\sum_{i=1}^{n}\int_X g_i\, dm = \sum_{i=1}^{\infty}\int_X g_i\, dm$

8. 함수 $f : [0, 1] \to R$을

$$f(x) = \begin{cases} \frac{1}{\sqrt{x}}, & x \in (0, 1] \\ 0, & x = 0 \end{cases}$$

으로 정의하고 함수 $g : R \to R$을

$$g(x) = \begin{cases} x^2, & x > 0 \\ 0, & x \le 0 \end{cases}$$

으로 정의할 때, f, g는 적분가능하지만 $g \circ f$는 적분가능하지 않다.

9. (1) 체비셰프 부등식에 의하여

$$m(\{x \mid |f(x)| = \infty\}) = \lim_{n\to\infty} m(\{x \mid |f(x)| \ge n\}) \le \lim_{n\to\infty}\frac{1}{n}\int_X |f|\, dm = 0$$

이다. 따라서 $|f| < \infty$ a.e.가 된다.

(2) $A_n = \left\{x \mid |f(x)| \geq \frac{1}{n}\right\}$ $(n=1, 2, \cdots)$로 두면, 체비셰프 부등식에 의하여

$$m(A_n) \leq n\int_X |f|\,dm < \infty \text{이고 } \{x \mid f(x) \neq 0\} = \{x \mid |f(x)| > 0\} = \bigcup_{n=1}^{\infty} A_n$$

이므로, (2)가 증명되었다.

10. $E_1 = \{x \in E \mid f(x) \neq 0\}$라 하면, $m(E_1) = 0$이다. 따라서

$$\int_E f\,dm = \int_X f\chi_E dm + \int_X (f\chi_{E-E_1} + f\chi_{E_1})\,dm = \int_{E-E_1} f\,dm + \int_{E_1} f\,dm = 0$$

연습문제 4.3

1. $A = \{x \mid f(x) \geq 0\}$, $B = \{x \mid f(x) < 0\}$이라 하면 $\{A, B\}$는 X의 한-분해이므로

$$\nu^+(E) = \nu(E \cap A) = \int_{E\cap A} f\,d\mu = \int_E f^+\,d\mu$$

$$\nu^-(E) = -\nu(E \cap B) = -\int_{E\cap B} f\,d\mu = \int_{E\cap B} (-f)\,d\mu = \int_E f^-\,d\mu$$

$$|\nu|(E) = \nu^+(E) + \nu^-(E) = \int_E |f|\,d\mu$$

2. $[0, 1]$, $(0, 1]$은 양집합이고, $[-1, 0]$, $[-1, 0)$은 음집합이다. 왜냐하면 $E \subset [0, 1]$ 또는 $E \subset (0, 1]$일 때 $\nu(E) = \int_E f\,d\mu = \mu(E) \geq 0$이 성립하고, $E \subset [-1, 0]$ 또는 $E \subset [-1, 0)$일 때 $\nu(E) = \int_E f\,d\mu = -\mu(E) \leq 0$이 성립하기 때문이다. 또한

$$|\nu|([-1, 1]) = 2,\ |\nu|\left(\left[-\frac{1}{2}, \frac{1}{2}\right]\right) = 1,\ |\nu|\left(\left[-\frac{1}{2}, 0\right]\right) = \frac{1}{2},\ |\nu|\left(\left(0, \frac{1}{2}\right]\right) = \frac{1}{2}$$

3. $\nu^+([0, 1]) = 0$, $\nu^-([0, 1]) = 1$, $\nu([0, 1]) = 1$

4. $\mathscr{F} = \wp(X)$일 때, $\mu_1, \mu_2 : \mathscr{F} \to R^*$를

$$\mu_1(E) = 0,\ \mu_2(E) = \begin{cases} 0, & E = \varnothing \\ \infty, & E \neq \varnothing \end{cases}$$

으로 정의하면 $\mu_1 \ll \mu_2$이지만 $\mu_2 \ll \mu_1$은 성립하지 않는다.

5. $\nu \ll \mu$이고 $\mu \ll \nu$이므로, $\frac{d\nu}{d\nu} = \frac{d\nu}{d\mu}\frac{d\mu}{d\nu}$ a.e. $[\mu]$가 된다. 또한 $\nu(E) = \int_E d\nu$이므로

$$\frac{d\nu}{d\nu}=1$$

이다. 따라서 $\frac{d\nu}{d\mu}=\left(\frac{d\mu}{d\nu}\right)^{-1}$ a.e. $[\mu]$

6. ν가 $\mathscr{F}$ 위에서 측도이므로 ν_1과 ν_2도 $\mathscr{F}$ 위에서 측도가 되고 $\nu=\nu_1+\nu_2$가 성립한다.

$$\nu_1\{(0,\ \infty)\}=\nu\{(-\infty,\ 0]\cap(0,\ \infty)\}=\nu(\varnothing)=0$$
$$\mu\{(0,\ \infty)^c\}=\nu\{(-\infty,\ 0]\}=\int_{(-\infty,\ 0]} g\, dm=0$$

이므로, $\nu_1\perp\mu$이다. 이제 $\nu_2\ll\mu$를 보이기 위해 $E\in\mathscr{F}$, $\mu(E)=0$이라 하면 $\int_E g\, dm$ $=\mu(E)=0$이므로, 모든 $x\in E$에 대하여 $g(x)=0$ a.e. $[m]$이다. 따라서 $m\{E\cap(0,\ \infty)\}=0$ 이다. 각 $E\in\mathscr{F}$에 대하여 $\nu\{E\cap(0,\ \infty)\}=\int_{E\cap(0,\ \infty)} f\, dm=0$이므로 $\nu_2\ll\mu$이다.

연습문제 4.4

1. $\int_0^1|f|^2\, dm=\int_0^1 x^{-\frac{1}{2}}\, dx=2<\infty$이므로, $f\in L_2$이다. 한편 $\int_0^1|f|^4\, dm=\int_0^1\frac{1}{x}\, dx=\infty$ 이므로, $f\neq L_4$가 된다.

2. (1) $\|f\|_p=(\int|f|^p\, dm)^{\frac{1}{p}}\geq 0$

(2) $\|f\|_p=(\int|f|^p\, dm)^{\frac{1}{p}}=0\Leftrightarrow f=0$ a.e. $[m]\Leftrightarrow[f]=0$

(3) $\alpha\in R$이면 $\|\alpha f\|_p=(\int|\alpha f|^p\, dm)^{\frac{1}{p}}=(|\alpha|^p\int|f|^p\, dm)^{\frac{1}{p}}=|\alpha|\,\|f\|_p$

(4) $\|f+g\|_p\leq\|f\|_p+\|g\|_p$ (단, $f,\ g\in L_p$)

가 성립하므로 $\|f\|_p=\|[f]\|_p=(\int|f|^p\, dm)^{\frac{1}{p}}$은 노름이 된다. 따라서 L_p-공간 (단, $1\leq p<\infty$)은 노름선형공간이 된다.

3. $\|f\|_\infty=0$, $\|g\|_\infty=2$

4. 함수 f_n이 $[a,b]$ 위에서 리만 적분가능하고 $\lim_{n,\ m\to\infty}\int_a^b|f_n(x)-f_m(x)|\, dx=0$이지만 $\lim_{n\to\infty}\int_a^b|f_n(x)-f(x)|\, dx=0$을 만족하는 리만 적분가능한 함수가 존재하지 않기 때문이다.

5. L_∞ - 공간은 노름선형공간이므로(참고문헌 7 참조), 완비성만을 증명한다. (f_n)을 L_∞의 함수로 이루어진 코시수열이라 하고, A를

$$m(A)=0,\ |f_n(x)| \le \| f_n \|_\infty \ (\text{단},\ x \notin A,\ n=1, 2, 3, \cdots)$$
$$|f_n(x)-f_m(x)| \le \| f_n - f_m \|_\infty \ (\text{단},\ x \notin A,\ n, m=1, 2, 3, \cdots)$$

를 만족하는 가측집합이라 하자. 그러면 함수열 (f_n)은 $X-A$에서 균등수렴한다. 이제 함수 f를

$$f(x)=\begin{cases} \lim\limits_{n\to\infty} f_n(x), & x \notin A \\ 0, & x \in A \end{cases}$$

로 정의하면 f는 가측이고, $\| f_n - f \|_\infty \to 0$이 된다. 따라서 L_∞ - 공간은 완비이다.

6. (f_n)이 f로 균등수렴하므로, 임의의 $\epsilon > 0$에 대하여 $K(\epsilon) \in N$이 존재하여 $n \ge K(\epsilon)$이고 $x \in [0, 1]$이면 $|f_n(x)-f(x)| < \epsilon$이다. 따라서 $n \ge K(\epsilon)$이면

$$\| f_n - f \|_p = \left\{ \int_0^1 |f_n(x)-f(x)|^p dm \right\}^{\frac{1}{p}} \le \left\{ \int_0^1 \epsilon^p\, dm \right\}^{\frac{1}{p}} = \epsilon$$

이므로, (f_n)은 f로 L_p - 수렴한다.

7. $m(\{x : |f(x)-g(x)| \ne 0\}) > 0$이라면

$$|f(x)-g(x)| \le |f(x)-f_n(x)| + |g(x)-f_{n_i}(x)| + |f_{n_i}(x)-f_n(x)|$$

이므로, $\int_0^1 |f-g|\, dm = 0$이다. 그러나 이것은 모순이다.

8. $c \ne d$일 때 $\| \chi_{[0, c]} - \chi_{[0, d]} \|_\infty = 1$이므로 $A_{1/2}(\chi_{[0, c]}) = \{ f \in L_\infty \mid \| f - \chi_{[0, c]} \|_\infty < 1/2 \}$일 때 $A_{1/2}(\chi_{[0, c]}) \cap A_{1/2}(\chi_{[0, d]}) = \varnothing$ (단, $c \ne d$)이 된다. 만일 L_∞ - 공간에서 조밀한 집합을 $\wp$라 하면 각 c (단, $0 < c < 1$)에 대하여 $\| \chi_{[0, c]} - f_c \|_\infty < 1/2$을 만족하는 함수 $f_c \in \wp$가 존재하여, $c \ne d$이면 $f_c \ne f_d$가 된다. 따라서 $\wp$는 비가산이다. 그러므로 L_∞ - 공간은 분리가능하지 않다.

5장 연습문제 5.1

1. 공집합 $\varnothing$는 가측이고, 집합 E가 가측이면 그 여집합 E^c도 가측이다. 이제 두 집합 E_1과 E_2를 가측이라 하고, $E_1 \cup E_2$가 가측임을 보이자. $A \subset X$를 임의의 집합이라고 하면, E_2가 가측이므로 $\mu^*(A) = \mu^*(A \cap E_2) + \mu^*(A \cap E_2{}^c)$가 된다. 또한 E_1이 가측이므로

$$\mu^*(A) = \mu^*(A \cap E_2) + \mu^*(A \cap E_2{}^c \cap E_1) + \mu^*(A \cap E_1{}^c \cap E_2{}^c) \tag{1}$$

이다. 그런데 $A \cap (E_1 \cup E_2) = (A \cap E_2) \cup (A \cap E_1 \cap E_2{}^c)$이므로, μ^*의 가산준가법성에 의하여

$$\mu^*(A\cap[E_1\cup E_2]) \le \mu^*(A\cap E_2)+\mu^*(A\cap E_2{}^c\cap E_1) \tag{2}$$

이다. (1)과 (2)로부터

$$\mu^*(A) \ge \mu^*(A\cap[E_1\cup E_2])+\mu^*(A\cap E_1{}^c\cap E_2{}^c)=\mu^*(A\cap[E_1\cup E_2])+\mu^*(A\cap[E_1\cup E_2]^c)$$

가 성립한다. 따라서 $E_1\cup E_2$는 가측이다. 마지막으로, 가측집합의 집합열 (E_n)에 대하여, $E=\bigcup_{i=1}^{\infty}E_i$가 가측임을 보이면 $\mathfrak{I}$는 σ - 집합대수가 된다. $E=\bigcup_{i=1}^{\infty}F_i$를 만족하는 서로소인 가측집합의 집합열 (F_i)가 존재하므로 임의의 $n\in N$에 대하여 $G_n=\bigcup_{i=1}^{n}F_i$로 놓으면 G_n은 가측이다. 또한 $E^c\subset G_n{}^c$이므로

$$\mu^*(A)=\mu^*(A\cap G_n)+\mu^*(A\cap G_n{}^c)\ge \mu^*(A\cap G_n)+\mu^*(A\cap E^c) \tag{3}$$

가 된다. 한편 $G_n\cap F_n=F_n$, $G_n\cap F_n{}^c=G_{n-1}$이고, 또 F_n은 가측이므로

$$\mu^*(A\cap G_n)=\mu^*(A\cap G_n\cap F_n)+\mu^*(A\cap G_n\cap F_n{}^c)=\mu^*(A\cap F_n)+\mu^*(A\cap G_{n-1}) \tag{4}$$

이 성립한다. 같은 방법으로 $\mu^*(A\cap G_{n-1})=\mu^*(A\cap F_{n-1})+\mu^*(A\cap G_{n-2})$를 얻는다. 이와 같은 과정을 $n-1$, $n-3$, $\cdots$, 1에 대하여 반복해서 얻는 등식을 순차적으로 (4)에 대입하면

$$\mu^*(A\cap G_n)=\sum_{i=1}^{n}\mu^*(A\cap F_i) \tag{5}$$

가 된다. (5)을 (3)에 대입하면 $\mu^*(A)\ge \sum_{i=1}^{n}\mu^*(A\cap F_i)+\mu^*(A\cap E^c)$가 성립한다. n이 임의의 자연수이므로

$$\mu^*(A)\ge \sum_{i=1}^{\infty}\mu^*(A\cap F_i)+\mu^*(A\cap E^c)\ge \sum_{i=1}^{n}\mu^*(A\cap E)+\mu^*(A\cap E^c)$$

가 된다. 따라서 합집합 $E=\bigcup_{i=1}^{\infty}E_i$는 가측이다.

2. $\overline{\mu}(E)=0$이라 하고 $D\subset E$라 하면, $\mu^*(D)\le \mu^*(E)=\overline{\mu}(E)=0$이므로 $\mu^*(D)=0$이다. 따라서 D는 가측이고, $\overline{\mu}$는 완비측도가 된다.

3. S를 $\mu^*(S)<\infty$인 집합이라 하고 $\mu^*(S)\ge\mu^*(S\cap A)+\mu^*(S\cap A^c)$가 성립함을 보이자. $\mu^*(S)<\infty$이므로, 임의의 실수 $\epsilon>0$에 대하여 $S\subset\bigcup_{i=1}^{\infty}A_i$, $\sum_{i=1}^{\infty}\mu(A_i)<\mu^*(S)+\epsilon$를 만족하는 Ω의 원소로 이루어진 집합열 (A_i)가 존재한다. 한편 μ의 가산가법성에 의하여

$$\mu(A_i)=\mu(A_i\cap A)+\mu(A_i\cap A^c)$$

이다. 따라서

$$\mu^*(S)+\epsilon>\sum_{i=1}^{\infty}\mu(A_i)=\sum_{i=1}^{\infty}\mu(A_i\cap A)+\sum_{i=1}^{\infty}\mu(A_i\cap A^c)$$

$$\geq \mu^*\left(\bigcup_{i=1}^{\infty}[A_i \cap A]\right)+\mu^*\left(\bigcup_{i=1}^{\infty}[A_i \cap A^c]\right) > \mu^*(S \cap A)+\mu^*(S \cap A^c)$$

가 된다. $\epsilon > 0$이 임의의 실수이므로 $\mu^*(S) \geq \mu^*(S \cap A)+\mu^*(S \cap A^c)$이다. 따라서 A는 μ^* - 가측이다.

4. 임의의 $n \in N$에 대하여 $E \subset A_n$, $\mu^*(A_n) < \mu^*(E)+\dfrac{1}{n}$을 만족하는 Ω_σ의 집합 A_n을 잡고 $B=\bigcap_{n=1}^{\infty} A_n$으로 놓으면, $B \in \Omega_{\sigma\delta}$이고 $\mu^*(B) \leq \mu^*(A_n) \leq \mu^*(E)+\dfrac{1}{n}$이 된다. 그런데 n은 임의의 자연수이므로 $\mu^*(B) \leq \mu^*(E)$이다. 한편 $E \subset B$이므로 $\mu^*(E) \leq \mu^*(B)$로 된다. 따라서 $\mu^*(E)=\mu^*(B)$가 성립한다.

연습문제 5.2

1. $x \in A$를 고정하면 각 $y \in B$에 대하여 순서쌍 (x, y)는 단 하나의 집합 $A_i \times B_i$에 속한다. 그러므로 $B=\cup\{B_i \mid x \in A_i\}$(단, B_i는 서로소)가 된다. ν의 가산가법성에 의하여

$$\sum_{i=1}^{\infty}\nu(B_i)\cdot\chi_{A_i}(x)=\nu(B)\cdot\chi_A(x)$$

이므로

$$\sum_{i=1}^{\infty}\int \nu(B_i)\cdot\chi_{A_i}\,d\mu=\int \nu(B)\cdot\chi_A\,d\mu,\ \text{즉}\ \sum_{i=1}^{\infty}\nu(B_i)\cdot\mu(A_i)=\nu(B)\cdot\mu(A)$$

2. E가 $X \times Y$의 가측 직사각형이면 $E=A \times B$로 되는 가측인 $A \subset X$와 $B \subset Y$가 존재한다. 이때 $E_x=B$이므로 정리는 성립한다. $E \in \mathfrak{R}_\sigma$라 하고 정리를 증명하자. $E=\bigcup_{i=1}^{\infty}E_i$로 되는 가측 직사각형의 집합열 (E_i)를 택하면

$$\chi_{E_x}(y)=\chi_E(x, y)=\sup\chi_{E_i}(x, y)=\sup\chi_{(E_i)_x}(y)$$

가 된다. 그런데 E_i가 가측 직사각형이므로, 특성함수 $\chi_{(E_i)_x}$는 가측이다. 따라서 χ_{E_x}는 가측함수이고, E_x는 가측집합이 된다. 이제 $E \in \mathfrak{R}_{\sigma\delta}$라 하면, $E=\bigcap_{i=1}^{\infty}E_i$로 되는 $\mathfrak{R}_\sigma$의 집합으로 이루어진 집합열 (E_i)가 존재한다. 그러므로

$$\chi_{E_x}(y)=\chi_E(x, y)=\inf\chi_{E_i}(x, y)=\inf\chi_{(E_i)_x}(y)$$

가 성립한다. 따라서 χ_{E_x}는 가측함수이고, E_x는 가측집합이이 된다.

3. $f(x)=\displaystyle\int_Y f_x(y)\,d\nu(y)=\int_0^{1-x}(1-x-y)\,dy=\frac{(x-1)^2}{2}$

$$g(y)=\int_X f_y(x)\,d\mu(x)=\int_0^{1-y}(1-x-y)\,dx=\frac{(y-1)^2}{2}$$

$$\int_{X\times Y} f\,d(\mu\times\nu)=\int_0^1\left[\int_0^{1-x}(1-x-y)\,dy\right]dx=\int_0^1\left[\int_0^{1-y}(1-x-y)\,dx\right]dy$$

4. $E\subset F$이고 $\mu\times\nu(F)=\mu\times\nu(E)$를 만족하는 $\mathfrak{R}_{\sigma\delta}$의 집합 F가 존재한다. 이제 $G=F-E$로 놓으면, E와 F는 가측이므로 G도 가측이고 $\mu\times\nu(F)=\mu\times\nu(E)+\mu\times\nu(G)$이다. 이때 $\mu\times\nu(E)=\mu\times\nu(F)<\infty$이므로, $\mu\times\nu(G)=0$이다. 따라서 거의 모든 x에 대하여 $\nu(G_x)=0$이 된다. 그러므로 거의 모든 x에 대하여 G_x는 가측이다. 그런데 $E_x=F_x-G_x$이므로, 거의 모든 x에 대하여 E_x는 가측이다.

6장 연습문제

1. $x_1\in O_1$이라 하고, $S_1=\{x\in X\mid \rho(x_1,x)<r_1\}$이 O_1의 부분집합이 되도록 실수 $r_1>0$을 택한다. $O_2\subset X$가 조밀하므로 $O_2\cap S_1\neq\varnothing$이다. $x_2\in O_2\cap S_1$을 택하면 O_2가 열린집합이므로 $S_2=\{x\in X\mid \rho(x_2,x)<r_2\}$가 O_2의 부분집합이 되고, $r_2<\min\left\{\frac{1}{2}r_1,\ r_1-\rho(x_1,x_2)\right\}$가 되도록 실수 $r_2>0$를 택한다. 이와 같은 방법을 반복하여 $\overline{S_n}\subset S_{n-1}$, $S_n\subset O_n$, $\lim_{n\to\infty}r_n=0$을 만족하는 $S_n=\{x\in X\mid \rho(x_n,x)<r_n\}$(단, $n=1,2,3,\cdots$)을 택한다.

이제 $n,m\geq K$이면 $x_n,x_m\in S_K$이므로 $\rho(x_n,x_m)\leq 2r_K$이다. 따라서 $\lim_{n\to\infty}r_n=0$이므로 S_n의 중심의 점열 (x_n)은 코시수열이 된다. 그런데 X가 완비이므로 $x\in X$가 존재하여 $\lim_{n\to\infty}x_n=x$이고, $n>K$인 모든 $n\in N$에 대하여 $x_n\in S_{K+1}$이므로 $x_n\in\overline{S_{K+1}}\subset S_K\subset O_K$가 된다. 그러므로 $x\in\cap O_n$, 즉 $\cap O_n\neq\varnothing$이다.

2. 임의의 $n\in N$에 대하여 $S_n=\left\{x\mid \|x\|<\frac{1}{2^n}\right\}$로 놓으면, T는 전사이고 $X=\bigcup_{k=1}^{\infty}kS_1$이므로 $Y=\bigcup_{k=1}^{\infty}kT(S_1)$이 된다. 그런데 Y가 완비거리공간이므로 베르 범주 정리에 의하여 Y는 제2범주의 집합이 된다. 그러므로 $T(S_1)$은 어디에서도 조밀하지 않음이 아니다. 따라서 $T(S_1)$의 폐포 $\overline{T(S_1)}$는 열린집합 $\{y\in Y\mid \|y-p\|<\eta\}$를 포함하므로, $\overline{T(S_1)}-p$는 열린집합(구) $\{y\in Y\mid \|y\|<\eta\}$를 포함한다. 그런데

$$T(S_1)-p\subset\overline{T(S_1)}-\overline{T(S_1)}\subset 2\overline{T(S_1)}=\overline{T(S_0)}$$

이므로, $\overline{T(S_0)}$는 원점을 중심으로 하고 반지름이 η인 구를 포함한다. 또 T가 선형이므로

$\left\{y \in Y \mid \|y\| < \frac{\eta}{2^n}\right\} \subset \overline{T(S_n)}$가 된다. 이제 $\left\{y \in Y \mid \|y\| < \frac{\eta}{2}\right\} \subset \overline{T(S_0)}$임을 보이자. $y \in Y$가 $\|y\| < \frac{\eta}{2}$를 만족하는 임의의 점이면 $y \in \overline{T(S_1)}$이므로, $x_1 \in S_1$을 택하여 $\|y - T(x_1)\| < \frac{\eta}{4}$가 되게 할 수 있다. 같은 방법으로 $x_2 \in S_2$를 택하여 $\|y - T(x_1) - T(x_2)\| < \frac{\eta}{8}$가 되게 할 수 있다. 이러한 과정을 되풀이 하여 $\|y - \sum_{k=1}^{n} T(x_k)\| < \frac{\eta}{2^{n+1}}$로 되는 점 $x_n \in S_n$을 잡으면, $\|x_k\| < \frac{1}{2^k}$이므로 급수 $\sum_{k=1}^{\infty} x_k$는 절대수렴한다. 그런데 X가 완비이므로 $x = \sum_{k=1}^{\infty} x_k$는 X의 점이고, 또한 $\|x\| < 1$이므로 $x \in S_0$이다. 더욱이

$$T(x) = T\left(\sum_{k=1}^{\infty} x_k\right) = \sum_{k=1}^{\infty} T(x_k) = y$$

이므로, $y \in T(S_0)$이고 $\left\{y \in Y \mid \|y\| < \frac{\eta}{2}\right\} \subset T(S_0)$가 된다.

3. $S = \{\lambda y \mid \lambda \in R\}$이라 하면, S는 X의 선형부분공간이 된다. 이제 임의의 $\lambda y \in S$에 대하여 $\bar{f}(\lambda y) = \lambda \|y\|$로 정의하면, $\bar{f}$는 S 위에서 정의된 선형범함수이다. 또한 임의의 $x \in X$에 대하여 $p(x) = \|x\|$로 정의하면

$$\bar{f}(\lambda y) = \lambda \|y\| \leqq |\lambda| \|y\| = p(\lambda y) \quad \forall \lambda y \in S$$

가 된다. 그러므로 한-바나흐 정리에 의하여

$$f(x) \leq p(x) \quad \forall x \in X$$

를 만족하는 $\bar{f}$의 확장인 선형범함수 $f: X \to R$이 존재한다.

한편 $f(x) \leq \|x\|$이고 $-f(x) = f(-x) \leqq \|-x\| = \|x\|$이므로 $\|f\| \leq 1$이다. 또한 $\|y\| = f(y) \leq \|f\| \|y\|$이므로 $\|f\| \leq 1$이다. 따라서 $\|f\| = 1$이고 $f(y) = \|f\| \|y\|$이 성립한다.

4. 연속함수의 공간 $C[0, 1]$은 완비이므로, L_∞의 닫힌선형부분공간이다. 이제 $f: C[0, 1] \to R$을

$$f(x) = x(0) \quad \forall x \in C[0, 1]$$

에 의해 정의된 범함수라고 하면 함수 f는 선형이 된다. 임의의 $x \in C[0, 1]$에 대하여

$$|f(x)| = |x(0)| \leq \sup_{0 \leq t \leq 1} |x(t)| = \|x\|$$

이므로 $\|f\| \leq 1$이다. 한-바나흐 정리에 의하여 f의 확장선형범함수 $F: L_\infty \to R$이 존재한다. 이제 $n \in N$에 대하여 $x_n(t) = (1-t)^n$으로 정의하면, $x_n \in C[0, 1]$이고 $x_n(0) = 1$이며, 또한 $0 < t \leq 1$일 때 $\lim_{n \to \infty} x_n(t) = 0$이 된다. 따라서

$$|x_n y| \leq |y| \text{ (단, } y \in L_1, (x_n y)(t) \to 0 \text{ (이때, } 0 < t \leq 1))$$

이므로, 르베그 지배수렴정리에 의하여 $\lim_{n \to \infty} \int_0^1 x_n t \, dt = 0$이 된다. 그러나 모든 $n \in N$에

대하여 $F(x_n)=x_n(0)=1$이므로, 어떤 $y\in L_1$에 대하여도

$$F(x)=\int_0^1 xy\,dt \quad (\text{단, } x\in C[0,1])$$

은 성립하지 않는다. 즉, L_∞의 공액공간은 L_1이 아니다.

5. f의 실수부를 g, 허수부를 h라 하면

$$f(s)=g(s)-ig(is) \quad {}^\forall s\in S$$

이고, $g: S\to R$은 실수에 관하여 선형인 범함수이다. 이제 X를 실수체를 스칼라체로 하는 벡터공간으로 보면

$$g(s)\le |f(s)|\le p(s) \quad {}^\forall s\in S$$

이므로, 한 - 바나흐 정리에 의하여

$$G(s)=g(s) \quad {}^\forall s\in S,\ G(x)\le p(x) \quad {}^\forall x\in X$$

를 만족하는 실수에 관하여 선형인 $G: X\to R$이 존재한다. 이제 $F(x)=G(x)-iG(ix)$로 놓으면

$$F(ix)=G(ix)-iG(-x)=i[G(x)-iG(ix)]=iF(x)$$

이므로 $F: X\to C$는 복소선형이고, $G(s)=g(s)\ {}^\forall s\in S$이므로 $F(s)=f(s)\ {}^\forall s\in S$이다. 따라서 $|F(x)|\le p(x)\ {}^\forall x\in X$를 보이면 된다. 임의의 $x\in X$에 대하여 $|w|=1$, $wF(x)=|F(x)|$를 만족하는 복소수 w를 택하면

$$|F(x)|=wF(x)=F(wx)=G(wx)\le p(wx)=|w|p(x)=p(x)$$

가 된다. 즉, $|F(x)|\le p(x)\ {}^\forall x\in X$가 성립한다.

참고문헌

1. 곽효철, **현대실해석학**, 학문사, 1993.
2. 김광환, **해석학 입문**, 청문각, 1996.
3. 김완세, 염상섭, **실해석학**, 경문사, 2000.
4. 대한수학회, **수학용어집**, 청문각, 1994.
5. 방현수, 실해석 & 함수해석학, 교우사, 2002.
6. 이건상, 실변수함수론, 경문사, 1998.
7. 이병무, **미분적분학의 이해와 응용**(개정판), 교우사, 2007.
8. 이병무, **실해석학의 이해**, 경문사, 2006.
9. 이병무, **해석학**, 경문사, 2007.
10. 소성진, 이병수, **실해석학**, 교우사(제2판), 2007.
11. Alberto Torchinsky, *Real Variables*, Addison - Wesley Publishing Company, Inc. Califonia. 1988.
12. H. L. Royden, *Real Analysis*, 3rd. ed., The Macmillan Company, New York, 1987.
13. Richard Johnsonbaugh and W. E. Pfaffenberger, *Foundations of Mathematical Analysis*, pure and applied Math., 1981.
14. Richard R Goldberg, *Methods of Real Analysis*, John Wiley, 1976.
15. Robert G. Bartle and Donald R. Sherbert, *Introduction to Real Analysis*, John Wiley & Sons, Inc., New York, 1992.
16. S. T. Hu, *Elements of Real Analysis*, Holden - Day, Inc., San Francisco, 1967.
17. W. Rudin, *Principles of Mathematical Analysis*, 3rd ed., McGraw - Hill Book Company, New York, 1976.

찾아보기

▌가▐

▌나▐

▌다▐

‖ 라 ‖

‖ 마 ‖

‖ 바 ‖

‖ 사 ‖

‖ 아 ‖

▌자▌

▌차▌

▌카▐

▌타▐

▌파▐

▌하▐

▌기타▐

저자소개

이 병 무(李 柄 武)

대구가톨릭대학교 자연대학 수학과 교수

쉬운 설명, 다양한 예제

실함수론

2012년 10월 25일 초판 인쇄
2012년 10월 30일 초판 발행

저　자 / 이병무
발행자 / 오판근
발행처 / 교우사

주　소 / 서울 동대문구 제기2동 148-19 교우빌딩 2층
전　화 / 925-2861~2, 편집부 / 925-2825
팩　스 / 925-2860

E-mail / kyowoo@kyowoo.co.kr
http://www.kyowoo.co.kr

등록 / 1994. 3. 24 제6-0256호

ISBN 978-89-8172-930-1 (93410)

값 **20,000** 원